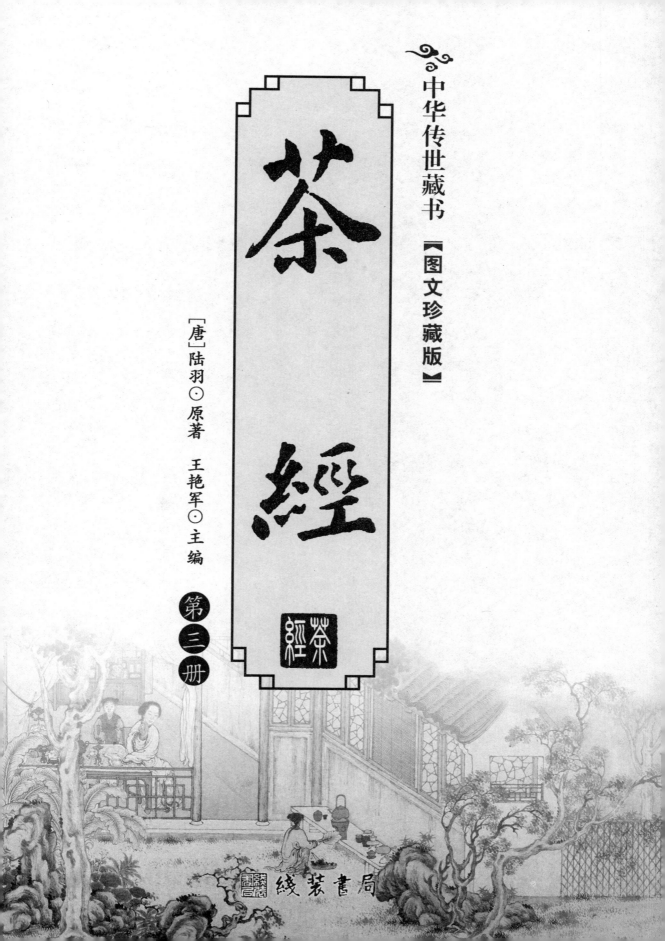

中华传世藏书

【图文珍藏版】

茶经

〔唐〕陆羽⊙原著

王艳军⊙主编

第三册

线装书局

【原文】

《国史补》：故老云，五十年前多患热黄，坊曲有专以烙黄为业者。灞浐诸水中，常有昼坐至暮者，谓之浸黄。近代悉无，而病腰脚者多，乃饮茶所致也。韩晋公滉①闻奉天之难，以夹练囊盛茶末，遣健步②以进。党鲁使西番，烹茶帐中，番使问："何为者？"鲁曰："涤烦消渴，所谓茶也。"番使曰："我亦有之。"取出以示曰："此寿州者，此顾渚者，此蕲门者。"

唐赵璘《因话录》：陆羽有文学，多奇思，无一物不尽其妙，茶术最著。始造煎茶法，至今鬻茶之家，陶其像，置炀突间，祀为茶神，云：宜茶足利。巩县为瓷偶人，号"陆鸿渐"，买十茶器得一鸿渐，市人沽茗不利，辄灌注之。复州一老僧是陆僧弟子，常诵其《六羡歌》，且有《追感陆僧》诗。

虎丘

【注释】

①韩滉：长安人，生于公元725年，卒于公元787年，他的书画都非常有名气，唐贞元初曾参加平定藩镇叛乱，官至检校左仆射同中书门下平章事。

②健步：形容人走得非常快，这里指走路快的仆人。

【译文】

《国史补》中记载：老人们说，五十多年前有很多人得了热黄病，于是街巷乡里就出现了一种以烙黄为职业的人，专给人治疗这种热黄病。在灞河、浐河几条河水中，经常可以看到有人从白天坐到天黑，这叫作浸黄。近代已经完全没有这种病发生了。但是腰和脚患病的人还有很多，这是由于饮茶过多造成的。晋国公韩滉听到奉天之难后，知道有战事发生，于是将夹练囊中装满了茶末，派遣走路快的人带着送上去。党鲁出使到西番，在帐中煮茶，番使问他："为什么煮茶呢？"党鲁说："茶有去烦止渴的作用。"番使又说："我也有茶。"于是拿了出来，让党鲁看，并说："这是寿州茶，这是顾渚茶，这是蕲门茶。"

唐赵璘《因话录》中记载：陆羽很有文学修养，经常产生一些不同寻常的想法。每一件事情都会做得非常好，他对于茶术的研究尤其突出。他开创了煎茶的方法。至今卖茶的人家中还用陶土塑造成他的像，摆放在炉灶之间，将他作为茶神供奉。并说这样能够保证茶质量好，能够赚更多的钱。巩县有人制作了瓷偶像，叫作"陆鸿渐"，从他那里买十件茶器就可以得到一个"陆鸿渐"的瓷偶像，卖茶的人赚不到钱的时候，就会用水灌瓷偶像。复州有一位老和尚是陆羽的徒弟，他经常读陆羽的《六羡歌》，同时他自己也著有《追感陆僧》诗。

【原文】

唐何晦《摭言》：郑光业策试[1]，夜有同人突入，吴语曰："必先必先，可相容否？"光业为掇半铺之地。其人曰："仗取一杓水，更吃煎一碗茶。"光业欣然为取水，煎茶。居二日，光业状元及第[2]，其人启谢曰："既烦取水，更便煎茶。当时不识贵人，凡夫肉眼；今日俄为后进，穷相骨头。"

唐李义山《杂纂》：富贵相：捣药碾茶声。

唐冯贽《烟花记》：建阳进茶油花子饼，大小形制各别，极可爱。宫嫔缕金于面，皆以淡妆，以此花饼施于鬓上，时号北苑妆。

唐《玉泉子》：崔蠡知制诰[3]丁太夫人忧，居东都里第时，尚苦节啬，四方寄遗茶药而已，不纳[4]金帛，不异寒素。

【注释】

①策试：古代科举考试，士子问对策，故曰策试。

②及第：考中之意。

③制诰：唐制规定，凡是任命官吏或进行赏罚要用制书，称为制诰。此处指丁太夫人是受过封赏有地位的人。

④纳：接受。

【译文】

唐何晦《摭言》记载：郑光业参加策试，夜里，和他同时参加策试的人突然来到他的房中，用吴语说："必先必先，能否让我进来？"光业于是腾出一半地方让他歇息。这个人接着又说："既然仰仗你得到了一勺水，现在再托你煎一碗茶吧。"光业十分高兴地为他取水煎茶。住了两天，光业考中了状元，这个人便道谢说："我不但麻烦你取了水，还请你替我煎了茶。当时我没有看出你是位贵人，真是凡夫俗眼啊，现在我一下成为后进，骨子里仍然是一副穷相啊。”

唐李义山《杂纂》说：富贵人家的标志：经常能听到捣药碾茶的声响。

唐冯贽《烟花记》中记述：福建建阳向宫中进贡茶油花子饼，有大的，有小的，形状各不相同，极其可爱。宫中的嫔妃脸上贴着镂空的金花，都是淡妆，然后再将茶油花子饼插在鬓角上，非常好看，当时有人将这种装扮叫作北苑妆。

唐《玉泉子》记述：崔蠡为制诰丁太夫人居丧守孝，住在东都普通宅子里，崇尚节俭，生活非常清苦，从各地寄来的物品仅有茶和药而已，从不接受金银绸缎等贵重物品，同贫寒之家所过的日子没有多大区别。

【原文】

《颜鲁公帖》：廿九日南寺通师设茶会，咸来静坐，离诸烦恼，亦非无益。足下此意，语虞十一，不可自外耳。颜真卿顿首顿首①。

《开元遗事》：逸人王休居太白山下，日与僧道异人往还。每至冬时，取溪冰敲其晶莹者煮建茗，供宾客饮之。

【注释】

①顿首顿首：点点头，表示赞同的意思。

【译文】

《颜鲁公帖》说：二十九日南寺的通师大师举行茶会，都来静坐。祛除烦恼，这也不是没有好处。他的意思是，语虞十一，不要把自己当外人啊。颜真卿点点头。

《开元遗事》记载：王休隐居在太白山下，每天与和尚道士异人交往。每到冬天的时候，就敲取晶莹的溪冰煮建茶，与宾客一起饮用。

【原文】

《李邺侯家传》：皇孙奉节王好诗，初煎茶加酥椒之类，遗泌求诗，泌戏赋云：“旋沫翻成碧玉池，添酥散出琉璃眼。”奉节王即德宗也。

【注释】

（略）

【译文】

《李邺侯家传》记载：皇帝的孙子奉节王爱好诗歌，开始煎茶加酥椒之类的东西，送给泌，求他作诗，泌作诗取笑他说："旋沫翻成碧玉池，添酥散出琉璃眼。"奉节王就是德宗啊。

【原文】

《中朝故事》：有人授舒州牧，赞皇公李德裕谓之曰："到彼郡日，天柱峰茶可惠数角。"其人献数十斤，李不受。明年罢郡，用意精求，获数角①投之。李阅而受之曰："此茶可以消酒食毒。"乃命烹一觥，沃于肉食内，以银合闭之。诘旦视其肉，已化为水矣。众服其广识。

【注释】

①数角：几两。

【译文】

《中朝故事》载：有人任舒州牧的时候，赞皇公李德裕对他说："等你到了舒州，天柱峰的茶叶可以给我惠赠一点。"那个人向他进献了几十斤，李德裕不肯接受。第二年那个人让郡里的人精益求精，送给他几两。李德裕欣然接受，说："这种茶叶可以解除酒的危害。"于是让人烹煮了一酒杯，放在肉食里面，用银盒子封闭起来。第二天再来看肉，已经化成水了。众人都佩服称赞皇公的见识。

【原文】

段公路《北户录》：前朝短书杂说，呼茗为薄，为夹。又梁《科律》有薄茗、千夹云云。

【注释】

（略）

【译文】

段公路《北户录》：前朝有一些文章把茗称为薄，称为夹。又有梁《科律》中称它为薄茗、千夹等。

【原文】

唐苏鹗《杜阳杂编》：唐德宗每赐同昌公主馔，其茶有绿华，紫英之号。

《凤翔退耕传》：元和时，馆阁汤饮待学士者，煎麒麟草①。

【注释】

①麒麟草：多年生草本，花期夏秋。生于山区阴地，主要分布在我国东南至西南部。

【译文】

唐代苏鹗《杜阳杂编》记载：唐德宗每次赏赐给同昌公主的茶，其中有叫作绿华、紫英的称号。

《凤翔退耕传》记载：在元和年间，馆阁煮麒麟草来招待学士。

【原文】

温庭筠《采茶录》：李约字存博，汧公子也。一生不近粉黛，雅度简远，有山林之致。性嗜茶，能自煎，尝谓人曰："当使汤无妄沸，庶可养茶。始则鱼目散布，微微有声；中则四际泉涌，累累若贯珠；终则腾波鼓浪，水气全消。此谓老汤三沸之法，非活火不能成也。"客至不限瓯数，竟日蒸火，执持茶器弗倦。曾奉使行至陕州硖石县东，爱其渠水清流，旬日①忘发。

【注释】

①旬日：十几天。

【译文】

温庭筠《采茶录》记载：李约字存博，是李汧的儿子。他一生不近女色，风度优雅，有山林的雅致。特别喜欢喝茶，能够自己煎煮，曾经对人说："不要使水一味沸腾，才可以养茶。开始的时候水泡就像是散布在上面的鱼眼睛，有很小的声音；然后就像泉水一样四围喷涌，泛起成串的珠子；最后就像澎湃的波浪，水汽全部消散了。这就是所谓老汤三沸的办法，不是活火是不能达到这种效果的。"客人来的时候不限制瓯数，整天烧火，不停地拿着茶器都不觉得疲倦。曾经奉命行使经过陕州硖石县东边，因为爱那里清澈的渠水，十几天都忘记出发。

【原文】

《南部新书》："杜邠公惊，位及人臣，富贵无比。尝与同列言平生不称意有三，其一为澧州刺史，其二贬司农卿，其三自西川移镇广陵，舟次瞿塘，为骇浪所惊，左右呼唤不至，渴甚，自泼汤茶吃也。""大中三年，东都进一僧，年一百二十岁。宣皇问服何药而至此，僧对曰：'臣少也贱，不知药。性本好茶，至处惟茶是求。或出，日过百余碗，如常日亦不下四五十碗。'因赐茶五十斤，令居保寿寺，名饮茶所曰茶寮。"

"有胡生者，失其名，以钉铰为业，居云溪而近白萍洲。去厥居十余步有古坟，胡生每渝茗必奠酹之。尝梦一人谓之曰：'吾姓柳，平生善为诗而嗜茗。及死，葬室在于今居之侧，常衔子之惠，无以为报，欲教子为诗。'胡生辞以不能，柳强之曰：'子但率言之，当有致矣。'既寤，试构思，果若有冥助者。厥后遂工焉，时人谓之'胡钉铰诗'。柳当是柳恽也。又一说，列子终于郑，今墓在效数，谓贤者之迹，而或禁其樵牧焉。里有胡生者，性落魄。家贫，少为洗镜、铰钉之业。遇有甘果名茶美醯，辄祭于列御寇之祠垄，以求聪慧而思学道。历稔，忽梦一人，取刀划其腹。以一卷书置于心腑。及觉，而吟咏之意，皆工美之词，所得不由于师友也。既成卷轴，尚不弃于猥贱之业，真隐者之风。远近号为'胡钉铰'云。"

【注释】

（略）

【译文】

《南部新书》记载："杜鹓公惊，地位显赫，非常的富贵。曾与同行人说起平生不如意的事情有三件：一是为澧州的刺史，二是被贬为司农卿，三是从西川到广陵，船经过瞿塘江的时候，被大风浪所惊吓，却没有办法呼唤到一个人，特别地渴，于是自己煎茶喝。""大中三年。东都来了一个和尚，有 120 岁。宣皇问他服用了什么药这样长寿？和尚回答说：'我出身低贱，不曾吃药。一生喜欢喝茶，每到一处都化求茶水，有的时候一天求的茶超过了上百碗，就是最平常的时候也不少于喝四五十碗。'因此宣皇赏赐给他 50 斤茶叶，让他居住在保寿寺，将喝茶的地方称为茶寮。""有姓胡的人，他的名字已经不知道了，以做钉子、剪子为职业，居住在云溪且靠近白萍洲的地方。距离他家十几步有一座古坟，胡生每次喝茶必定要对古坟奠祭一杯。后来梦到一个人对他说：'我姓柳。善于作诗且喜欢喝茶。死了之后，埋葬在你现在居所的旁边，经常得到你的恩惠，我没有什么可以回报的，想教你作诗。'胡生推辞说他不行，柳坚持说：'你很坦率，到时候就行了。'醒了之后，尝试着去构思作诗。果然觉得好像有人在暗中帮助一样。以后他的诗写得很工整，后来的人称他为'胡钉铰诗。'这里所指的柳应该是柳恽。还有一种说法是，列子在郑国去世，现在他的墓地在郊外杂草丛生的地方，作为贤者的墓地，不允许人到那里砍柴放牧。当地有一个姓胡的人，生性落魄。家里很贫穷，小的时候从事洗镜、做钉子的工作。每当有甘甜的果子、好的茶水和美味佳肴，就把它拿到列子的祠堂里面去祭祀，来求变得聪明而懂道理。有一天忽然梦见一个人用刀划开他的腹部，将一卷书放在他的心肺里面。等到醒来，有作诗的感觉，结果做出来都是非常工美的词句，都不是从老师和朋友那里学来的。他既具备了这样的才华，也不放弃以前的工作，真是具有隐者的风度。远近的人都称他为'胡钉铰'。"

【原文】

张又新《煎茶水记》：代宗朝，李季卿刺湖州，至维扬逢陆处士鸿渐。李素熟陆名，有倾盖之欢，因之赴郡，泊扬子驿，将食，李曰："陆君善于茶，盖天下闻名矣，况扬子南零水又殊绝。今者二妙，千载一遇，何旷之乎？"命军士谨信者操舟挈瓶，深诣南零。陆利器以俟之。俄水至，陆以勺扬其水曰："江则江矣，非南零者，似临岸之水。"使曰："某操舟深入，见者累百，敢虚给乎？"陆不言，既而倾诸盆，至半，陆遽止之，又以勺扬之曰："自此南零者矣。"使蹶然大骇，服罪曰："某自南零赍至岸，舟荡覆半，至，惧其少，挹^①岸水增之，处士之鉴，神鉴也，其敢隐乎。"李与宾从数十人皆大骇愕。

【注释】

①挹：读作 yì。

【译文】

张又新《煎茶水记》：代宗朝的时候，李季卿任湖州的刺史，到维阳的时候碰到了陆羽。李季卿本来对陆羽的名字很熟，有仰慕之意，因此前去拜访，在扬子驿馆，快要吃饭的时候，李季卿说："陆处士善于煮茶水，这是天下闻名的，何况扬子南零的水又很不一般。现在碰到这两种妙处，真是千载难逢的好机会，怎么能错过呢？"于是让军中亲信拿着瓶子划着船，去南零取水。陆羽准备好器具等着。过了一会儿水到了，陆羽用勺子舀起水说："江水倒是江水，并不是南零的水，好像是岸边的水。"使者说："我划船深入到里面，超过上百的人看见，难道还有假吗？"陆羽不再说话。然后把水往盆子里倒，倒到一半的时候，陆羽才停住，又用勺子舀起水来说："从这里开始才是南零的水了。"使者顿时大吃一惊，马上认罪说："我从南零运水到岸边时，船一晃洒掉了一半，怕水太少了，于是将岸边的水加到了里面，处士的判别能力，真是圣明，我怎么还敢隐瞒呢！"李季卿和他的随从几十人都感到很惊愕。

【原文】

《茶经》本传：羽嗜茶，著《经》三篇。时鬻茶者^①，至陶羽形置炀突间，祀为茶神。有常伯熊者，因羽论，复广著茶之功。御史大夫李季卿宣慰江南，次临淮，知伯熊善煮茗，召之。伯熊执器前，季卿为再举杯。其后尚茶成风。

【注释】

①鬻茶者：喜欢煮茶的人。

【译文】

《茶经》本传：陆羽喜欢喝茶，著有《茶经》三篇。当时喜欢煮茶的人，将陆羽的陶像放在灶龛间，作为茶神祭祀。有个叫常伯熊的，因为受陆羽的影响，也写文章说茶的好处。御史大夫李季卿到江南的时候，次日到了淮水，知道伯熊擅长煮茶，于是把他叫来。伯熊在茶器前煮茶，李季卿喝了好几杯。后来喝茶就成了风气。

【原文】

《金銮密记》：金銮故例，翰林当直学士，春晚人困，则日赐成像殿茶果。

【注释】

（略）

【译文】

《金銮密记》：金銮以前的惯例，翰林院值班的学生，春天的傍晚人容易犯困，于是每天赐给成像殿茶果。

【原文】

《梅妃传》：唐明皇与梅妃斗茶，顾诸王戏曰："此梅精也，吹白玉笛，作惊鸿舞，一座光辉，斗茶今又胜吾矣。"妃应声曰："草工之戏，误胜陛下。设使调和四海，烹饪鼎鼐，万乘自有宪法，贱妾何能较胜负也。"上大悦。

【注释】

（略）

【译文】

《梅妃传》：唐明皇与梅妃斗茶，对各位王爷开玩笑说："这人是梅精，吹白玉制成的笛子，作惊鸟一样的舞蹈。使满座生辉，现在斗茶又赢了我。"妃子回答说："草木这样的游戏，偶然胜了陛下。假若论治理天下，处理国家大事，万岁自然有自己的好办法，我就不能和你比较胜负了。"皇上听了十分开心。

【原文】

杜鸿渐①《送茶与杨祭酒书》：顾渚山中紫笋茶两片，一片上太夫人，一片充昆弟同饮，此物但恨帝未得尝，实所叹息。

【注释】

①杜鸿渐：濮阳人，字之选，鹏举之子。

【译文】

杜鸿渐《送茶与杨祭酒书》：取顾渚山里面的紫笋茶叶两片，一片送给太夫人，一片送给你，这种东西皇上没有品尝，实在有些令人叹息。

【原文】

《白孔六帖》：寿州刺史张镒，以饷钱百万遗陆宣公贽①。公不受，止受茶一串，曰："敢不承公之赐。"

《海录碎事》：邓利云："陆羽，茶既为癖，酒亦称狂。"

《侯鲭录》：唐右补阙綦毋熨②，音英。博学有著述才，性不饮茶，尝著《伐茶饮序》，其略曰："释滞消壅，一日之利暂佳；瘠气耗精，终身之累斯大。获益则归功茶力，贻患则不咎茶灾。岂非为福近易知，为祸远难见欤？"熨在集贤，无何以热疾暴终。

【注释】

①陆贽：唐代文臣。苏州嘉兴（今属浙江）人，字敬舆。
②綦毋熨：唐代江西有名的诗人。

【译文】

《白孔六帖》：寿州刺史张镒，送给陆宣公百万两银钱。陆宣公拒绝了，只接受了一串茶叶，说："怎么敢不接受你的赏赐呢！"

《海录碎事》：邓利说："陆羽，于茶可称为癖，于酒也可称为狂。"

《侯鲭录》：唐代的右补阙綦毋熨，博学多才且有很多著作，但他不喜欢喝茶，曾经著有《伐茶饮序》，他在书中说："茶能消除体内的积滞，一天的好处只是短暂的；它会消耗精气，累及终身的危害才是大的。只要是好处就归功于茶，而坏处却不去追究茶的责任。难道不是福近容易知道，祸远却难看到吗？"他在集贤殿，没多久却因为热疾而暴病身亡。

【原文】

《苕溪渔隐丛话》：义兴①贡茶非旧也。李栖筠典②是邦，僧有献佳茗，陆羽以为冠于他境，可荐于上。栖筠从之，始进万两。

《合璧事类》：唐肃宗赐张志和奴婢各一人，志和配为夫妇，号渔童、樵青。渔童捧钓收纶③，芦中鼓枻④；樵青苏兰薪桂，竹里煎茶。

《万花谷》：《顾渚山茶记》云："山有鸟如鸲鹆⑤而小，苍黄色，每至正二月作声云'春起也'，至三四月作声云'春去也。'采茶人呼为报春鸟。"

【注释】

①义兴：即江苏宜兴，紫笋茶的出产地。

②典：此处为掌管。

③纶：钓鱼竿上的钓线。

④枻：指船桨。

⑤鸲鹆：即八哥。

【译文】

《苕溪渔隐丛话》：义兴的贡茶并非以前就有。李栖筠在此地当官的时候，有位和尚进献了上好的茶叶，陆羽认为这种茶叶比其他地方的品种都要好，可以作为贡品献给皇上。李栖筠采纳了他的说法，才开始进贡万两贡茶。

《合璧事类》：唐肃宗赐给张志和奴婢各一人，志和让他们结为夫妇，称他们为渔童、樵青。渔童负责整理渔具，在芦中划船；樵青负责砍柴伐薪，在竹林中煎茶。

《万花谷》：《顾渚山茶记》中说："山中有像鸲鹆一样的苍黄色的小鸟，但比鸲鹆要小，每到二月就会发出'春起也'的叫声，到三四月的时候会发出'春去也'的叫声。采茶人把它叫作报春鸟。"

【原文】

董逌《陆羽点茶图跋》：竟陵大师积公①嗜茶久，非渐儿煎奉不向口。羽出游江湖四五载，师绝于茶味。代宗召师入内供奉，命宫人善茶者烹以饷，师一啜而罢。帝疑其诈，令人私访，得羽，召入。翌日，赐师斋，密令羽煎茗遗②之，师捧瓯喜动颜色，且赏且啜，一举而尽。上使问之，师曰："此茶有似渐儿所为者。"帝由是叹师知茶，出羽见之。

《蛮瓯志》：白乐天③方斋，刘禹锡正病酒④，乃以菊苗虀、芦菔鲊馈乐天，换取六斑茶以醒酒。

《诗话》：皮光业，字文通，最嗜茗饮。中表请尝新柑，筵具甚丰，簪绂丛集。才至，未顾尊罍，而呼茶甚急，径进一巨觥，题诗曰："未见甘心⑤氏，先迎苦口⑥师。"众嗥云："此师固清高，难以疗饥也。"

【注释】

①竟陵大师积公：是指陆羽做僧人时的师父。
②遗：送上。
③白乐天：即唐代著名诗人白居易。
④病酒：指因为饮酒而醉。
⑤甘心：使心中甜，此处代指酒。
⑥苦口：使口中苦，此处代指茶。

【译文】

董逌在《陆羽点茶图跋》中说：竟陵大师积公虽然喜欢喝茶已经很久了，但不是陆羽煎的茶他不尝。在陆羽外出游览的四五年中，大师再没有喝过茶。代宗把大师请进宫内侍奉，让宫中善于煮茶的人烹煮好茶给他喝，竟陵大师喝一口就不喝了。皇上怀疑他有诈，让人私下去寻访，将陆羽请进宫中。第二天，暗中命令将陆羽所煎制的茶水给他，大师捧着茶瓯喜形于色，一边欣赏一边喝，一下子就喝光了。皇上让人去问他，大师说："这茶好像是陆羽所泡的啊。"皇上于是赞叹大师对茶有研究，让陆羽出来和他相见。

烟波钓徒张志和

《蛮瓯志》记载：白乐天斋戒的时候，刘禹锡还在酒醉之中，于是用菊苗粉、芦菔干送给白乐天，以换取六斑茶叶来醒酒。

《诗话》：皮光业，字文通，非常喜欢喝茶。中表请他品尝新鲜的柑橘，筵席十分丰盛，很多有身份的人都来了。文通一到，不顾酒杯，而大声叫茶，于是主人就让人抬来一个很大的茶杯，题诗说："未见甘心氏，先迎苦口师。"众人都说："此师固清高，难以疗饥也。"

【原文】

《太平清话》：卢仝自号癖王，陆龟蒙自号怪魁。

《潜确类书》：唐钱起，字仲文，与赵莒为茶宴，又尝过长孙宅，与朗上人作茶会，俱有诗纪事。

《湘烟录》：闵康侯曰："羽著《茶经》，为李季卿所慢①，更著《毁茶论》。其名疾，字季疵者，言为季所疵也。事详传中。"

【注释】

①慢：对人不礼貌。

【译文】

《太平清话》中记载：卢仝给自己取的号是癖王，陆龟蒙给自己取的号是怪魁。

《潜确类书》：唐代的钱起，字仲文，和赵莒一起举行茶宴，曾经路过长孙家，和朗上人一起举行茶会，这些事情都是有诗记载的。

《湘烟录》：闵康侯说："陆羽写了一本《茶经》，但是被李季卿所轻视，因此著有《毁茶论》。陆羽名疾，字季疵，就是说为季所疵。这件事详细地记在他的传记中。"

【原文】

《吴兴掌故录》：长兴①啄木岭，唐时吴兴、昆陵二太守造茶修贡，会宴于此。上有境会亭，故白居易有《夜闻贾常州崔湖州茶山境会欢宴》诗。

包衡《清赏录》：唐文宗谓左右曰："若不甲夜视事，乙夜观书，何以为君？"尝召学士于内庭，论讲经史，较量文章，宫人以下侍茶汤饮馔。

《名胜志》：唐陆羽宅在上饶县东五里。羽本竟陵人，初隐吴兴苕溪，自号桑苎翁，后寓新城时，又号东冈子。刺史姚骥尝诣②其宅，凿沼为溟渤之状，积石为嵩华③之形。后隐士沈洪乔葺④而居之。

【注释】

①长兴：即浙江湖州，紫笋、芥山、洞山、太子茶均出于此。

②诣：到，造访。

③嵩华：指山岳。

④葺：修整。

《吴兴掌故录》：长兴的啄木岭，是唐朝时吴兴、昆陵两地的太守造茶修贡的地方，他们曾经在这里举行宴会。上面有个境会亭，因此白居易有《夜闻贾常州崔湖州茶山境会欢宴》诗。

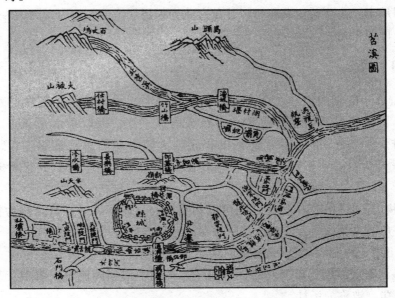

苕溪图

包衡《清赏录》中说：唐文宗对随从说："如果不在甲夜处理事情，在乙夜看书，怎么可以做君王呢？"他曾经招学士到内庭，谈论经史，比试文章，宫中的下人服侍他们喝茶吃饭。

《名胜志》：唐朝陆羽的房子在上饶县东面五里左右的地方。陆羽本是竟陵人，开始隐居在吴兴苕溪，自称桑苎翁，后来住在新城，又号称东冈子。刺史姚骥曾经造访他的居所，其中里面有人工开凿的湖泊，用石头垒成的假山。后来隐士沈洪乔将其修葺一新居住在里面。

【原文】

《饶州志》：陆羽茶灶在余干县冠山石峰。羽尝品越溪水为天下第二，故思居禅寺，凿石为灶，汲泉煮茶。曰丹炉，晋张氲作。大德时总管常福生，从方士搜炉下，得药二粒，盛以金盒，及归开视，失之。

《续博物志》：物有异体而相制者，翡翠屑金①，人气粉犀②，北人以针敲冰，南人以线解茶。

《太平山川记》：茶叶寮，五代时于履居之。

《类林》：五代时，鲁公和凝，字成绩，在朝率同列，递日以茶相饮，味劣者有罚，号为汤社。

【注释】

①翡翠屑金：古代传说翡翠可以让黄金化为粉屑。
②犀：即犀牛角。

【译文】

《饶州志》：陆羽的茶灶在余干县冠山的石峰上。陆羽品尝了越溪的水后评其为天下第二，因此想要居住在禅寺中，将石头凿成了灶，汲取泉水来煮茶。有一个炉子被称为丹炉，是晋朝时期张氲制造的，元朝大德时期的总管常福生，跟随方士搜寻这个炉子，从中得到了两粒丹药，盛放在金盒子中。回家再打开来看时，已经不见了。

《续博物志》：不相同的物体之间可以相互制约，翡翠可以让黄金化为粉末，人气可以让犀牛角成为粉末，北方的人用针来敲冰，南方的人用线来解茶。

《太平山川记》：茶叶寮，是五代时期于履的住所。

《类林》：五代时期，鲁公和凝，字成绩，在朝中率领同僚每天喝茶，茶味道不好的要受到处罚，被称为汤社。

【原文】

《浪楼杂记》：天成四年，度支奏，朝臣乞假省觐者，欲量赐茶药，文班自左右常侍至侍郎，宜各赐蜀茶三斤，蜡面茶二斤，武班官各有差。

马令《南唐书》：丰城毛炳好学，家贫不能自给，入庐山与诸生留讲，获锢①即市②酒尽醉。时彭会好茶，而炳好酒，时人为之语曰："彭生作赋茶三片，毛氏传诗酒半升。"

《十国春秋·楚王马殷世家》：开平二年六月，判官高郁请听民售茶，北客收其征以赡军，从之。秋七月，王奏运茶河之南北，以易缯纩③、战马，仍岁贡茶二十五万斤，诏可。由是属内民得自摘山造茶而收其算，岁入万计。高另置邸阁居茗，号曰八床主人。

【注释】

①锢：指银两。

②市：买。

③缯纩：指丝绵。

【译文】

《浪楼杂记》：天成四年，宫中开排支出的奏章中说，朝臣请假省亲的，要适当地赐给茶药，文官从左右常侍到侍郎，每个人赏赐蜀茶三斤，蜡面茶二斤，武官根据不同的情况赐给茶药。

马令《南唐书》中记载：丰城的毛炳非常喜欢学习，家中很贫穷不能养活自己，就去庐山教书，有了钱后就去市集上买酒喝，直到喝醉为止。那时的彭会喜欢茶而毛炳喜欢酒，因此人们说："彭生作赋茶三片，毛氏传诗酒半升。"

《十国春秋·楚王马殷世家》：开平二年六月，判官高郁向朝廷请求允许百姓买卖茶叶，对北方商人收税以补给军队，他的建议被采纳。七月的时候，王奏请在南北之间通过水路运送茶叶，以换取丝绸、战马，每年向朝廷进贡茶叶二十五万斤，皇上准许。从此以后管辖之内的百姓到山里去采茶制茶，按照他们的收入来征税，每年收入以万计。高郁还另外建造房屋放置茶叶，号为八床主人。

【原文】

《荆南列传》：文了，吴僧也，雅善烹茗，擅绝一时。武信王时来游荆南，延①住紫云禅院，日试其艺，王大加欣赏，呼为汤神，奏授华亭水大师。人皆目为乳妖。

《谈苑》：茶之精者北苑，名白乳头。江左有金蜡面。李氏别命取其乳作片，或号曰"京挺""的乳"二十余品。又有研膏茶，即龙品也。

释文莹《玉壶清话》：黄夷简雅有诗名，在钱忠懿王俶幕中，陪樽俎②二十年。开宝③初，太祖赐俶"开吴镇越崇文耀武功臣制诰"。俶遣夷简入谢于朝，归而称疾，于安溪别业保身潜遁。著《山居》诗，有"宿雨一番蔬甲嫩，春山几焙茗旗香"之句，雅喜治宅，咸平中，归朝为光禄寺少卿，后以寿终焉。

【注释】

①延：请的意思。

②樽俎：指宴席。

③开宝：宋太祖赵匡胤的年号。

【译文】

《荆南列传》：吴国有个叫文了的和尚，有烹茶的雅致，可以称为当时一绝。武信王到荆南来游玩的时候，暂时住在紫云禅院中，每天看他的茶艺，对他大加赞赏，把他称为汤神，奏请授封他为华亭水大师。别人都把他看成是乳妖。

《谈苑》：最好的茶叶产自北苑，名字叫作白乳头。江左有茶叶名叫金蜡面。李氏让人取它的乳芽制作成茶片，称为"京挺""的乳"等二十多个品种。还有研膏茶，就是所谓龙品。

释文莹《玉壶清话》中说：黄夷简素有诗名，在钱忠懿王俶的幕府中，做了二十年幕僚。开宝年初，太祖赐俶为"开吴镇越崇文耀武功臣制诰"。钱椒让夷简到朝上去谢恩，他回来之后就称病，到安溪隐居修养身心。黄夷简著有《山居》诗，有"宿雨一番蔬甲嫩，春山几焙茗旗香"的诗句。他一向喜欢治办住宅，在咸平年间，回到朝中被封为光禄寺少卿，以寿终年。

【原文】

《五杂俎》：建人喜斗茶，故称茗战。钱氏子弟取雪上瓜，各言其中子之的数[1]，剖之以观胜负，谓之瓜战。然茗犹堪战，瓜则俗矣。

《潜确类书》：伪闽甘露堂前，有茶树两株，郁茂婆娑，宫人呼为清人树。每春初，嫔嫱戏于其下，采摘新芽，于堂中设倾筐会。

《宋史》：绍兴四年初，命四川宣抚司支茶博焉。旧赐大臣茶有龙凤饰，明德太后[2]曰："此岂人臣可得。"命有司[3]别制入香京挺以赐之。

【注释】

①的数：确切的数。

②明德太后：指赵匡胤的皇后李氏。

③有司：指主管部门。

【译文】

《五杂俎》：建人喜欢斗茶，因此称为茗战。姓钱的子弟摘取雪溪的瓜，各自说出其中瓜籽的数目，剖开然后分辨胜负，因此被称为瓜战。然而茗可以战，瓜就显得有些俗气了。

《潜确类书》：在伪闽王宫甘露堂的前面，有两棵茶树，茂盛婆娑，宫中人称之为清人树。每年初春的时候，宫中的嫔妃们都会在树下嬉戏，采摘新生长出来的茶芽，到屋子中开设倾筐会。

《宋史》：绍兴四年初，朝廷命令四川的宣抚司拿出了很多茶叶。以前封赐给大臣的茶叶上面有龙凤的装饰，明德太后说："这种茶叶哪是身为人臣可以得到的呢？"于是命令有司另外制作叫京挺的茶送进宫中赏赐给大臣们。

【原文】

《宋史·职官志》：茶库掌茶，江、浙、荆、湖、建、剑茶茗，以给翰林诸司赏赉出鬻[1]。

《宋史·钱俶传》：太平兴国[2]三年，宴俶长春殿，令刘张、李煜[3]预坐。俶贡茶十万斤，建茶万斤，及银绢等物。

《甲申杂记》：仁宗朝，春试进士集英殿，后妃御太清楼观之。慈圣光献[4]出饼角以赐进士，出七宝茶以赐考官。

【注释】

①鬻：指卖出。
②太平兴国：为宋太宗赵炅的年号。
③李煜：南唐后主。
④慈圣光献：指宋仁宗赵祯的皇后曹氏。

【译文】

《宋史·职官志》：茶库是掌管茶的，江、浙、荆、湖、建、剑茶茗，以便赏赐给诸位翰林。

《宋史·钱俶传》：太平兴国三年，皇上在长春殿设宴款待钱俶，让刘钱、李煜陪同，钱俶进献贡茶十万斤，建茶万斤，以及银钱布匹等物品。

《甲申杂记》：仁宗年间，在集英殿举行进士的春试，后宫嫔妃们站在楼上观看。慈圣光献皇后拿出饼角来赏赐给进士，拿出七宝茶来赏赐给考官。

【原文】

《玉海》：宋仁宗天圣三年，幸南御庄观刈麦，遂幸玉津园，燕[1]群臣，闻民舍机杼[2]，赐织妇茶彩。

陶毂《清异录》：有得建州茶膏，取作耐重儿八枚，胶以金缕，献于闽王曦，遇通文之祸，为内侍所盗，转遗贵人。符昭远不喜茶，尝为同列御史会茶，叹曰："此物面目严冷，了无和美之态，可谓冷面草也。"孙樵《送茶与焦邢部书》云："晚甘侯[3]十五人遣侍斋阁。此徒皆乘雷而摘，拜水而和，盖建阳丹山碧水之乡，月涧云龛之品，慎勿贱用之。"汤悦有《森伯[4]颂》，盖名茶也。方饮而森然严乎齿牙，既久，而四肢森然，二义一名，非熟乎汤瓯境界者谁能目之。吴僧梵川，誓愿燃顶供养双林[5]。传大土自往蒙顶山上结庵种茶。凡三年，味方全美。得绝佳者曰"圣杨花""吉祥蘂"，共不逾五斤，持归供献。宣城何子华邀客于剖金堂，酒半，出嘉阳严峻所画陆羽像悬之，子华因言："前代感骏逸者为马癖，泥贯索者为钱癖，爱子者有誉儿癖，就书者有《左传》癖，若此叟溺于茗事，何以名其癖？"杨粹仲曰："茶虽珍，未离草也，宜追目陆氏为甘草癖。"一座称佳。

【注释】

①燕：同"宴"，意为设宴款待。
②机杼：指织布机。
③晚甘侯：茶的戏称，因茶先苦后甘。
④森伯：亦为茶的戏称。
⑤双林：指释迦牟尼。

【译文】

《玉海》：宋仁宗天圣三年，皇上到南御庄视察割麦的情况，随后来到玉津园，设宴款待群臣，百姓听说后放下手中的活出来观看，皇上赏赐给织布的妇女们茶叶。

陶榖《清异录》：有得到建州茶膏的人，拿来做成了八枚小块，将金丝贴在上面，献给闽王曦，后来发生通文之祸，这些茶被内侍偷走了，转送给了贵人。符昭远不喜欢喝茶，御史们举行茶会，他说："这种东西面目最为冷峻，看起来没有丝毫和美之意，可以称之为冷面草了。"孙樵在《送茶与焦刑部书》中说："晚甘侯十五人派到侍斋阁。这些茶叶都是趁着打雷的时候采来的，这咩水才能使它更加和美，建阳是丹山碧水的地方，月涧云龛的品种，千万不要糟蹋了它。"汤悦著有《森伯颂》，讲的都是茶，刚饮茶的时候感觉口中冷森，时间长

陆羽

了以后就会觉得四肢清爽，一种茶有两种感觉，如果不是熟悉汤瓯的人，谁能够分辨出来呢？吴地的和尚梵川，他的誓愿是供养佛祖。相传他亲自在蒙顶山上盖庵房种茶，

茶树种了三年之后，味道才开始全美。最好的茶，被称为"圣杨花""吉祥蕊"，总共不超过五斤，拿回来进献。宣城何子华邀请客人到剖金堂，酒喝到一半时，拿出嘉阳严峻所画的陆羽像挂起来，子华说："前代将爱马人称为马癖，喜欢泥贯索的称为钱癖，喜欢儿子的称为誉儿癖，爱书之人有《左传》癖，像这个人沉溺于茗事，那应该叫他什么癖呢？"杨粹仲说："茶叶虽然珍贵，但是仍然离不开草木的本质，应该追奉陆羽为甘草癖。"满座的人都认为很好。

【原文】

《类苑》：学士陶谷得党太尉家姬，取雪水烹团茶以饮，谓姬曰："党家应不识此？"姬曰："彼麄人安得有此，但能于销金帐中浅斟低唱，饮羊羔儿酒耳。"陶深愧其言。胡峤《飞龙涧饮茶》诗云："沾牙旧姓余甘氏，破睡当封不夜侯。"陶谷爱其新奇，令犹子①彝和之。彝应声云："生凉好唤鸡苏②佛，回味宜称橄榄仙。"彝时年十二，亦文词之有基址者也。

《延福宫曲宴记》：宣和③二年十二月癸巳，召宰执亲王学士曲宴于延福宫，命近侍取茶具，亲手注汤击拂。少顷，白乳浮盏面，如疏星淡月，顾诸臣曰："此自烹茶。"饮毕，皆顿首谢。

【注释】

①犹子：指侄儿。

②鸡苏：即水苏、龙脑，一种叶子芬香的草，可以用来烹鸡。

③宣和：宋徽宗年号。

【译文】

《类苑》：学士陶谷得到了党太尉家的家姬，拿来雪水烹煮团茶喝，对姬说："党家大概不认识这个东西吧？"姬说："他们都是粗人，怎么会有这些东西呢？只不过是在销金帐中浅斟低唱，喝羊羔酒罢了。"陶谷听后，为自己的话感到非常愧疚。胡峤《飞龙涧饮茶》诗："沾牙旧姓余甘氏，破睡当封不夜侯。"陶谷很喜欢这新奇的诗句，让侄子陶彝来对诗，陶彝应声说："生凉好唤鸡苏佛，回味宜称橄榄仙。"陶彝当时十二岁，文辞已有了一定的根基。

《延福宫曲宴记》：宣和二年十二月癸巳，皇上召集宰相、执事、亲王、学士到延福宫中参加宴席，命令身边的侍从取来茶具，皇上亲手泡茶。一会儿，杯子上浮现出了乳白色的泡沫，像疏星淡月一般，皇上回头对大臣们说："这是我自己煮的茶。"喝完之后，大臣们都磕头谢恩。

【原文】

《宋朝纪事》：洪迈①选成《唐诗万首绝句》，表进，寿皇宣谕："阁学选择甚精，备见博洽，赐茶一百銙，清馥香一十贴，薰香二十贴，金器一百两。"

【注释】

①洪迈：1123—1202 年，南宋饶州鄱阳（今江西省上饶市鄱阳县）人，字景卢，号容斋，洪皓第三子。南宋著名文学家。学识渊博，著书极多，著有《野处类稿》《夷坚志》《万首唐人绝句》《容斋随笔》等，都是流传至今的名作。

【译文】

《宋朝纪事》：洪迈选编的《唐诗万首绝句》，上朝进献，寿皇称赞他："阁学选择的很精练，评点广博恰当，赏赐茶叶一百銙，清馥香十帖，薰香二十帖，金器百两。"

【原文】

《乾淳岁时纪》：仲春上旬，福建漕司进第一纲茶，名"北苑试新"，方寸小銙，进御止百銙，护以黄罗软盝①，借以青箬，裹以黄罗，夹复臣封朱印，外用朱漆小匣镀金锁，又以细竹丝织笈贮之，凡数重。此乃雀舌水芽，所造一銙之值四十万，仅可供数瓯之啜尔。或以一二赐外邸，则以生线分解转遗，好事以为奇玩。

【注释】

①软盝（lù）：盝，古代小型妆具。常多重套装，顶盖与盝体相连，呈方形，盖顶四周下斜，多用作藏香器或盛放玺、印、珠宝。软盝，柔软的盒子。

【译文】

《乾淳岁时纪》：在仲春上旬，福建漕运司进献第一批茶，名字叫作"北苑试新"。方寸大小的銙，进贡给皇上的也只有百銙，把它们放在黄罗里面，盖上青色的竹叶，再在外面裹上黄罗，再盖上大红封印，用红漆小盒子装上，再加一把镀金锁，用细竹丝织的箱子储存，一般都要经过这些步骤。这就是所说的雀舌水芽，最早出来的一銙能值四十万，却只能喝几瓯而已。皇上也只偶尔赏赐一点给外面的官员，而且要用生线将茶分开来送，好事的人认为是奇特的玩意。

【原文】

《南渡典仪》：车驾幸学，讲书官讲讫①，御药传旨宣坐赐茶。凡驾出，仪卫有茶酒班殿侍两行，各三十一人。

【注释】

①讫（qì）：完结，终了。

【译文】

《南渡典仪》：皇上亲临学堂时，在讲学官讲完了之后，御药传圣旨让讲学官坐下并赐茶。只要圣驾出巡，司仪卫队中就有茶酒班的殿侍分侍在两旁，各有三十一个人。

【原文】

《司马光日记》：初除学士待诏李尧卿宣召称："有敕。"口宣毕，再拜，升阶，与待诏坐，啜茶。盖①中朝旧典也。

【注释】

①盖：都是，全是。

【译文】

《司马光日记》：开始学士待诏李尧卿宣诏："有敕。"宣召完毕，再拜，走上台阶。与待诏坐在一起，喝茶。这些都是中朝的旧典了。

【原文】

欧阳修《龙茶录后序》：皇祐中，修《起居注》，奏事仁宗皇帝，屡承天问，以建安贡茶并所以试茶之状谕臣，论茶之舛谬①。臣追念先帝顾遇之恩，览本流涕，辄加正定，书之于石。以永其传。

【注释】

①舛谬：舛读作 chuǎn，错误，错乱。谬读作 miù，错误的，不合情理的。舛谬，谬误。

【译文】

欧阳修《龙茶录后序》记载：皇祐年间，编撰《起居注》，向仁宗皇帝启奏事情的时候，多次被皇上询问，皇上还告诉我建安贡茶及为什么试茶的原因，论及有关茶叶的谬误。我想起先帝知遇之恩，看了批阅后的文本感激落泪，于是加以更正，将它刻在石头上。以便能够永远流传下去。

【原文】

《随手杂录》："子瞻在杭时，一日中使至，密谓子瞻曰：'某出京师辞官家，官家曰：辞了娘娘来。某辞太后殿，复到官家处，引某至一柜子旁，出此一角密语曰：赐与苏轼，不得令人知。遂出所赐，乃茶一斤，封题皆御笔。'子瞻具札，附进称谢。""潘中散适为处州守，一日作醮，其茶百二十盏皆乳花，内一盏如墨，诘之，则酌酒人误酌茶中。潘焚香再拜谢过，即成乳花，僚吏皆惊叹。"

【注释】

（略）

【译文】

《随手杂录》载："子瞻在杭州的时候，有一天中使来到这里，悄悄对他说：'我到京师向皇上辞行的时候，皇上说，辞了娘娘再来。于是我辞别了太后，再来到皇上那里，皇上把我拉到一个柜子的旁边，拿给我一件东西悄悄说：将这个赏赐给苏轼，不能让别的人知道。于是拿出所赏赐的东西，原来是一斤茶叶，上面封题都是御笔。'苏轼写了一封信，交付中使向皇上道谢。""潘中散当处州守的时候，一天做祭礼，一百二十杯茶里都是白色的水花，中间有一杯是黑色的，责问下人，原来是倒酒的人把酒倒入了茶里面。潘中散焚香再拜谢过，茶水就成了白色的水花，手下的人都非常惊叹。"

【原文】

《石林燕语》故事：建州岁贡大龙凤、团茶各二斤，以八饼为斤。仁宗时，蔡君谟知建州，始别择茶之精者为小龙团，十斤以献，斤为十饼。仁宗以非故事，命劾之，大臣为请，因留而免劾，然自是遂为岁额。熙宁中，贾清为福建转运使，又取小团之精者为密云龙，以二十饼为斤，而双袋谓之双角团茶。大小团袋皆用绯①，通以为赐也。密云龙独用黄盖，专以奉玉食。其后又有瑞云翔龙者。宣和后，团茶不复贵，皆以为赐，亦不复如向日之精。后取其精者为銙茶，岁赐者不同，不可胜纪矣。

【注释】

①绯（fēi）：红色，深红色。

《石林燕语》载：以前，每年建州进贡大龙凤、团茶各两斤，八块为一斤。仁宗的时候，蔡君谟任建州知府，开始采摘茶叶之中的精品，制造成小龙团，十斤进献，十块为一斤。仁宗认为有违惯例，要处罚，大臣们为他求情。因此才留下来免予处罚，然而从那以后小龙团就变成每年进贡的物品。熙宁年间，贾清任福建转运使，又挑出小团之中上好的制作成密云龙，用二十块为一斤，分为双袋，被称为双角团茶。大小团袋都用绯红色的，可以作为赏赐的物品。密云龙只用黄色的盖子，专门用它来供奉给皇上食用。后来又有被称为瑞云翔龙的品种。宣和年间之后，团茶不再那么贵重，都用它来作为赠送的物品，也没有以前那么精致了。后来将团茶好的挑选出来制成銙茶，每年赏赐的人不一样，简直没有办法记录了。

【原文】

《春渚记闻》：东坡先生一日与鲁直、文潜诸人会，饭既，食骨鎚儿血羹①。客有须薄茶者，因就取所碾龙团遍啜座客。或曰："使龙茶能言，当须称屈。"

【注释】

①血羹：用禽、畜的血做成的羹。

【译文】

《春渚记闻》：东坡先生有一天与鲁直、文潜等人相约会面，吃完饭后，再吃骨头的血羹。有客人说需要喝薄茶才行，于是就取出碾细的龙团茶分给在座的宾客饮用。有人说："要是龙团能说话，必定要叫屈。"

【原文】

魏了翁①《先茶记》：眉山李君铿，为临邛茶官，吏以故事，三日谒先茶。君诘其故，则曰："是韩氏而王号，相传为然，实未尝请命于朝也。"君曰："饮食皆有先，而况茶之为利，不惟民生食用之所资，亦马政、边防之攸赖。是之弗图，非忘本乎！"于是撤旧祠而增广焉，且请于郡，上神之功状于朝，宣赐荣号，以侈神赐。而驰书于靖，命记成役。

【注释】

①魏了翁：1178—1237 年，字华父，号鹤山，蜀地邛州蒲江（今属四川）人。南

宋哲学家，蜀学集大成者，工书法，尤善篆书、行书。曾为礼部尚书、端明殿学士，追赠太师，谥文靖。魏了翁是一座丰碑。我们研究他留给我们的壮关、博大又渊深的宝贵财富，以弘扬灿烂辉煌的中华民族的传统文化。他的高贵品格和伟大精神，值得我们崇尚。

【译文】

魏了翁《先茶记》：眉山的李君铿任临邛茶官的时候，官吏说按规矩，新茶3天内必须先进献朝廷。李君铿问他原因，他说："这是韩氏为王时传下来的一贯做法，但实际还没有请命于朝廷。"李君铿说："饮食都有先后，何况茶叶这种东西，不只是百姓衣食所依靠，就是马政、边防对它都有依赖。不顾这些，难道不是忘本吗？"于是拆掉以前的祠堂再加大，而且将郡上神灵的功劳奏请到朝廷，希望能够赏赐一个名号，以此来告慰神灵。于是就把这件事情记下来，写成了这篇文章。

【原文】

《拊掌录》：宋自崇宁后复榷茶，法制日严。私贩者固已抵罪，而商贾官券清纳有限，道路有程。纤悉不如令，则被击断，或没货出告。昏愚者往往不免。其侪①乃目茶笼为草大虫，言伤人如虎也。

【注释】

①侪（chái）：辈，同类的人们。

【译文】

《拊掌录》中载：宋朝从崇宁年间之后开始专营茶叶，管理的法律非常严格。私自贩运茶叶的人虽然已经抓捕认罪，而官府对商贾的管理是有限的，因道路遥远不好管理。但是如果有知道而不遵从法令的，就会被截下，将货物没收并出示布告。昏愚的人往往免不了遭殃。他们的同类把茶全部称为草大虫，意思是说伤人如虎。

【原文】

《苕溪渔隐丛话》：欧公《和刘原父扬州时会堂绝句》云："积雪犹封蒙顶树，惊雷未发建溪春。中州地暖萌芽早，入贡宜先百物新。"（时会堂即造贡茶所也。）余以陆羽《茶经》考之，不言扬州出茶，惟毛文锡《茶谱》云："扬州禅智寺，隋之故宫，寺傍蜀冈①，有茶园，其茶甘香，味如蒙顶焉。"第不知入贡之因，起何时也。

【注释】

①蜀冈：山冈。

【译文】

《苕溪渔隐丛话》：欧公在《和刘原父扬州时会堂绝句》中说："积雪犹封蒙顶树，惊雷未发建溪春。中州地暖萌芽早，入贡宜先百物新。"（原注说："当时的会堂，是制造贡茶的地方。"）我用陆羽的《茶经》来考证，没有说过扬州出产茶叶，只有毛文锡在《茶谱》里面说："扬州的禅智寺，是隋朝的故宫，寺庙依傍着山冈，圭中有茶园茶味甘甜清香，跟蒙顶的味道一样。"但是就是不知道入贡的起因并且是从什么时候开始的。

【原文】

《卢溪诗话》：双井老人以青沙蜡纸裹细茶寄人，不过二两。

《青琐诗话》：大丞相李公昉尝言，唐时目外镇为粗官，有学士贻①外镇茶，有诗谢云："粗官乞与真虚掷，赖有诗情合得尝。"（外镇即薛能也。）

【注释】

①贻：送。

【译文】

《卢溪诗话》：双井老人将细茶包裹在青沙蜡纸里面寄给别人，也不超过二两。

《青琐诗话》：大丞相李公昉曾经说过，唐朝的时候别人把外镇看成粗官，经常有学士赠送茶叶给外镇，因此有诗回谢说："粗官乞与真虚掷，赖有诗情合得尝。"（原注：外镇就是薛能。）

【原文】

《玉堂杂记》：淳熙丁酉十一月壬寅，必大轮当内直，上①曰："卿想不甚饮，比赐宴时，见卿面赤。赐小春茶二十锊，叶世英墨五团，以代赐酒。"

【注释】

①上：皇上。

【译文】

《玉堂杂记》：淳熙丁酉年十一月壬寅，必大轮在大内值班，皇上说："你应该是不太会喝酒，赏赐宴席的时候，我看见你面色赤红。赏赐你小春茶二十銙，叶世英墨五团，用它们来代替酒。"

【原文】

陈师道《后山丛谈》："张忠定公令崇阳，民以茶为业。公曰：'茶利厚，官将取之，不若早自异也。'命拔茶而植桑，民以为苦。其后榷茶，他县皆失业，而崇阳之桑皆已成，其为绢而北者，岁百万匹矣。""文正李公既薨①，夫人诞日，宋宣献公时为侍从。公与其僚二十余人诣第上寿，拜于帘下，宣献前曰：'太夫人不饮，以茶为寿。'探怀出之，注汤以献，复拜而去。"

【注释】

①薨（hōng）：古代称诸侯或有爵位的大官死去。

【译文】

陈师道《后山丛谈》："张忠定公任崇阳县令的时候，老百姓以种茶为职业。张忠公说：'茶叶的利润很丰厚，官府将要收取，不如早点改种其他的东西。'于是下令拔掉茶叶种植桑树，老百姓认为深受其苦。后来治理茶叶的时候，其他地方的百姓都失业了，而崇阳的桑已经制成了绢卖到了北方，每年达上万匹。""李文正去世以后，夫人过生日，宋宣献公那时是侍从，他与自己的同僚二十多个人一起去为她祝寿，在帘外跪拜，宣献上前说：'太夫人不喝酒，现在我就用茶为您祝寿。'从怀里面拿出茶来，冲水献上，再拜辞而去。"

【原文】

张芸叟《画墁录》："有唐茶品，以阳羡为上供，建溪、北苑未著也。贞元中，常衮为建州刺史，始蒸焙而研之，谓研膏茶。其后稍为饼样，而穴其中，故谓之一串。陆羽所烹，惟是草茗尔。迨本朝建溪独盛，采焙制作，前世所未有也，士大夫珍尚鉴别，亦过古先。丁晋公为福建转运使，始制为凤团，后为龙团，贡不过四十饼，专拟上供，即近臣之家，徒闻之而未尝见也。天圣中，又为小团，其品迥嘉于大团。赐两府，然止于一斤，惟上大斋宿两府，八人共赐小团一饼，缕之以金。八人析归，以侈非常之赐，亲知瞻玩，赓唱以诗，故欧阳永叔有《龙茶小录》。或以大团赐者，辄割方寸，以供佛、供仙、奉家庙，已而奉亲并待客享子弟之用。熙宁末，神宗有旨，建州制密云龙，其品又加于小团。自密云龙出，则二团少粗，以不能两好也。予元祐中详定殿试，是年分为制举考第，各蒙赐三饼，然亲知分遗，殆将不胜。""熙宁中，苏子容使北，姚麟为副，曰：'盍载些小团茶乎？'子容曰：'此乃供上之物，畴敢①与北人。'未几有贵公子使北，广贮团茶以往，自尔北人非团茶不纳也，非小团不贵也。彼以二团易蕃罗一匹，此以一罗酬四团，少不满意，即形言语。近有贵貂守边，以大团为常供，密云龙为好茶云。"

【注释】

①畴敢：这里作怎敢之意。

【译文】

张芸叟《画墁录》："唐朝的茶叶之中，以阳羡的最好，建溪、北苑的茶叶还不怎么著名。贞元年间，常衮任建州刺史的时候，才开始蒸焙碾细它，被称为研膏茶。后来做成饼的样子，而在中间穿上洞，所以称为一串。陆羽所烹煮的，只不过是草茗。到了本朝建溪时期才开始变得兴盛起来，采摘烘焙制作，是以前所没有见过的，士大夫珍惜茶，关注鉴别茶的好坏，也是从前没有过的。丁晋公任福建转运使的时候，才开始制造凤团，后来是龙团，每年贡品也只有四十块，专门用来上贡，就是附近当官的人家，也只是听说而没有见过。天圣年间又制造了小团，这个品种比大团更好。赏赐给两府的，也只有一斤，只有皇上大斋宿两府，八个人才总共赏赐小团一块，在上面用金丝装饰起来。八个人分开拿回去，认为这是非常珍贵的赏赐，把它看成很珍稀的观赏物品，用诗歌来赞美它，所以欧阳修著有《龙茶小录》。有的赏赐的是大团，也只是割取一点用来供佛、供仙、供奉家庙，然后用来招待亲友、客人和赏给自己的后人用。熙宁末年，神宗有旨，建州制造密云龙，它的品质又比小团更好。自从白色的密云龙出来之后，两团就显得有点粗糙了，因为不能做到两种都好。我在元祐年间制定殿试，那一年分为制举考第，各自蒙皇上赏赐得到三块茶饼，然而分送给亲知都不够。""熙宁年间，苏子容出使北方的时候，姚麟为副手，姚麟说：'你带了小团茶叶吗？'子容说：'这是进贡给皇上的物品，怎么敢赠送给北方的人呢？'过了不久有贵公子出使到北方，大量进购团茶带去。从此以后北方的人非团茶不收，不是小团茶就不觉得珍贵。他们用两团换一匹蕃马，而这里却一匹蕃马换四团，嫌少不满意，立即就翻脸吵起来。近来有贵貂驻守边关，大团为常用，说密云龙是好茶等。"

【原文】

《鹤林玉露》：岭南人以槟榔代茶。彭乘《墨客挥犀》："蔡君谟，议茶者莫敢对公发言，建茶所以名重天下，由公也。后公制小团，其品尤精于大团。一日，福唐蔡叶丞秘教召公啜小团，坐久，复有一客至，公啜而味之曰：'此非独小团，必有大团杂之。'丞惊，呼童诘之，对曰：'本碾造二人茶，继有一客至，造不及，即以大团兼之。'丞神服公之明审。""王荆公为学士时，尝访君谟，君谟闻公至，喜甚，自取绝品茶，亲涤器，烹点以待公，冀①公称赏。公于夹袋中取消风散一撮，投茶瓯中，并食之。君谟失色，公徐曰：'大好茶味。'君谟大笑，且叹公之真率②也。"

鲁应龙《闲窗括异志》：当湖德藏寺有水陆斋坛，往岁富民沈忠建每设斋，施主虔诚，则茶现瑞花，故花俨然可睹，亦一异也。

【注释】

①冀：意为希望。

②真率：即真诚率直。

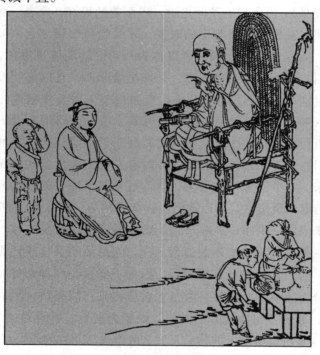

元代赵孟頫《侍童煎茶图》

【译文】

《鹤林玉露》：岭南人常用槟榔来替代茶叶。彭乘的《墨客挥犀》记载："蔡君谟，谈论茶的人都不敢在他的面前说话，建茶之所以闻名天下，就是因为他的缘故。后来他制造的小团，品质比大团更加好。有一天，福唐蔡叶丞秘密地让人去叫他来喝小团，坐了很长时间，又有一位客人来了，蔡君谟喝了茶说：'这里面不只有小团，一定还带有大团。'蔡叶丞很吃惊，立即把童子叫来责问，童子回答说：'本来只是碾造了两个人的茶叶，后来又来了一位客人，没有时间制作了，于是就在里面掺杂了一些大团。'蔡叶丞被他的神明判断所折服。""王荆公为学士的时候，曾经拜访过蔡君谟，蔡君谟听说他来了，十分高兴，亲自取来上等的好茶，洗干净器具，煮水泡茶来招待他，希望得到王荆公的赞赏。荆公从夹袋里面取出一撮消风散，放进茶杯中，然后喝了下去。蔡君谟看后大惊失色，荆公却慢慢地说：'茶叶的味道真好。'蔡君谟大笑，感叹王荆公实在是坦率。"

鲁应龙《闲窗括异志》：当湖德藏寺有个水陆斋坛，以前富民沈忠建每次来这里设斋，如果施主非常虔诚，那么茶水就会显现出祥瑞的花纹，而且里面的花清晰可见，这也是一件很奇异的事。

【原文】

周辉《清波杂志》：先人①尝从张晋彦觅茶，张答以二小诗云："内家②新赐密云龙，只到调元六七公。赖有山家供小草，犹堪诗老荐春风。""仇池③诗里识焦坑，风味官焙可抗衡。钻余权幸亦及我，十辈遣前公试烹。"诗总得偶病，此诗俾其子代书，后误刊《于湖集》中。焦坑产庾岭下，味苦硬，久方回甘。如"浮石已干霜后水，焦坑新试雨前茶"，东坡《南还回至章贡显圣寺》诗也。后屡得之，初非精品，特彼人自以为重，包裹钻权幸，亦岂能望建溪之胜。

《东京梦华录》：旧曹门街北山子茶坊内，有仙洞、仙桥，士女往往夜游，吃茶于彼。

《五色线》：骑火茶，不在火前，不在火后故也。清明改火，故曰骑火茶。

《梦溪笔谈》：王城东素所厚惟杨大年。公有一茶囊，惟大年至，则取茶囊具茶，他客莫与也。

【注释】

①先人：指祖先，此处意为父亲。
②内家：此处指朝廷。
③仇池：指苏轼，因其曾作《仇池笔记》。

【译文】

周辉在《清波杂志》中记载：我的先人曾经到张晋彦那里寻觅茶叶，张晋彦用两

首小诗来回复说："内家新赐密云龙，只到调元六七公。赖有山家供小草，犹堪诗老荐

赌场煎茶

春风。""仇池诗里识焦坑，风味官焙可抗衡。钻余权幸亦及我，十辈遣前公试烹。"此诗在对偶上有弊病，是他让儿子代写的，后来误刊刻在《于湖集》中。焦坑茶产自庚岭下，味道又苦又硬，放久了味道才会变得甘甜一些。就好像是"浮石已干霜后水，焦坑新试雨前茶"，和苏轼的《南还回至章贡显圣寺》诗中所说的一样。后来多次得到它，开始的时候并不是好茶，仅仅是当地人自认为很好而已，于是就将它包裹起来专门送给有权势的人，又怎能超过建溪茶呢？

《东京梦华录》：旧曹门街北山子茶坊中有仙洞、仙桥，士女常常会在晚上去那里喝茶游玩。

《五色线》记载：骑火茶的得名，是因为它不在火前，也不在火后的缘故。清明时期改火，因此称之为骑火茶。

《梦溪笔谈》中记载：王城东一向器重杨大年。他有一个茶囊，只有杨大年来的时候，才从茶囊中将茶取出来泡，其他客人是不会享受到这种待遇的。

【原文】

《华夷花木考》：宋二帝北狩①，到一寺中，有二石金刚并拱手而立，神像高大，首

触桁栋，别无供器，止有石盂、香炉而已。有一胡僧出入其中，僧揖坐问："何来？"帝以南来对。僧呼童子点茶以进，茶味甚香美。再欲索饮，胡僧与童子趋堂后而去。移时不出，入内求之，寂然空舍。惟竹林间有一小室，中有石刻胡僧像，并二童子侍立，视之俨然如献茶者。

马永卿《懒真子录》：王元道尝言：陕西子仙姑，传云得道术，能不食，年约三十许，不知其实年也。陕西提刑阳翟李熙民逸老，正直刚毅人也，闻人所传甚异，乃往青平军自验之。既见道貌高古，不觉心服，因曰："欲献茶一杯可乎？"姑曰："不食茶久矣，今勉强一啜。"既食，少顷垂两手出，玉雪如也[2]。须臾，所食之茶从十指甲出，凝于地，色犹不变，逸老令就地刮取，且使尝之，香味如故，因大奇之。

【注释】

①北狩：向北狩猎，此处指北宋时期宋徽宗、宋钦宗被金人掳去。
②玉雪如也：如玉雪也，像白玉和白雪一样。

【译文】

《华夷花木考》：宋二帝到北面去狩猎，来到一所寺庙，有两个石制的金刚并排拱手站立在那里，神像非常高大，头部快要碰到屋顶的横木了，上面没有其他的贡器，只有石盂和香炉而已。有个胡僧从里面出来，作揖问道："你从哪里来？"皇上说从南面来。胡僧让童子泡茶，茶水的味道非常香美。想要再喝的时候，胡僧和童子已经往堂后去了。很长时间也没有出来，到里面去看，房舍都是空的。只在山林间有一座非常小的房子，里面有一个石刻的胡僧像，两个童子侍立在左右，看起来像是刚刚献茶的人。

马永卿《懒真子录》：王元道曾说：陕西的子仙姑，传言得到了法术，可以不吃东西，大概有三十岁了，但是不知道她的实际年龄。陕西提刑阳翟李熙民逸老，是位正直刚毅的人，听到人们的传言这样奇异，于是就亲自到青平军中去查证。他看到仙姑道貌高古，不觉得心中折服，因此说："我想献给你一杯茶可以吗？"仙姑说："很久没有喝茶了，今天勉强喝一口吧！"喝过之后，一会儿她的两只手垂出，手指白如玉雪。过了一会，所喝的茶水都从十指之间流出，滴落在地上凝固住了，颜色仍然没有改变。逸老让人就地刮起来，并让人品尝，香味和从前一样，大为惊奇。

【原文】

《朱子文集·与志南上人书》：偶得安乐茶，分上廿瓶。
《陆放翁集·同何元立蔡肩吾至丁东院汲泉煮茶》诗云：云芽近自峨眉得，不减红囊顾渚春。旋置风炉清樾①下，他年奇事属三人。

《周必大集·送陆务观赴七闽提举常平茶事》诗云：暮年桑苎②毁《茶经》，应为征行不到闽。今有云孙持使节，好因贡焙祀茶人。

【注释】

①清樾：指清凉的树荫。

②桑苎：指茶圣陆羽，号桑苎翁。

【译文】

《朱子文集·与志南上人书》：偶尔得到安乐茶，分上二十瓶。

《陆放翁集·同何元立蔡肩吾至丁东院汲泉煮茶》诗中说：云芽近自峨眉得，不减红囊顾渚春。旋置风炉清樾下，他年奇事属三人。

《周必大集·送陆务观赴七闽提举常平茶事》诗中说：暮年桑苎毁《茶经》，应为征行不到闽。今有云孙持使节，好因贡焙祀茶人。

【原文】

《梅尧臣集》：《晏成续①太祝遗双井茶五品，茶具四枚，近诗六十篇，因赋诗为谢》。

《黄山谷集》：有《博士王扬休碾密云龙，同事十三人饮之戏作》。

《晁补之集·和答曾敬之秘书见招能赋堂烹茶》诗：一盌分来百越春，玉溪小暑却宜人。红尘他日同回首，能赋堂中偶坐身。

陆游

《苏东坡集》：《送周朝议守汉川诗》云："茶为西南病，岷俗②记二李。何人折其锋，矫矫六君子。"注：二李，杞与稷也。六君子，谓师道与侄正儒、张永徽、吴醇翁、吕元钧、宋文辅也。盖是时蜀茶病民，二李乃始敝之人，而六君子能持正论者也。仆在黄州，参寥自吴中来访，馆之东坡。一日，梦见参寥所作诗，觉而记其两句云："寒食清明都过了，石泉槐火一时新。"后七年，仆出守钱塘，而参寥始卜居西湖智果寺院，院有泉出石缝间，甘冷宜茶。寒食之明日，仆与客泛湖，自孤山来谒，参寥汲泉钻火烹黄蘖茶。忽悟所梦诗，兆于七年之前。众客皆惊叹。知传记所载，非虚语也。

【注释】

①晏成续：宋人，晏殊的后人。
②吽俗：即民俗。

【译文】

《梅尧臣集》：有《晏成续太祝遗双井茶五品，茶具四枚，近诗六十篇，因赋诗为谢》诗。

《黄山谷集》：有《博士王扬休碾密云龙，同事十三人饮之戏作》诗。

《晁补之集·和答曾敬之秘书见招能赋堂烹茶》诗中说：一碗分来百越春，玉溪小暑却宜人。红尘他日同回首，能赋堂中偶坐身。

《苏东坡集》：《送周朝议守汉川诗》中说："茶为西南病，吽俗记二李。何人折其锋，矫矫六君子。"（二李指的是李杞与李稷。六君子指的是师道和正儒、张永徽、吴醇翁、吕元钧、宋文辅。当时蜀茶专卖让百姓受害，二李是最初造敝的人，而六君子是能保持正直言论的人。）我在黄州，道潜从吴中来拜访，住在东坡。一天，梦到参寥作的诗句，醒来后仍记得其中两句："寒食清明都过了，石泉槐火一时新。"七年之后，我到钱塘去任职，而参寥当时居住在西湖智果寺院中，院里面石缝中有泉水流出，味道甘冷非常适宜泡茶。寒食节的第二天，我和客人从孤山一起坐船来看望参寥，他汲取泉水放在火上烹煮黄蘖茶。忽然明悟梦中的诗句，七年前就有梦兆了。在座的客人听后都感到非常吃惊。知道传记上所记载的，并非虚构。

【原文】

东坡《物类相感志》：芽茶得盐，不苦而甜。又云："吃茶多腹胀，以醋解之。"又云："陈茶烧烟，蝇速去。"

《杨诚斋集·谢傅尚书送茶》：远饷新茗，当自携大瓢，走汲溪泉，束涧底之散薪①，然折脚之石鼎，烹玉尘，啜香乳，以享天上故人之惠。愧于胸中之书传，但一味搅破菜园耳。

郑景龙《续宋百家诗》：本朝孙志举，有《访王主簿同泛菊茶》诗。

吕元中《丰乐泉记》：欧阳公既得酿泉②，一日会客，有以新茶献者。公敕汲泉瀹之。汲者道仆覆水，伪汲他泉。代公知其非酿泉，诘之，乃得是泉于幽谷山下，因名丰乐泉。

【注释】

①散薪：指以败枝散叶为柴薪。

②酿泉：应该是"让泉"，位于今安徽滁县琅邪山。

【译文】

苏轼的《物类相感志》中记载："茶芽中放入盐，这样茶不仅不苦反而会很甜。"又说："喝茶容易导致腹部胀痛，可用醋来解决这种病症。"又说："用陈茶叶烧烟，苍蝇很快就会被赶走了。"

《杨诚斋集·谢傅尚书送茶》：您从很远的地方送我新茶，应当自己携带大瓢，以汲取溪底的泉水，收集山涧中的散柴烧火，选择石鼎烹煮，品尝这样香甜的好茶，是在享受天上故人的恩惠。可惜胸中没有诗句可以流传，只是羊踏破菜园罢了。

郑景龙《续宋百家诗》：本朝的孙志举，写有《访王主簿同泛菊茶》诗。

东坡试砚

吕元中《丰乐泉记》：欧阳修已经得到酿泉，一天会见客人的时候，有人送给他新茶叶。欧阳修让仆人汲取泉水来泡茶叶。汲水的人半路将水洒了，于是便用其他的泉水代替了。欧阳修知道他所汲取的不是酿泉的水，责问他，才知道泉水是幽谷山下的，因此把它叫作丰乐泉。

【原文】

《侯鲭录》：黄鲁直云："烂蒸同州羊，沃以杏酪，食之以匕，不以筋。抹南京面作槐叶冷淘①，糁以襄邑熟猪肉，饮共城香稻，用吴人鲙松江之鲈。既饱，以康山谷②帘泉烹曾坑③斗品。少焉，卧北窗下，使人诵东坡《赤壁》前后赋，亦足少快。"又见《苏长公外纪》。

《苏舜钦传》：有兴则泛小舟出盘、阊二门④，吟啸览古，渚茶野酿，足以消忧。

《过庭录》：刘贡父知长安，妓有茶娇者，以色慧称。贡父惑之，事传一时。贡父被召至阙，欧阳永叔⑤去城四十五里迓⑥之，贡父以酒病未起。永叔戏之曰："非独酒能病人，茶亦能病人多矣。"

【注释】

①冷淘：指过水凉面之类的食物。
②康山谷：位于庐山。
③曾坑：位于福建建阳，是北苑茶的著名出产地。
④盘、阊二门：指古代苏州的二门。
⑤欧阳永叔：即欧阳修，永叔为修字。
⑥迓：指迎接。

【译文】

《侯鲭录》：黄庭坚说："把同州羊蒸烂，再在上面浇上杏酪，用刀子直接切着吃，不要用筷子。把南京面作槐叶凉面，加上襄邑的熟猪肉，喝共城的香稻酒，吃吴人制作松江的鲈鱼。吃饱之后，用康山谷帘泉烹煮曾坑的斗品茶。之后，卧在北窗下，让人诵读东坡的《前赤壁赋》《后赤壁赋》，这是件非常愉快的事情。"另见于《苏长公外纪》。

《苏舜钦传》：有兴致的时候就乘小船出盘、阊两门，谈古论今，在水边饮茶，在山野饮酒。这样足以消除忧虑。

《过庭录》：刘贡父在长安任职的时候，有个叫茶娇的妓女，以美色和聪慧著称。贡父被迷惑住了，此事流传一时。贡父被召到京城，欧阳修到城外四十五里的地方去迎接他，贡父因喝醉了起不来。欧阳修就开玩笑说："不只酒能醉人，茶也能让人迷惑很长时间啊。"

【原文】

《合璧事类》：觉林寺僧志崇制茶有三等：待客以惊雷荚，自奉以萱草带，供佛以紫茸香。凡赴茶者，辄以油囊盛余沥。江南有驿官，以干事①自任。白太守曰："驿中已理，请一阅之。"刺史乃往，初至一室为酒库，诸酝皆熟，其外悬一画神，问："何也？"曰："杜康②。"刺史曰："公有余也。"又至一室为茶库，诸茗毕备，复悬画神，问："何也？"曰："陆鸿渐。"刺史益喜。又至一室为菹③库，诸俎④咸具，亦有画神，问："何也？"曰："蔡伯喈。"刺史大笑，曰："不必置此。"江浙间养蚕，皆以盐藏其茧而缫丝，恐蚕蛾之生也。每缫毕，即煎茶叶为汁，捣米粉搜之。筛于茶汁中煮为粥，谓之洗缸粥。聚族以啜之，谓益明年之蚕。

《经鉏堂杂志》：松声、涧声、禽声、夜虫声、鹤声、琴声、棋声、落子声、雨滴阶声、雪洒窗声、煎茶声，皆声之至清者。

【注释】

①干事：指做事干练。

②杜康：又名少康，是中国历史上第一个奴隶制国家夏朝的第五位国王，中国酿酒业的开山祖，其所造之酒也被命名为"杜康酒"。

③菹：指肉酱。

④俎：指砧板。

【译文】

《合璧事类》：觉林寺和尚志崇制作的茶叶有三种：招待客人的时候用惊雷荚，自己喝的时候用萱草带，供佛的时候用紫茸草。凡是来喝茶的人，都用油囊来装余下来的茶水。江南有个驿官，以办事干练自居。对太守说："驿馆中的事情已经料理好了，请你一一过目。"刺史于是就去了，开始到了酒库，酿造的酒都还是热的，在外面悬挂着一幅画像，刺史问："这是谁？"回答说："是杜康。"刺史又说："他确实可以称得上是酒神了。"又来到茶库，里面装满了各种著名的茶叶，也悬挂着一幅画像，刺史问："这是谁？"回答说："是陆羽。"刺史听后更加高兴。又到一间屋子，是放置肉酱的，有各种砧板，也悬挂了一幅画像，刺史问："这是谁？"回答说："是蔡伯喈。"刺史大笑起来，说："这幅神像就不必挂了。"江浙地区养蚕，都会将盐藏在茧里面再去缫丝，防止蚕茧生出蚕蛾。每次缫完丝之后，都会把茶叶煎成汁水，然后将米粉捣细。筛在茶水里面煮成粥，称为洗缸粥。让整个族的人都来喝，据说是对明年的蚕有好处。

《经鉏堂杂志》：松声、涧声、禽声、夜虫声、鹤声、琴声、棋声、落子声、雨滴落在台阶上的声音、雪花飘洒在窗户上的声音、煎茶的声音，都是清雅有致的声音。

【原文】

《松漠纪闻》：燕京①茶肆设双陆②局，如南人茶肆中置棋具也。

《梦粱录》：茶肆列花架，安顿奇松、异桧等物于其上，装饰店面，敲打响盏。又冬月添卖七宝擂茶、馓子葱茶。茶肆楼上专安着妓女，名曰花茶坊。

《南宋市肆记》：平康③歌馆，凡初登门，有提瓶献茗者。虽杯茶，亦犒数千，谓之点花茶。诸处茶肆，有清乐茶坊、八仙茶坊、珠子茶坊、潘家茶坊、连三茶坊、连二茶坊等名。谢府有酒名胜茶。

【注释】

①燕京：即今北京。

②双陆：古时一博戏。

③平康：歌妓的住处。

【译文】

《松漠纪闻》：燕京的茶肆里面设置了双陆局，如南方人的茶肆中就会摆放棋具。

《梦粱录》：茶肆中摆放了花架，将奇松、异桧等东西放置在上面，用来装饰门面，并敲响杯子。到了冬天，添置了七宝擂茶、馓子葱茶。还有的茶肆楼上专门安置了妓女，叫作花茶坊。

《南宋市肆记》：平康歌馆中，凡是初次登门的人，都有人提着瓶子来献茶。即使是一杯茶，也要犒劳给几千钱，这被称为点花茶。各地方的茶肆，有清乐茶坊、八仙茶坊、珠子茶坊、潘家茶坊、连三茶坊、连二茶坊等名称。谢府有种酒名字就叫作胜茶。

【原文】

宋《都城纪胜》：大茶坊皆挂名人书画，人情茶坊本以茶汤为正。水茶坊，乃娼家聊设果凳，以茶为由，后生辈甘于费钱，谓之干茶钱。又有提茶瓶及龊茶①名色。

《臆乘》：杨衒之作《洛阳伽蓝记》，曰食有酪奴，盖指茶为酪粥之奴也。

《琅环记》：昔有客遇茅君②，时当大暑，茅君于手巾内解茶叶，人与一叶，客食之五内清凉。茅君曰："此蓬莱穆陀树叶，众仙食之以当饮。"又有宝文之蕊，食之不饥，故谢幼贞诗云："摘宝文之初蕊，拾穆陀之坠叶。"

【注释】

①龊茶：这是宋朝的一种习俗，官衙吏卒向店家商人点送茶汤，强行索取钱财。

②茅君：传说中的仙人。

【译文】

宋朝《都城纪胜》：大茶坊里面都挂有名人的书画，人情茶坊本来是售卖茶水的。水茶坊，是娼家所设置，随意摆放一些果盘座椅，只是以茶为由，就会有人心甘情愿地付钱，被称为干茶钱。还有提茶瓶和黜茶等名目。

《臆乘》：杨衒之作的《洛阳伽蓝记》，说食有酪奴，指的就是茶是酪粥的辅助食品。

《琅环记》：以前有人遇到茅君，当时正是最炎热的暑天，茅君从手巾中拿出茶叶，给每个人一叶，客人吃完后感觉五脏六腑都非常清凉。茅君说："这是蓬莱穆陀树的叶子，是仙人所饮用的。"还有宝文的蕊，吃后就不会感到饥饿了，因此谢幼贞有诗说："摘宝文之初蕊，拾穆陀之坠叶。"

【原文】

杨南峰《手镜》载：宋时姑苏①女子沈清友，有《续鲍令晖香茗》赋。

孙月峰《坡仙食饮录》：密云龙茶极为甘馨，宋廖正，一字明略，晚登苏门，子瞻大奇之。时黄、秦、晁、张②号苏门四学士，子瞻待之厚，每至必令侍妾朝云取密云龙烹以饮之。一日，又命取密云龙，家人谓是四学士，窥之乃明略也。山谷诗有"谪云龙"，亦茶名。

【注释】

①姑苏：即今苏州。
②黄、秦、晁、张：指宋代黄庭坚、秦观、晁补之、张耒。

【译文】

杨南峰《手镜》中记载：宋朝时期姑苏的女子沈清友，作了一首《续鲍令晖香茗》赋。

孙月峰《坡仙食饮录》：密云龙茶特别甘甜清香，宋廖正，字明略，宋廖公晚年入苏轼门下为弟子，苏轼十分器重他。那时黄庭坚、秦观、晁补之、张耒号称苏门四学士，苏轼厚待他们，每次来时必定让侍妾朝云取密云龙烹饮款待。一天，朝云又来取密云龙，家中的人以为是要招待四位学士，偷看后才知道是要款待明略。山谷诗中有"谪云龙"，也是茶叶的名字。

【原文】

《嘉禾志》：煮茶亭在秀水县西南湖中，景德寺之东禅堂。宋学士苏轼与文长老尝三过湖上，汲水煮茶，后人因建亭以识其胜。今遗址尚存。

《名胜志》：茶仙亭在滁州琅玡山，宋时寺僧为刺史曾肇①建，盖取杜牧《池州茶山病不饮酒》诗"谁知病太守，犹得作茶仙"之句。子开诗云："山僧独好事，为我结茅茨。茶仙榜亭中，颇宗樊川诗。"盖绍圣二年肇知是州也。

【注释】

①曾肇：字子开，宋朝政治家，是唐宋八大家之一曾巩的弟弟。

【译文】

《嘉禾志》：煮茶亭在秀水县西南的湖中，景德寺的东禅堂。宋代学士苏轼和文长老曾经三次经过这个湖，汲取湖水煮茶，因此后人建造了亭子作为名胜。现在遗址仍在。

《名胜志》：茶仙亭位于滁州的琅玡山，宋朝时的和尚为刺史曾肇所建造，大概是取自杜牧《池州茶山病不饮酒》诗中的"谁知病太守，犹得作茶仙"的诗句吧。子开的诗中说："山僧独好事，为我结茅茨。茶仙榜亭中，颇宗樊川诗。"绍圣二年曾肇任此州长官。

朝云

【原文】

陈眉公《珍珠船》："蔡君谟①谓范文正②曰：公《采茶歌》云：黄金碾畔绿尘飞。碧玉瓯中翠涛起。今茶绝品，其色甚白，翠绿乃下者耳，欲改为'玉尘飞''素涛起'，如何？希文曰'善'。""又，蔡君谟嗜茶，老病不能饮，但把玩而已。"

【注释】

①蔡君谟：1012—1067 年，字君谟，原籍仙游枫亭乡东垞村，后迁居莆田蔡垞村。书法史上论及宋代书法，素有"苏、黄、米、蔡"四大书家的说法，他们四人被认为是宋代书法风格的典型代表。蔡襄书法其浑厚端庄，淳淡婉美，自成一体。

②范文正：即范仲淹（公元 989—1052 年）字希文。北宋名臣，政治家、文学家、

【译文】

陈眉公《珍珠船》："蔡君谟对范文正说，你在《采茶歌》中说，黄金碾畔绿尘飞，碧玉瓯中翠涛起。现在茶叶中上好的品种，颜色很白，翠绿是不好的，因此想改成'玉尘飞''素涛起'怎么样？范文正认为很不错。""还有，蔡君谟好茶，到了老年病得不能喝茶，只好品尝罢了。"

【原文】

《潜确类书》："宋绍兴中，少卿曹戬①之母喜茗饮。山初无井，戬乃斋戒祝天，斫地才尺，而清泉溢涌，因名孝感泉。大理徐恪②，建人也，见贻乡信铤子茶，茶面印文曰'玉蝉膏'，一种曰'清风使'。""蔡君谟善别茶，建安能仁院有茶生石缝间，盖精品也。寺僧采造得八饼，号石岩白。以四饼遗君谟，以四饼密遣走京师遗王内翰禹玉。岁余，君谟被召还阙，过访禹玉，禹玉命子弟于茶筒中选精品碾以待蔡，蔡捧瓯未尝，辄曰：'此极似能仁寺石岩白，公何以得之？'禹玉未信，索帖验之，乃服。"

【注释】

①戬：读作 jiǎn。
②徐恪：1431—1503 年，明代官员，字公肃，南直隶苏州府常熟（今属江苏）人。

【译文】

《潜确类书》："在宋朝绍兴年间，少卿曹戬的母亲非常喜欢喝茶。开始的时候山中是没有井的，曹戬虔诚地向上天祈祷，在地上挖了才一尺，清澈的泉水就溢满奔涌了出来，因此把它叫作孝感泉。大理的徐恪，是建地的人，见面就送家乡的信铤子茶，茶叶的上面印着文字说叫'玉蝉膏'，另一种叫'清风使'。""蔡君谟善于辨别茶叶，建安的能仁院有茶叶生长在石缝之间，那是精品。寺庙里的和尚采摘制作了八块，称为石岩白。将四块送给蔡君谟，将另外四块暗中派人到京城送给内翰王禹玉。一年之后，蔡君谟被召回了朝廷，过去访问禹玉，禹玉让弟子在茶筒中精选好的茶叶碾碎来招待蔡君谟，蔡君谟捧着茶瓯没有喝就说：'这特别像是能仁寺的石岩白，你是怎么得到的呢？'禹玉不信，把帖子拿过来检验，才折服。"

【原文】

《月令广义》：蜀之雅州名山县蒙山有五峰，峰顶有茶园，中顶最高处曰清峰，产甘露茶。昔有僧病冷且久，尝遇老父询其病，僧具告之。父曰："何不饮茶？"僧曰："本以茶冷，岂能止乎？"父曰："是非常茶，仙家有所谓雷鸣者，而亦闻乎？"僧曰："未也。"父曰："蒙之中顶有茶，当以春分前后多构人力，俟雷之发声，并手采摘，以多为贵，至三日乃止。若获一两，以本处水煎服，能祛宿疾。服二两，终身无病。服三两，可以换骨。服四两，即为地仙。但精洁治之，无不效者。"僧因之中顶筑室，以俟及期，获一两余，服未竟而病瘥①。惜不能久住博求。而精健至八十余岁，气力不衰。时到城市，观其貌若年三十余者，眉发绀绿。后入青城山，不知所终。今四顶茶园不废，惟中顶草木繁茂，重云积雾，蔽亏日月，鸷兽时出，人迹罕到矣。

【注释】

①瘥（chài）：病除，病已去体，病有好转。

【译文】

《月令广义》：蜀地雅州名山县的蒙山有五座山峰，山峰顶部有茶园，中顶最高的地方被称为上清峰，出产甘露茶。曾经有和尚患上冷病已经很久了，遇见我的父亲。父亲询问他的病，和尚将病情据实相告。父亲说："为什么不喝茶呢？"和尚说："茶水本身就是凉性的，又怎么能治病呢？"父亲回答说："不是一般的茶叶，是仙家所说的雷鸣茶，你听说过吗？"和尚说："没有。"父亲说："蒙山的中顶有茶，应当在春分前后多叫一些人力，等有雷声之后，再用手去采摘，越多越好，到三日后就要停止。如果获得了一两，用本地的水煎服，能够祛除积存很长时间的病痛。服食二两的话，全身就没有病痛了。如果服食了三两，简直可以被称为脱胎换骨。服四两，就可以为地仙了。只要用清洁的茶来治疗，没有不能见效的。"和尚因此在中顶建造房屋，等到那个时候，获得了一两多，没有服用完病就已经痊愈了。只可惜不能在那里久住多求。而身体康健到八十多岁，气力仍旧没有变得衰弱。那时他到城里来，看他的外貌就像是三十多岁的样子，眉毛和头发都呈黑绿色。后来进了青城山，不知道最后去了哪里。现在四顶茶园仍然还在，只有中顶草木茂盛，上面有重重的积雾，遮挡住了日月，时常有猛兽出没，是人迹罕至的地方。

【原文】

《太平清话》：张文规①以吴兴白苎②、白萍洲、明月峡③中茶为三绝。文规好学，有文藻。苏子由、孔武仲、何正臣诸公，皆与之游。

【注释】

①张文规：弘靖子，彦远父。裴度秉政，引为右补阙。累转吏部员外郎，官终桂

管观察使。工书法。少耽墨妙，备尽楷模。《唐书本传、法书要录序》

②白苎（zhù）：白色的苎麻，可以用来制成衣服。

③明月峡：明月峡位于四川广元西陵峡东段，距宜昌 25 公里左右。峡中多奇峰怪石：有山势嵯峨半插天的天柱峰，有宏丽幽深的黄颡洞，有茶圣陆羽称之为"天下第四泉"的蛤蟆碚，有腾空飞架的仙人桥，有裁云剪雾的青峰"三把刀"。

【译文】

《太平清话》：张文规以吴兴白苎、白萍洲、明月峡中的茶叶为三绝。文规好学，很有文采。苏子由、孔武仲、何正臣等人，都与他一起游玩。

【原文】

夏茂卿《茶董》："刘煜，字子仪，尝与刘筠饮茶，问左右：'汤滚也未?'众曰：'已滚。'筠云：'佥①曰鲧②哉。'煜应声曰：'吾与点也。'""黄鲁直以小龙团半铤，题诗赠晁无咎，有云：'曲几蒲团听煮汤，煎成车声绕羊肠。鸡苏胡麻留渴羌，不应乱我官焙香。'东坡见之曰：'黄九恁地怎得不穷。'"

【注释】

①佥（qiān）：众人，大家。

②鲧：读作 gǔn。

【译文】

夏茂卿《茶董》："刘煜，字子仪，曾经和刘筠一起喝茶，问旁边的人：'水开了吗?'众人说：'开了。'刘筠说：'都说开了。'刘煜应声说：'我来点。'""黄鲁直在半块小龙团上题诗赠送给晁无咎，说：'曲几薄团听煮汤煎成车声绕羊肠。鸡苏胡麻留渴羌，不应乱我官焙香。'东坡见了之后说：'黄九怎么这样有兴致呢?'"

【原文】

陈诗教《灌园史》："杭妓周韶①有诗名，好蓄奇茗，尝与蔡公君谟斗胜，题品风味，君谟屈焉。""江参，字贯道，江南人，形貌清癯②，嗜香茶以为生。"

《博学汇书》：司马温公与子瞻论茶墨云："茶与墨二者正相反，茶欲白，墨欲黑；茶欲重，墨欲轻；茶欲新，墨欲陈。"苏曰："上茶妙墨俱香，是其德同也；皆坚，是其操同也。"公叹以为然。元耶律楚材诗《在西域作茶会值雪》，有"高人惠我岭南茶，烂赏飞花雪没车"之句。

【注释】

①周韶：生卒年不详，宋代官妓。有《白鹦鹉》一首，向往从良。

②清癯（qú）：意为清瘦，一般形容有气质但比较清贫的知识分子。

【译文】

陈诗教《灌园史》："杭州的妓女周韶善于作诗，特别喜欢储存好茶，曾经与蔡君谟比试，题品茶的风味，蔡君谟认输。""江参，字贯道，江南人，相貌清瘦，嗜好香茶就像是自己的生命一样。"

《博学汇书》：司马温跟子瞻讨论茶叶和墨时说，"茶与墨二者正好相反，茶要白，而墨要黑；茶要重，而墨要轻；茶要新，而墨要陈。"苏子瞻说："上好的茶和好的墨都很香，是因为它们有相同的品行；都很坚硬，因此它们有着相同的本质。"司马温也是这样认为的。

元朝耶律楚材的诗《在西域作茶会值雪》中，有"高人惠我岭南茶，烂赏飞花雪没车"这样的优美诗句。

【原文】

《云林遗事》：光福徐达左，构养贤楼于邓尉山①中，一时名士多集于此。元镇为尤数焉，尝使童子入山担七宝泉，以前桶煎茶，以后桶濯②足。人不解其意，或问之，曰："前者无触，故用煎茶，后者或为泄气所秽，故以为濯足之用。"其洁癖如此。

【注释】

①邓尉山：苏州西南三十公里光福县有个邓尉山，相传东汉太尉邓尉隐居于此而得名。邓尉是我国四大赏梅胜地之一，有"邓尉梅花甲天下"之称。

②濯：洗。

【译文】

《云林遗事》：光福徐达左在邓尉山中建造了养贤楼，当时很多有名的人士集聚在这里。元镇尤其出名，他曾经派童子到山里面去挑七宝泉的水，用前桶里的水煎茶，用后桶里的水洗脚。别人不理解他的意思，有人问他，他回答说："刚开始的水没有被任何东西接触过，所以用来煎茶，后面的水可能被挑水人排出来的气息污染了，因此用它来洗脚。"他就爱干净到了这种程度。

【原文】

陈继儒《泥古录》：至正辛丑九月三日，与陈征君同宿愚庵师房，焚香煮茗，图石梁秋瀑，翛然有出尘之趣。黄鹤山人王蒙题画。

周叙[1]《游嵩山记》：见会善寺中有元雪庵头陀茶榜石刻，字径三寸，遒[2]伟可观。

【注释】

[1]周叙：字功叙，号石溪，吉水人。汉末东吴偏将军周瑜三十八世裔孙。

[2]遒（qiú）：雄健有力，多形容诗文、书画等雄健精炼。

【译文】

陈继儒《泥古录》：到正辛丑年九月三日，和陈征一起住在姑庵里，烧香煮茶，画山石和秋天的瀑布，悠然有脱离尘世的情趣。黄鹤山人王蒙题画。

周叙《游嵩山记》：看见会善寺里面有元雪庵头陀茶榜石刻，字径三寸。笔迹苍劲有力值得欣赏。

【原文】

钟嗣成[1]《录鬼簿》：王实甫[2]有《苏小郎夜月贩茶船》传奇。

《吴兴掌故录》：明太祖喜顾渚茶，定制岁贡止三十二斤，于清明前二日，县官亲诣采茶，进南京奉先殿焚香而已，未尝别有上供。

【注释】

[1]钟嗣成：元代文学家。字继先，号丑斋，大梁（今河南开封）人。编著《录鬼簿》二卷，所做杂剧今知有《章台柳》《钱神论》《蟠桃会》等，皆不传。

[2]王实甫：1260—1336年，字德信，大都（今河北定兴县）人。元代杂剧作家，是中国著名剧作《西厢记》的作者。

【译文】

钟嗣成《录鬼簿》：王实甫有《苏小郎夜月贩茶船》作品。

《吴兴掌故录》：明朝太祖喜欢喝顾渚茶，规定每年只需要进贡三十二斤，清明节前两日，县官亲自去指挥采茶，只是到南京奉先殿去焚香而已，也没有到别的地方去上供。

【原文】

《七修汇稿》：明洪武①二十四年，诏天下产茶之地，岁有定额，以建宁为上，听茶户采进，勿预有司②。茶名有四：探春、先春、次春、紫笋，不得碾揉为大小龙团。

杨维桢《煮茶梦记》：铁崖道人卧石床，移二更，月微明，及纸帐梅影，亦及半窗，鹤孤立不鸣。命小芸童汲白莲泉，燃槁湘竹，授以凌霄芽③为饮供。乃游心太虚，恍兮入梦。

陆树声《茶寮记》：园居敞小寮于啸轩坤垣④之西，中设茶灶，凡瓢汲、罂、注、濯、拂之具咸庀。择一人稍通茗事者主之，一人佐炊汲。客至，则茶烟隐隐起竹外。其禅客⑤过从予者，与余相对结跏趺坐，啜茗汁，举无生话⑥。时杪秋⑦既望⑧，适园无诤居士，与五台僧演镇、终南僧明亮，同试天池茶于茶寮中。漫记。

【注释】

①洪武：明太祖朱元璋的年号。

②勿预有司：指不必先通过有关主管部门。

③凌霄芽：云雾茶。

④坤垣：指矮墙。

⑤禅客：做客的佛教徒。

⑥举无生话：指所说的都不是红尘中的事。

⑦杪秋：农历九月。

⑧既望：农历十六日。

【译文】

《七修汇稿》：明朝洪武二十四年，诏告天下所有采茶之地，每年都有一定的数量，以建宁茶最好，听任茶户采摘，不需要报告相关部门。茶叶有四种名字：探春、先春、次春、紫笋，不能碾揉制成大小龙团。

杨维桢《煮茶梦记》：铁崖道人卧在石床上，到了二更，月亮微微发亮，窗户上显现出梅花的影子，等照了半扇窗户的时候，野鹤安静地孤立在那里。让小芸童汲取白莲泉水，点燃枯槁的湘竹，把凌霄芽煮了饮。这才收敛心神，渐渐进入了梦乡。

陆树声《茶寮记》：在啸轩矮墙的西面有一个小茶寮，中间设置有茶灶，瓢汲、罂、注、濯、拂等器具都很完备。挑选一个稍微懂茶的人来管理它，另一个人帮着烧火汲水。客人来了，茶烟就会隐隐升起在竹林的外面。如果是出家之人来拜访，我们就一起相对而坐，喝茶，不说世俗中的话。农历九月十六日，适园无诤居士来了，和五台的和尚演镇、终南的和尚明亮，一起在茶寮中品尝天池茶。因此就将其随意记录下来。

【原文】

《墨娥小录》：千里茶，细茶一两五钱，孩儿茶一两，柿霜一两，粉草末六钱，薄荷叶三钱。右为细末调匀，炼蜜丸如白豆大，可以代茶，便于行远。

汤临川①《题饮茶录》：陶学士谓"汤者，茶之司命②"，此言最得三昧。冯祭酒③精于茶政，手自料涤，然后饮客。客有笑者，余戏解之云："此正如美人，又如古法书名画，度④可着俗汉手否！"

陆鈛《病逸漫记》：东宫出讲，必使左右迎请讲官。讲毕，则语东宫官云："先生吃茶。"

《玉堂丛语》：愧斋陈公，性宽坦，在翰林时，夫人尝试之。会客至，公呼："茶！"夫人曰："未煮。"公同："也罢。"又呼曰："干茶！"夫人曰："未买。"公曰："也罢。"客为捧腹，时号"陈也罢"。

【注释】

①汤临川：即汤显祖，明代戏曲作家，代表作《牡丹亭》。
②司命：神名，主人夭寿，此处指汤是茶的关键。
③冯祭酒：即明代文学家冯梦桢。
④度：指设想。

【译文】

《墨娥小录》：千里茶，细茶一两五钱，孩儿茶一两，柿霜一两，粉草末六钱，薄荷叶三钱。碾成细末调配均匀，炼成像白豆一样大的蜜丸，可用来代替茶叶，出远门的时候方便携带。

汤临川《题饮茶录》：陶学士说："汤，是茶叶的灵魂。"这种说法最能体现茶的神味。冯祭酒精通茶艺，亲手烹煮，然后让客人饮用。客人当中有笑他的，我开玩笑似的解释说："这就好比美人，又好似古代的书法名画，怎么可以让俗人的手去玷污呢？"

陆鈛《病逸漫记》：太子上课，一定会让侍从去迎接讲官。讲完之后，对讲官说："先生请吃茶。"

《玉堂丛语》：愧斋陈公，性格宽厚坦诚，在翰林院的时候，他的夫人曾经去试探他。客人来了，他喊："上茶！"夫人回答说："还没有煮。"他说："也罢。"又喊：

"干茶！"夫人回答："还没有买。"他说："也罢。"客人们捧腹大笑，因此称呼他为"陈也罢。"

【原文】

沈周《客坐新闻》：吴僧大机所居古屋三四间，洁净不容唾。善瀹茗，有古井清冽为称。客至，出一瓯为供饮之，有涤肠渭胃之爽。先公与交甚久，亦嗜茶，每入城必至其所。

沈周《书芥茶别论后》：自古名山，留以待羁人迁客①，而茶以资高士，盖造物②有深意。而周庆叔者为《芥茶别论》，以行之天下。度铜山金穴中无此福，又恐仰屠门而大嚼③者未必领此味。庆叔隐居长兴，所至载茶具，邀余素瓯黄叶间，共相欣赏。恨鸿渐、君谟不见庆叔耳，为之覆茶三叹。

【注释】

①羁人迁客：流放迁徙的人。

②造物：即造物主，就是大自然。

③仰屠门而大嚼：比喻用不切实际的办法来安慰自己。

【译文】

沈周《客坐新闻》：吴地的和尚大机所居住的古屋有三四间，洁净得让你不忍心弄脏那里。他善于茶事，有清澈甘冽的古井水供他使用。客人来时，就拿出一瓯茶来给客人喝，可以洗涤肠胃十分清爽。先公和他有很长时间的交往，也非常喜欢喝茶，每次到城中去必定要到他的住所拜访。

沈周《书芥茶别论后》：自古以来，名山是留给旅客游人游览的，而茶是留给高洁雅士品尝的，大概造物都是有一定深意的。而周庆叔因著有《芥茶别论》而传遍天下。我猜想住在铜山金穴中的人是没有这种福气的，恐怕吃大鱼大肉的人也未必能领略到其中的意味。庆叔隐居在长兴，走到哪里都会带着茶具，他邀请我在素瓯黄叶之间，一起欣赏品尝。只可惜鸿渐、君谟没有看到庆叔啊，为此我盖上茶叹息再三。

【原文】

冯梦桢《快雪堂漫录》：李于鳞为吾浙按察副使，徐子与以芥茶之最精饷①之。比遇子与于昭庆寺问及，则已赏皂役②矣。盖芥茶叶大梗多，于鳞北士，不遇③宜也。纪之以发一笑。

闵元衡《玉壶冰》：良宵燕坐④，篝灯煮茗，万籁俱寂，疏钟时闻，当此情景，对简编而忘疲，彻衾枕而不御⑤，一乐也。

【注释】

①饷：赠送的意思。

②皂役：指侍从等人。

③不遇：此处指不被看重。

④燕坐：即闲坐。

⑤不御：不用，即不睡觉。

【译文】

冯梦桢《快雪堂漫录》：李于鳞在浙江任按察副使的时候，徐子与把芥茶中最精致的赠送给了他。等到子与在昭庆寺遇到他问起这件事情时，他已经将茶赏赐给差役们了。因为芥茶叶子大而且梗较多，对于李于鳞这样的北方人来说，不容易看出其好处，因此写下来聊为一笑。

闵元衡《玉壶冰》：在这么好的夜晚闲坐，烧火煮茶，四周静寂，时时听到远处的钟声，此情此景，看书而忘记了疲劳，也不用睡觉了，真是一件快乐的事情啊。

【原文】

《瓯江逸志》：永嘉①岁进茶芽十斤，乐清茶芽五斤，瑞安、平阳岁进亦如之。雁山五珍：龙湫②茶、观音竹、金星草、山乐官③、香鱼也。茶即明茶。紫色而香者，名玄茶，其味皆似天池④而稍薄。

王世懋《二酉委谭》：余性不耐冠带，暑月尤甚，豫章天气蚤⑤热，而今岁尤甚。春三月十七日，觞客于滕王阁，日出如火，流汗接踵⑥，头涔涔几不知所措。归而烦闷，妇为具汤沐，便科头⑦裸身赴之。时西山云雾新茗初至，张右伯适以见遗，茶色白大，作豆子香，几与虎丘埒。余时浴出，露坐明月下，亟命侍儿汲新水烹尝之。觉沆瀣⑧入咽，两腋风生。念此境味，都非宦路所有。琳泉蔡先生老而嗜茶，尤甚于余。时已就寝，不可邀之共啜。晨起复烹遗之，然已作第二义矣。追忆夜来风味，书一通以赠先生。

【注释】

①永嘉：位于今浙江温州。

②龙湫：瀑布名，位于浙江雁荡山，产白云茶。

③山乐官：雁荡山一鸟名。

龙湫

④天池：指苏州天池山茶。

⑤蚤：同"早"。

⑥踵：指脚后跟。

⑦科头：指光着头。

⑧沆瀣：清凉的气息。

【译文】

《瓯江逸志》：永嘉年间进献茶芽十斤，进献乐清茶芽五斤，瑞安、平阳年间进贡的茶芽数量也是这样的。雁山五珍指的是：龙湫茶、观音竹、金星草、山乐官、香鱼。这些茶是明茶，紫色而带有香气，叫作玄茶，味道和天池很相似，只是要稍微淡一点。

王世懋《二酉委谭》：我本性不喜欢戴帽子，尤其是在天气炎热的时候，豫章的天气早热，而且今年尤其如此。三月十七日，和客人一起在滕王阁喝酒，太阳出来就好像火一样，汗水一直流到了脚跟，头上汗水涔涔让人不知所措。回来之后十分烦闷，妻子为我烧水沐浴，于是就光着头裸身进去了。当时西山的云雾新茶刚刚出产，张右伯正好送给了我一些，茶叶白而大，散发着豆子一样的香味，味道和虎丘相似。我正好沐浴完了，坐在明月之下，让童子汲取新水来烹煮茶叶。喝下后，只觉得气息清凉，两边腋下好像生风一样。想到这样的情景，都不是官场仕途所能体会到的。琳泉蔡先生老了之后喜欢喝茶，比我更加厉害。可惜已是睡觉的时间了，不能邀请他一起来喝茶。早晨起来再烹煮送给他，可是已经不比当时的意味了。回想起昨天晚上的风味，书写下来赠送给他。

【原文】

《涌幢小品》①：王琏，昌邑人，洪武初，为宁波知府。有给事来谒，具茶。给事为客居间，公大呼："撤去！"给事惭而退。因号"撤茶太守"。

《临安志》：栖霞洞内有水洞，深不可测，水极甘洌，魏公尝调以瀹茗。

《西湖志余》：杭州先年有酒馆而无茶坊，然富家燕会，犹有尊供茶事之人，谓之茶博士。

【注释】

①《涌幢小品》：明人笔记。朱国祯（？～1632 年）撰。朱国祯，字文宁，浙江乌程（今吴兴）人，万历年间进士，历官至礼部尚书兼东阁大学士。

【译文】

《涌幢小品》载：王琏，昌邑人，洪武初年，任宁波知府。有给事来拜访，茶准备好了。给事作为客人坐在中间，王琏大叫："撤去！"给事因为惭愧而退下。因此被称为"撤茶太守"。

《临安志》记载：栖霞洞里面有水洞，深不可测，水特别甘甜清洌，魏公曾经将它调试用来泡茶。

《西湖志余》载：杭州以前有酒馆而没有茶坊，但是富贵人家聚会，有专门负责茶事的人，这种人被称为茶博士。

【原文】

《潘子真诗话》：叶涛诗极不工而喜赋咏，尝①有《试茶》诗云"碾成天上龙兼凤，煮出人间蟹与虾。"好事者戏云："此非试茶，乃碾玉匠人尝南食也。"

【注释】

①尝：曾经。

【译文】

《潘子真诗话》：叶涛的诗特别不工整而又偏偏喜欢作诗，曾经在《试茶》诗中说："碾成天上龙兼凤，煮出人间蟹与虾。"好事的人开玩笑说："这不是试茶，是碾玉的工匠品尝南方的食品。"

【原文】

董其昌①《容台集》："蔡忠惠公进小团茶，至为苏文忠公所讥，谓与钱思公进姚黄花同失士气。然宋时君臣之际，情意蔼然，犹见于此。且君谟未尝以贡茶干宠，第点缀太平世界一段清事而已。东坡书欧阳公滁州二记，知其不肯书《茶录》。余以苏法书之，为公忏悔。否则蛰龙诗句，几临汤火，有何罪过。凡持论不大远人情可也。""金陵春卿署中，时有以松萝茗相贻者，平平耳。归来山馆得啜尤物，询知为闵汶水所蓄。汶水家在金陵，与余相及，海上之鸥，舞而不下，盖知希为贵，鲜游大人者。昔陆羽以精茗事，为贵人所侮，作《毁茶论》，如汶水者，知其终不作此论矣。"

【注释】

①董其昌：明代后期著名画家、书法家、书画理论家、书画鉴赏家，"华亭派"的主要代表。

【译文】

董其昌《容台集》："蔡忠惠进献小团茶，导致被苏文忠所议论，说他跟钱思进献姚黄花一样有失士气。然而宋朝时期的君臣之间，情意非常浓厚，在这里可以体现出来。而且君谟也曾经因贡茶求得皇上恩宠，点缀出一段太平世界的清事。在滁州东坡写欧阳公的两篇文章，知道他不肯写《茶录》。我以苏的书法写去，向欧阳公忏悔。不然蛰龙的诗句，几乎靠近了汤火，有什么过错呢？只要所持的言论不要跟人情相隔太远就行了。""金陵春卿的府上，经常有人送给他松萝茶叶，很普通。回来住在山馆喝到了特别好的茶，询问之后才知道是闵汶水所蓄的。汶水的家在金陵，与我很近，海上的鸥鸟，飞着不下来，才知稀为贵。很少被大人得到。以前陆羽因为精通茶事，被贵人所忤逆，作《毁茶论》。像汶水这样的人，知道他肯定不会这样说了。"

【原文】

李日华①《六研斋笔记》：摄山栖霞寺有茶坪，茶生榛莽②中，非经人剪植者。唐陆羽入山采之，皇甫冉作诗送之。

《紫桃轩杂缀》：泰山无茶茗，山中人摘青桐芽点饮，号女儿茶。又有松苔，极饶奇韵。

【注释】

①李日华：字实甫，江苏苏州人。生卒年及生平事迹无考。约生活于正德、嘉靖前后，以剧作《南西厢记》闻名。明代戏曲、散曲作家。

②榛莽（zhēn mǎng）：丛杂的草木。

【译文】

李日华《六研斋笔记》：摄山栖霞寺中有茶坪，茶叶生长在杂草中间，没有经过人工的修剪处理。唐代的陆羽到山上去采摘，皇甫冉写诗来送他。

《紫桃轩杂缀》载：泰山没有茶叶，山中居住的人采摘青桐芽泡着喝，叫作女儿茶。还有松苔，韵味特别的好。

【原文】

《钟伯敬①集》：《茶讯》诗云："犹得年年一度行，嗣音幸借采茶名。"伯敬与徐波元叹交厚，吴楚风烟相隔数千里，以买茶为名，一年通一讯，遂成佳话，谓之茶讯。"尝见钱谦益《茶供说》云：娄江逸人朱汝圭，精于茶事，将以茶隐，欲求为之记，愿岁岁采渚山青芽，为余作供。余观楞严坛中设供，取白牛乳、砂糖、纯蜜之类。西方沙门婆罗门，以葡萄、甘蔗浆为上供，未有以茶供者。鸿渐长于芯苕者也，杼山禅伯也，而鸿渐《茶经》、杼山《茶歌》俱不云供佛。西土以贯花燃香供佛，不以茶供，斯亦供养之缺典也。汝圭益精心治办茶事，金芽素瓷，清净供佛，他生受报，往生茶国。经诸妙香而作佛事，岂但如丹丘羽人饮茶，生羽翼而已哉。余不敢当汝圭之茶供，请以茶供佛。后之精于茶道者，以采茶供佛、为佛事，则自余之谂汝圭始，爰作《茶供说》以赠上。"

【注释】

①钟伯敬：名惺，竟陵人。著有《首楞严经》等作品。

【译文】

《钟伯敬集》载：《茶讯》诗中说："犹得年年一度行，嗣音幸借采茶名。"伯敬与徐波元交往很深厚，吴楚之间相隔几千里，以买茶为名，一年通一次消息，于是就成了佳话，被称为茶讯。"曾经看到钱谦益在《茶供说》中说：娄江飘逸人士朱汝圭，对茶事非常精通，愿意每年采摘渚山中的青芽，送给我作为供品。我看楞严坛中所设置的供品，都是白牛乳、砂糖、纯蜜之类的东西。西方的沙门婆罗门，用葡萄、甘蔗浆作为上供的物品，没有用茶来进贡的。鸿渐是擅长香草的人，杼山是修禅的人，而鸿渐的《茶经》、杼山的《茶歌》都没有说过用茶供佛的事情。西方用贯花焚香供佛，不用茶供，用茶供养说来是没有记录的。朱汝圭一向对茶的事情很精细，很好的茶芽，素净的瓷器，清静供佛，来生能够得到回报，往生到天国去。用这么多的好香来作佛事。难道不是跟丹丘羽人喝茶，生出了羽翼一样吗？我不敢当汝圭的茶供，用茶供佛吧。后来精通茶道的人，采茶来供佛、作佛事，那就是从汝圭开始的，所以我写《茶供说》送给他。"

【原文】

《五灯会元》："摩突罗国①有一青林枝叶茂盛地，名曰优留茶。""僧问如宝禅师曰：'如何是和尚家风?'师曰：'饭后三碗茶。'僧问谷泉禅师曰：'未审客来，如何祗待?'师曰：'云门胡饼赵州茶。'"

【注释】

①摩突罗国：中印度之古国。位于阎牟那河畔，距今德里东南约一百四十公里。

【译文】

《五灯会元》："摩突罗国有一块林木茂盛的地方，名叫优留茶。""和尚问宝禅师说：'什么是和尚的家风?'宝禅师回答说：'饭后三碗茶。'和尚问谷泉禅师说：'如果有客人来的话，怎么接待?'谷泉禅师说：'云门胡饼赵州茶。'"

【原文】

《渊鉴类函》："郑愚①《茶诗》：'嫩芽香且灵，吾谓草中英。夜臼和烟捣，寒炉对雪烹。'因谓茶曰草中英。""素馨花曰裨茗，陈白沙《素馨记》以其能少裨于茗耳。一名那悉茗花。"

【注释】

①郑愚：番禺人。咸通中，观察桂管，入为礼部侍郎。黄巢平后，出镇南海，终尚书左仆射。曾作诗二首。

【译文】

《渊鉴类函》载："郑愚《茶诗》：'嫩芽香且灵，吾谓草中英。夜臼和烟捣，寒炉对雪烹。'因此说茶是草中的英灵。""素馨花被称为裨茗，陈白沙《素馨记》以其能少裨于茗。又被称为那悉茗花。"

【原文】

《佩文韵府》：元好问①诗注："唐人以茶为小女美称。"

《黔南行记》："陆羽《茶经》纪黄牛峡②茶可饮，因令舟人求之。有媪卖新茶一笼，与草叶无异，山中无好事者故耳。""初余在峡州问士大夫黄陵茶，皆云粗涩不可饮。试问小吏，云：'惟僧茶味善。'令求之，得十饼，价甚平也。携至黄牛峡，置风炉清樾③间，身自候汤，手攦得味。既以享黄牛神，且酌元明尧夫云：'不减江南茶味也。'乃知夷陵士大夫以貌取之耳。"

【注释】

①元好问：1190—1257 年，字裕之，号遗山，世称遗山先生。汉族，山西秀容（今山西忻州）人。元好问墓位于忻州市城南五公里韩岩村西北，1962 年被评为第一批省级重点文物保护区。

②黄牛峡：即黄牛岩在漓江西岸，磨盘山南，与碧崖隔江相峙，距桂林约 30 千米。

③樾（yuè）：路旁的树荫下。

【译文】

《佩文韵府》记载：元好问的诗注："唐代的人用茶作为小女的美称。"

《黔南行记》记载："陆羽的《茶经》里面记载有黄牛峡的茶可以饮用，因此让船家去求取。有妇女卖新茶一笼，跟草叶没有什么区别，这是因为山中没有好茶事的人。""当初我在峡州问士大夫黄陵茶叶味道如何，都说味道粗涩不可以喝。试着问小吏，说：'只有和尚的茶味道好。'让他去求取，最后得到了十块，价格不贵。带到黄牛峡，放在清凉树荫下的风炉上，自己来煮汤，味道很好。既然得到了黄牛的神韵，而且送给元明尧喝了之后说：'不比江南的茶味道差。'这才知道夷陵的士大夫只是以貌取物罢了。"

【原文】

《九华山录》：至化城寺，谒金地藏塔，僧祖瑛献土产茶，味可敌北苑。

冯时可《茶录》：松郡余山亦有茶，与天池无异，顾采造不如。近有比丘来，以虎丘法制之，味与松萝等。老衲噁①逐之曰："毋为此山开膻径而置火坑。"

【注释】

①亟（jí）：急切，迫切。

【译文】

《九华山录》：到达化城寺，拜访金地藏塔，和尚祖瑛献上当地产的土茶，味道可以胜过北苑。

冯时可《茶录》：松郡余山也有茶叶，与天池没有什么区别，只是采摘和制作比不上天池。最近有和尚来了，用虎丘的方法来制造，味道跟松萝差不多。老和尚急切地把他赶走了说："不要用这种方法把这座山推到火坑里面去。"

【原文】

冒巢民①《岕茶汇钞》："忆四十七年前，有吴人柯姓者，熟于阳羡茶山，每桐初露白之际，为余入岕，箬笼②携来十余种，其最精妙者，不过斤许数两耳。味老香深，具芝兰金石之性。十五年以为恒。后宛姬从吴门归余，则岕片必需半塘顾子兼，黄熟香必金平叔，茶香双妙，更入精微。然顾、金茶香之供，每岁必先虞山柳夫人、吾邑陇西之倩姬与余共宛姬，而后他及。""金沙于象明携岕茶来，绝妙。金沙之于精鉴赏，甲于江南。而岕山之棋盘顶，久归于家，每岁其尊人必躬往采制。今夏携来庙后、棋顶、涨沙、本山诸种，各有差等，然道地之极真极妙，二十年所无。又辨水候火，与手自洗，烹之细洁，使茶之色香性情，从文人之奇嗜异好，一一淋漓而出。诚如丹丘羽人所谓饮茶生羽翼者，真衰年称心乐事也。""吴门七十四老人朱汝圭，携茶过访。与象明颇同，多花香一种。汝圭之嗜茶自幼，如世人之结斋于胎年，十四入岕，迄今，春夏不渝者百二十番，夺食色以好之。有子孙为名诸生，老不受其养。谓不嗜茶，为不似阿翁。每辣骨入山，卧游虎咆，负笼入肆，啸傲瓯香。晨夕涤瓷洗叶，啜弄无休，指爪齿颊与语言激扬赞颂之津津，恒有喜神妙气与茶相长养，真奇癖也。"

【注释】

①冒巢民：冒襄（1611—1693年）字辟疆，号巢民，一号朴庵，又号朴巢。私谥潜孝先生。江苏如皋人。明末清初的文学家。

②箬笼：箬，一种竹子，叶大而宽，可编竹笠，也可用来包棕子。箬笼，竹子编的笼子。

【译文】

冒巢民《岕茶汇钞》："记得四十七年前，有姓柯的吴地人，对阳羡的茶叶很熟悉，每次茶树刚刚露出白色的时候，他就进入茶园，用竹笼带回来十几种。其中最好的，不过一斤几两。味道清香，具备了芝兰金石的性质，十五年一直如此。后来宛姬从吴门回到我这里，那么芥片必须要加进一半的顾子，黄熟香必须要有金平叔，茶香双妙，更细致入微了。从提供此顾、金茶香，每年必须按照虞山柳夫人、我们家乡陇西的倩姬、我和宛姬，然后再是其他人这样的顺序。""金沙的于象明携带着芥茶而来，真是太好了。金沙于家对茶叶鉴赏很精通，可谓江南第一，而芥山的棋盘顶早就属于于家，每年他们家的长者必定要亲自去采摘制造。今年夏天又带来了庙后、棋顶、涨沙、本山等品种，各有差异，更是特别的地道美好，可以说二十年都没有过。如果能掌握好水温和火候，自己将手洗干净之后用细小洁净的器具烹煮，那么茶叶的颜色和香味会更好。正好把文人的特殊爱好一一发挥出来，就像丹丘羽人所说的喝茶生出羽翼的人一样，真正是晚年最称心如意的事情了。""吴门七十四岁老人朱汝圭，带着茶叶来拜访。跟象明的差不多，只是多了一种花的香味。汝圭从小就喜欢喝茶，就像是与生俱来的习惯一样。十四岁喝茶，到现在春夏不停经过了一百二十番，好饮食超过了对食色之爱。有子孙为著名的人士服侍，但是老了也不需要他们来赡养，说如果不喝茶的话，那就不像是你们的长辈了。每次壮着胆子进山，跟老虎和虫兽们周旋。背着茶笼进入茶肆，啸傲茶香。早晚都在洗碗烹茶，没完没了。手舞足蹈，喜形于色，说出了很多赞美的话，大有神情气色跟茶叶相提并论之势。真是很奇怪的癖好。"

【原文】

《岭南杂记》：潮州灯节，饰姣童为采茶女，每队十二人或八人，手挈花篮，迭进而歌，俯仰抑扬，备极妖妍。又以少长者二人为队首，擎彩灯，缀以扶桑、茉莉诸花。采女进退作止，皆视队首。至各衙门或巨室唱歌，赉以银钱、酒果。自十三夕起至十八夕而止。余录其歌数首，颇有《前溪》《子夜》之遗。

郎瑛《七修类稿》：歙人闵汶水，居桃叶渡上，予往品茶其家，见其水火皆自任，以小酒盏酌客，颇极烹饮态，正如德山担青龙钞，高自矜许而已，不足异也。秣陵好事者，尝诮闽无茶，谓闽客得闽茶咸制为罗囊，佩而嗅之以代旃檀①。实则闽不重汶水也。闽客游秣陵者，宋比玉、洪仲韦辈，类依附吴儿强作解事，贱家鸡而贵野鹜，宜为其所诮欤。三山薛老亦秦淮汶水也。薛尝言汶水假他味作兰香，究使茶之真味尽失。汶水而在，闻此亦当色沮，薛尝住旵岷，自为剪焙，遂欲驾汶水上。余谓茶难以香名，况以兰定茶，乃咫尺见也，颇以薛老论为善。延邵人呼制茶人为碧竖，富沙陷后，碧竖尽在绿林中矣。蔡忠惠《茶录》石刻在瓯宁邑庠②壁间。予五年前拓数纸寄所知，今漫漶③不如前矣。闽酒数郡如一，茶亦类是。今年予得茶甚夥，学坡公义酒事，尽合为一，然与未合无异也。

【注释】

①旃檀：即檀香。
②邑庠：即乡学。
③漫漶：磨灭不清。

【译文】

《岭南杂记》：潮州的灯节，常把姣童装扮成采茶女的样子，每一列队伍十二或八个人，手中提着花篮，边走边唱着歌谣，跳着舞，非常好看。还将年龄比较大的两个人放在队伍的前面，让他们举着彩灯，戴上扶桑、茉莉等花。后面的人是进是退，都要跟随前面的队伍。到各衙门或者大户人家去唱歌，会收到银钱、酒果等赏赐。从十三晚上开始一直到十八的晚上才结束。我记录下来她们的几首歌曲，有些《前溪》《子夜》等诗歌的味道。

郓哥不忿闹茶肆

郎瑛《七修类稿》：歙州人闵汶水居住在桃叶渡上，我到他家中去品茶，看到他的水和火都由自己控制，用小酒杯来招待客人，极尽烹饮态，就像德山挑着青龙钞，显得有一点清高罢了，没有什么不同。秣陵好事的人，曾经讥讽福建没有茶叶，说福建人得到福建的茶叶之后都制成罗囊，佩带在身上并且闻它，以此来代替檀香。实际上福建的人不看重汶水。闽人到秣陵游玩，像宋比玉、洪仲章等人，都依附吴人强作解事，不重视家鸡而重视野鹜，当然会被别人嘲笑了。三山的薛老也是秦淮的汶水。薛曾经说汶水借助别的味道而作兰花的香味，这样就导致茶叶失去了真味。如果汶水在的话，听到这个说法应该感到非常沮丧难过了。薛曾经住在冯岕，亲自挑选烘焙，想要超过汶水。我说茶叶很难因为香而出名的，何况在里面加上兰花，真是没有见识，我认为薛老说得非常对。延邵人把制造茶叶的人称为碧竖，富沙失陷后，制造茶叶的人都在绿林之中。蔡忠惠将《茶录》刻在瓯宁县学的墙上。五年前我曾经用几张纸拓下来，寄给我认识的人，现在字迹模糊，已经不如从前清楚了。福建几个郡的酒都一样，茶叶也是如此。今年我得到了很多种茶叶，学习东坡处理酒的方法，其合而为一，却和没有合之前是一样的。

【原文】

李仙根《安南杂记》：交趾称其贵人曰翁茶。翁茶者，大官也。

《虎丘茶经补注》：徐天全自金齿①谪回，每春末夏初，入虎丘开茶社。罗光玺作《虎丘茶记》，嘲山僧有"替身茶"。吴匏庵与沈石田②游虎丘，采茶手煎对啜，自言有茶癖。

《渔洋诗话》：林确斋者，亡其名，江右人。居冠石，率子孙种茶，躬亲畚锸负担，夜则课读《毛诗》《离骚》。过冠石者，见三四少年，头着一幅布，赤脚挥锄，琅然歌出金石，窃叹以为古图画中人。

【注释】

①金齿：位于云南保山市。

②沈石田：指明代书画家沈周。

【译文】

李仙根《安南杂记》：交趾称贵人为翁茶。翁茶，就是大官的意思。

《虎丘茶经补注》：徐天全从金齿被贬谪回来，每年春末夏初的时候，都会到虎丘去开茶社。罗光玺著《虎丘茶记》，嘲笑山中的和尚，其中有"替身茶"的说法。吴匏庵和沈石田一起到虎丘去游玩，采摘茶叶后亲自去煎煮对饮，都说自己有茶癖。

《渔洋诗话》：林确斋，名字已经不可查考了，江右人。居住在冠石，带领子孙一起种茶，自己挑担挖土，晚上读《毛诗》《离骚》。经过冠石的人，看到三四个头上戴着头巾，光着脚挥舞着锄头，唱着歌的少年，还以为是古代图画中的人物呢。

朱彝尊

【原文】

《尤西堂集》有《戏册茶为不夜侯制》。

朱彝尊《日下旧闻》：上巳后三日，新茶从马上至，至之日宫价五十金，外价二三十金。不一二日，即二三金矣。见《北京岁华记》。

《曝书亭集》：锡山①听松庵僧性海②，制竹火炉，王舍人③过而爱之，为作山水横幅，并题以诗。岁久炉坏，盛太常因而更制，流传都下，群公多为吟咏。顾梁汾典籍仿其遗式制炉，及来京师，成容若④侍卫以旧图赠之。丙寅之秋，梁汾携炉及卷过余海波寺寓，适姜西溟、周青士、孙恺似三子亦至，坐青藤下，烧炉试武夷茶，相与联句成四十韵，用书于册，以示好事之君子。

【注释】

①锡山：位于今江苏无锡。
②性海：指明代高僧普真。
③王舍人：明代书画家，普真的好友。
④成容若：指清代文学家纳兰性德。

【译文】

《尤西堂集》有《戏册茶为不夜侯制》。

朱彝尊《日下旧闻》：上巳后三天，用马将新茶运来，那天宫中的价格是五十金，宫外的价格是二三十金。没有过一两天，就只有二三金了。见《北京岁华记》。

《曝书亭集》：锡山听松庵的和尚性海，制造了一个竹火炉，王舍人看到后非常喜爱，就为他作了山水横幅，并在上面题诗。时间长了炉子就坏了，盛太常仿照它重新制作，后来流传到城中，群公很多都为他作诗。顾梁汾根据典籍仿照它的样子制造了这种炉子，等来到了京城，侍卫成容若将以前的图赠送给他。丙寅的秋天，梁汾带着炉子和书经过我在海波寺的寓所时，正好姜西溟、周青士、孙恺似三个人也来了，坐在青藤下面烧炉子品尝武夷的茶叶，一起联句作成了四十首诗，将它记录下来，用来给好事的君子看。

【原文】

蔡方炳《增订广舆记》：湖广长沙府攸县，古迹有茶王城，即汉茶陵城也。

葛万里《清异录》：倪元镇饮茶用果按者，名清泉白石。非佳客不供。有客请见，命进此茶。客渴，再及而尽，倪意大悔，放盏入内。黄周星①九烟梦读《采茶赋》，只记一句云："施凌云以翠步。"

【注释】

①黄周星：明末清初人。

【译文】

蔡方炳《增订广舆记》：湖广长沙府的攸县，古迹中有个茶王城，就是汉代的茶陵城。

山中煎茶

葛万里《清异录》中说：倪元镇喝茶加进果子的方法，叫作清泉白石。不是好的客人是不会拿出来的。有客人拜见，就让端出了这种茶。客人口渴，倒上茶就喝完了，倪元镇觉得非常后悔，就将杯子收到里面去了。黄周星九烟梦读《采茶赋》，只记得其中的一句是："施凌云以翠步。"

【原文】

《别号录》：宋曾几，字吉甫，别号茶山。明许应元子春，别号茗山。

《随见录》：武夷五曲朱文公①书院内有茶一株，叶有臭虫气，及焙制出时，香逾他树，名曰臭叶香茶。又有老树数株，云系文公手植，名曰宋树。

《西湖游览志》：立夏之日，人家各烹新茗，配以诸色细果，馈送亲戚比邻，谓之七家茶。南屏谦师②妙于茶事，自云得心应手，非可以言传学到者。

【注释】

①朱文公：指宋代文学家朱熹。

②南屏谦师：指宋代杭州南屏山净慈寺和尚谦师。

【译文】

《别号录》：宋朝的曾几，字吉甫，别号茶山。明朝的许应元子春，别号为茗山。

《随见录》：武夷五曲朱文公的书院中有一株茶树，叶子散发着一种臭虫气，可是等到烘焙制造出来以后，香气就远远胜过了其他的茶树，名字叫作臭叶香茶。还有几棵老树，据说是文公亲自栽种的，名叫宋树。

《西湖游览志》：立夏那一天，家家都各自煮新茶，再配上各种颜色的细果，赠送给亲戚邻居，这叫作七家茶。南屏谦师对茶事非常精通，自认为是得心应手了，不是用语言传授就可以学得到的。

【原文】

刘士亨①有《谢璘上人惠桂花茶》诗云：金粟金芽出焙篝，鹤边小试兔丝瓯。叶含雷信三春雨，花带天香八月秋。味美绝胜阳羡种，神清如在广寒游。玉川句好无才续，我欲逃禅问赵州。

【注释】

①刘士亨：善刻碑，于元祐五年重刻魏孝文皇帝吊比千墓文。

【译文】

刘士亨有《谢璘上人惠桂花茶》诗（见原文，此略）。

【原文】

李世熊①《寒支集》：新城之山有异鸟，其音若箫，遂名曰箫曲山。山产佳茗，亦名箫曲茶。因作歌纪事。

【注释】

①李世熊：1602—1686 年，字元仲，号愧庵，自号塞支道人，福建宁化人。是个饱学之士，经史子集乃至医卜星纬释道的典籍，无不贯通，尤爱钻研韩非、屈原、韩愈等人之作，造诣很深。

【译文】

李世熊《寒支集》：新城的山上有种异常的鸟，它的声音就像箫一样，于是把它的名字叫作箫曲山。山中出产好的茶叶，也叫箫曲茶，因此作歌记事。

【原文】

《禅玄显教篇》：徐道人居庐山天池寺，不食者九年矣。畜一墨羽鹤，尝采山中新茗，令鹤衔松枝烹之。遇道流，辄相与饮几碗。

【注释】

（略）

【译文】

《禅玄显教篇》：徐道人住在庐山天池寺，不吃东西已经九年了。养了一只黑色羽毛的仙鹤，在山中采摘新茶，让仙鹤衔松枝来煮茶。遇到同道名流，就一起喝几碗。

【原文】

张鹏翀《抑斋赋》有《御赐郑宅茶》云：青云幸接于后尘，白日捧归乎深殿。从容步缓，膏芬齐出螭头①；肃穆神凝，乳滴将开蜡面。用以濡毫，可媲文章之草；将之比德，勉为精白之臣。

【注释】

①螭头：古代碑额，殿柱，殿阶及印章等之上所刻的螭形花饰。螭：古代传说的一种动物，蛟龙之属。这里形容茶的形态。

【译文】

张鹏翀《抑斋赋》有《御赐郑宅茶》（见原文，此略）。

八、茶之出

【原文】

《国史补》：风俗贵茶，其名品益众。剑南有蒙顶①石花，或小方、散芽，号为第一。湖州有顾渚之紫笋，东川有神泉小团、绿昌明、兽目。峡州有小江园、碧涧寮、明月房、茱萸寮，福州有柏岩、方山露芽，婺州有东白、举岩、碧貌，建安有青凤髓，夔州有香山，江陵有楠木，湖南有衡山，睦州有鸠坑。洪州有西山之白露，寿州有霍山之黄芽。绵州之松岭，雅州之露芽，南康之云居，彭州之仙崖、石花，渠江之薄片，邛州之火井、思安，黔阳之都濡、高株，泸川之纳溪、梅岭，义兴之阳羡、春池、阳凤岭，皆品第之最著者也。

【注释】

①蒙顶：茶名。这种茶产自四川名山区西南十五里的蒙山。山上有五峰，最高的叫上清峰，峰顶有一块巨石，有几间屋子大，石上长有七株茶树，相传为甘露大师手植，产茶极少，明代一年向京师进贡一钱多一点。围绕石头还长几十株茶树，叫陪茶，供当地官员享用。

【译文】

《国史补》载：民间的习俗以茶为贵，因此茶的名字和品种有很多。剑南有蒙顶的石花，或叫小方、散芽，号称为第一。湖州有顾渚的紫笋，东川有神泉的小团、绿昌明、兽目，峡州有小江园、碧涧寮、明月房、茱萸寮，福州有柏岩、方山露芽，婺州有东白、举岩、碧貌，建安有青凤髓，夔州有香山，江陵有楠木，湖南有衡山，睦州有鸠坑，洪州有西山白露，寿州有霍山的黄芽。绵州的松岭，雅州的露芽，南康的云居，彭州的仙崖、石花，渠江的薄片，邛州的火井、思安，黔阳的都濡、高株，泸川的纳溪、梅岭，义兴的阳羡、春池、阳凤岭，都是最好的品种。

【原文】

《文献通考》：片茶之出于建州者有龙、凤、石乳、的乳、白乳、头金、蜡面、头骨、次骨、末骨、粗骨、山挺十二等，以充岁贡及邦国之用。洎本路食茶，余州片茶，有进宝双胜、宝山两府出兴国军；仙芝、嫩蕊、福合、禄合、运合、脂合出饶、池州；泥片出虔州；绿英、金片出袁州；玉津出临江军；灵川出福州；先春、早春、华英、来泉、胜金出歙州①；独行灵草、绿芽片金、金茗出潭州；大拓枕出江陵、大小巴陵；开胜、开卷、小卷、生黄翎毛出岳州；双上绿牙、大小方出岳、辰、澧州；东首、浅山、薄侧出光州。总二十六名，其两浙及宣、江、鼎州止以上中下或第一至第五为号。其散茶，则有太湖、龙溪、次号、末号出淮南；岳麓、草子、杨树、雨前、雨后出荆、湖；清口出归州；茗子出江南。总十一名。

【注释】

①歙（shè）州：即徽州，位于安徽省南部、新安江上游，所辖地域为今黄山市、

【译文】

　　《文献通考》载：从建州出产的片茶有龙、凤、石乳、的乳、白乳、头金、蜡面、头骨、次骨、末骨、粗骨、山挺12种，这些用来作为贡品以及国家和地方使用。余州的片茶，有进宝双胜、宝山两府，都是出自兴国军；仙芝、嫩蕊、福合、禄合、运合、脂合都是出产于饶州、池州；泥片出自虔州；绿英、金片出自袁州；玉津出自临江军；灵川出自福州；先春、早春、华英、来泉、胜金出自歙州；独行灵草、绿芽片金、金茗出自潭州；大拓枕出自江陵、大小巴陵；开胜、开卷、小卷、生黄翎毛出自岳州；双上绿牙、大小方出自岳、辰、澧州；东首、浅山、薄侧出自光州。总共26种，其中两浙和宣、江、鼎州只以上中下或者第一至第五为号。其中的散茶，则有太湖、龙溪、次号、末号，出自淮南；岳麓、草子、杨树、雨前、雨后，出自荆、湖；清口出自归州；茗子出自江南。总共有11种。

【原文】

　　叶梦得《避暑录话》：北苑茶正所产为曾坑，谓之正焙；非曾坑为沙溪，谓之外焙。二地相去不远，而茶种悬绝。沙溪色白过于曾坑，但味短而微涩，识者一啜，如别泾渭也。余始疑地气土宜，不应顿异如此。及来山中，每开辟径路，刳①治岩窦②，有寻③丈之间，土色各殊，肥瘠紧缓燥润，亦从而不同。并植两木于数步之间，封培灌溉略等。而生死丰悴如二物者。然后知事不经见，不可必信也。草茶极品惟双井、顾渚，亦不过各有数亩。双井④在分宁县，其地属黄氏鲁直家也。元丰间，鲁直力推赏于京师，族人交致之，然岁仅得一二斤尔。顾渚在长兴县，所谓吉祥寺也，其半为今刘侍郎希范家所有。两地所产，岁亦止五六斤。近岁寺僧求之者，多不暇精择，不及刘氏远甚。余岁求于刘氏，过半斤则不复佳。盖茶味虽均，其精者在嫩芽。取其初萌如雀舌者，谓之枪。稍敷而为叶者，谓之旗。旗非所贵，不得已取一枪一旗犹可，过是则老矣。此所以为难得也。

【注释】

　　①刳（kū）：破开、挖空。

　　②窦（dò）：洞、孔。

　　③寻：古代的长度单位，八尺为寻。

　　④双井：在江西分宁县西南三十里，宋代诗人黄庭坚（号鲁直）所居之南溪。汲此井水种茶，绝胜之处，故称双井茶。

【译文】

叶梦得《避暑录话》：正宗北苑茶叶出产的地方是曾坑，被称为正焙；不是曾坑是沙溪的，就被称为外焙。这两个地方虽然距离不远，而茶叶品种相差得就很大了。沙溪比曾坑的茶叶颜色要白，但是味道淡而且有一点苦涩，内行人一尝，就能够分出个好坏来。我开始的时候认为即使土地不同，也不应该相差这么大啊。等到了山里，每次开辟路径的时候破开周围的岩石，在几丈方圆之间，土地的颜色各有不同，土地的肥沃干燥也各有不同。两棵树差不多，把它们种在一起，封培灌溉也差不多，但还是有的生长茂盛有的枯萎了，从而知道事情没有亲眼见，是不可以完全相信的。草茶之中最好的品种只有双井和顾渚，也不过各有几亩。双井在分宁县，地属于黄鲁直家。元丰年间，鲁直极力把茶推广到京城，家族的茶都交给他，但是一年也只不过得一两斤罢了。顾渚在长兴县，就是所谓吉祥寺，它的一半归现在侍郎刘希范家所有。两地所出产的茶叶一年也只有五六斤。近年来寺庙里的和尚一味贪多，多数没有工夫去采摘精品，所出茶叶比刘氏的相差太多了。我每年向刘氏要，但是每次超过半斤就不会好。虽然茶叶的味道均匀，但是它最重要的地方在嫩芽。摘取其刚开始像雀舌的萌芽，被称为枪。上面覆盖着叶子的被称为旗。旗并不贵重，只要取一枪一旗就可以了，太多就老了，这就是为什么很难得了。

【原文】

《归田录》：腊茶出于剑建，草茶盛于两浙。两浙之品。日注[①]为第一。自景祐以后，洪州双井白芽渐盛，近岁制作尤精，囊以红纱，不过一二两，以常茶十数斤养之，用避暑湿之气。其品远出日注上，遂为草茶第一。

【注释】

①日注：据北宋末《杨公笔录》说："会稽日铸山，茶品冠江浙。世传越王铸剑，他处皆不成，至此，一日铸成，故谓之日铸（注）。山有寺，泉甘关，尤宜茶。山顶谓之油车岭，茶尤奇，所收绝少，其真者芽长寸余，自有麝气。"按：日铸山在浙江绍兴东南五十里。

【译文】

《归田录》载：腊茶出产于剑建，草茶兴起于两浙。两浙的品种之中，日注是第一位。自景祐年间以后，洪州双井的白芽变得兴盛起来，近几年制作得更加精良，放在红纱里面，也不过一二两，用普通的茶叶十几斤养着，以避免湿热的气息。它的品质远远在日注之上，因此是草茶之中最好的。

【原文】

《云麓漫钞》：茶出浙西①，湖州为上，江南常州次之。湖州出长兴顾渚山中，常州出义兴君山悬脚岭北岸下等处。

【注释】

①浙西：指浙江西部，唐置浙江西道，宋称浙江西路，辖杭州、嘉兴、湖州等地。浙东指浙江东部，唐置浙江东道，宋改为浙江东路。辖宁波、绍兴、台州等地。

【译文】

《云麓漫钞》载：浙江西湖出产的茶叶最好，江南常州的要差一点，湖州茶出自长兴顾渚山，常州茶出自义兴君山悬脚岭北岸下的一些地方。

【原文】

《蔡宽夫诗话》："玉川子《谢孟谏议寄新茶》诗有'手阅月团三百片'及'天子须尝阳羡茶'之句。则孟所寄，乃阳羡茶也。""杨文公《谈苑》：'蜡茶出建州，陆羽《茶经》尚未知之，但言福建等州未详，往往得之，其味极佳。江左①近日方有蜡面之号。'丁谓《北苑茶录》云：'创造之始，莫有知者。'质之三馆②检讨③杜镐，亦曰在江左日，始记有研膏茶。欧阳公《归田录》亦云'出福建'，而不言所起。按唐氏诸家说中，往往有蜡面茶之语，则是自唐有之也。"

【注释】

①江左：江左指长江以东之地，今江苏等地。江右指长江以西之地，即今江西。因为从北面看，江东在左，江西在右。

②三馆：指文学之馆。唐设昭文馆、集贤院、史馆为三馆，修史、藏书、校雠皆其职。宋代承袭了唐代这一制度。

③检讨：官名，宋代有史馆检讨。

【译文】

《蔡宽夫诗话》载："玉川子《谢孟谏议寄新茶》诗中有'手阅月团三百片'和'天子须尝阳羡茶'的句子。这里说明孟所寄的就是阳羡茶了。""杨文公《谈苑》：'蜡茶出产于建州，陆羽的《茶经》还不清楚，只是说福建等州具体不详，有时得到这种茶，味道很好。江左近日才有叫蜡面的茶。'丁谓在《北苑茶录》中说：'开始的时候，并没有人知道。'问到三馆检讨杜镐，也说在江左那天，才开始记录有研膏茶。欧阳公《归田录》也说'出自福建'，也不说起源于哪里。唐氏等人诸家说法中，往往有蜡面茶的说法，那就说明是从唐代开始有的。"

【原文】

《事物记原》：江左李氏别令取茶之乳作片，或号京铤、的乳及骨子等，是则京铤之品，自南唐①始也。《苑录》云："的乳以降，以下品杂炼售之，惟京师去者，至真不杂，意由此得名。"或曰，自开宝来，方有此茶。当时识者云，金陵僭国②，惟曰都下，而以朝廷为京师。今忽有此名，其将归京师乎。

罗廪《茶解》：按唐时产茶地，仅仅如季疵所称。而今之虎丘、罗岕、天池、顾渚、松萝、龙井、雁宕、武夷、灵川、大盘、日铸、朱溪诸名茶，无一与焉。乃知灵草在在有之，但培植不嘉，或疏于采制耳。

《潜确类书·茶谱》：袁州之界桥，其名甚著，不若湖州之研膏、紫笋，烹之有绿脚垂下。又婺州有举岩茶，片片方细，所出虽少，味极甘芳，煎之如碧玉之乳也。

【注释】

①南唐：国名，五代十国之一。拥有今江苏、淮南、江西、福建以及广西北部等地。

②僭国：冒用国家称号，此处指在金陵的李氏集团。

【译文】

《事物记原》中记述：江左南唐李氏又下令用茶乳作片，有的叫作京铤、的乳及骨子等，由此可见，京铤这种茶，是从

雁荡山

南唐时期开始制作的。《苑录》中说："的乳以下的茶，用下等茶叶掺杂在一起制成，然后拿到市场上去卖，不过运送到京师的片茶，的确是真正的上品茶制作而成的。叫作京铤，也许是因此而得名吧。"也有人说，自开宝年间才开始出现这种茶，当时那些

有见识的人说，南唐妄自称国，对自己国都所在之地只称呼为都下，而把朝廷所在之地开封称为京师。现在忽然有京铤这个名字，表示南唐将要归顺宋朝吧。

罗廪《茶解》中记述：按照唐朝时期产茶的地方，仅仅如陆羽所说。而现在的虎丘、罗岕、天池、顾渚、松萝、龙井、雁宕、武夷、灵川、大盘、日铸、朱溪等名茶都没有被提到。可见茶这种有灵气的草，到处都有。只是不好培植，或者不去采摘制作，所以没有被发现。

《潜确类书·茶谱》中记述：袁州的界桥茶，名气非常大，但是不像湖州的研膏、紫笋，煮出来后有绿脚下垂。还有婺州的举岩茶，每一片方方正正而又细密，产量虽然要少一些，但是味道既甜且香，用水煎煮一下，茶水就会现出碧玉般的颜色。

【原文】

《农政全书》，玉垒关外宝唐山，有茶树产悬崖，笋长三寸五寸，方有一叶两叶。涪州出三般茶：最上宾化，其次白马，最下涪陵。

《煮泉小品》：茶自浙以北皆较胜。惟闽、广以南，不惟水不可轻饮，而茶亦当慎之。昔鸿渐未详岭南诸茶，但云"往往得之，其味极佳"。余见其地多瘴疠①之气，染着水草，北人食之，多致成疾，故谓人当慎之也。

《茶谱通考》：岳阳之含膏冷，剑南之绿昌明，蕲门之团黄，蜀川之雀舌，巴东之真香，夷陵②之压砖，龙安③之骑火。

【注释】

①瘴疠：热带山林中的潮湿空气和瘟疫散发的氤氲之气。
②夷陵：今湖北宜昌。
③龙安：今四川安县东北。

【译文】

《农政全书》中记述：玉垒关外的宝唐山，在悬崖上长有茶树，枝芽有三五寸长，才有一两片叶子。涪州出产三种茶：最上等的是宾化茶，其次是白马茶，最下等的是涪陵茶。

《煮泉小品》中记述：浙江以北所产的茶都比较好，只有福建、广东以南地区，不仅那里的水不能轻易喝，而且茶也要慎重对待，不要随便品尝。以前陆羽不了解岭南的各种茶，只是说："往往得之，其味极佳。"我看到那里瘴疠之气很多，水草受到污染，北人饮用，很多人都会得疾病，所以说应当慎重对待。

《茶谱通考》中说：岳阳产的茶有含膏冷，剑南产的茶有绿昌明，蕲门产的茶有团黄，蜀川产的茶有雀舌，巴东产的茶有真香，夷陵产的茶有压砖，龙安产的茶有骑火。

【原文】

《江南通志》：苏州府吴县西山产茶，谷雨前采焙。极细者，贩于市，争先腾价，以雨前为贵也。

《吴郡虎丘志》：虎丘茶，僧房皆植，名闻天下。谷雨前摘细芽焙而烹之，其色如月下白，其味如豆花香。近因官司征以馈远，山僧供茶一斤，费用银数钱。是以苦于赍送。树不修葺，甚至刈①斫之，因以绝少。

【注释】

①刈：割，割掉。

【译文】

《江南通志》中说：苏州府吴县西山出产茶，谷雨以前进行采摘烘焙。非常精致的茶，拿到市场上去卖，售价会竞相攀升。因为买主都知道雨前的茶是最贵重的。

《吴郡虎丘志》中记述：虎丘茶种植在僧人的房前屋后，这种茶，天下闻名。在谷雨前将它的细芽采摘下来进行烘焙，然后再进行煎煮，它的汤就好像是月亮照耀出的银白色一样，它的味道就好像是豆花香气。近来官员征收这种茶赠送给远方，山僧供应一斤茶，只给数钱银两。僧人苦于官员们收茶作为赠品，也就不对茶树进行修葺整理了，甚至将树砍掉，因此现在虎丘茶很少可以看到了。

【原文】

米襄阳《志林》：苏州穹窿山下有海云庵，庵中有二茶树，其二株皆连理，盖二百余年矣。

《姑苏志》：虎丘寺西产茶，朱安雅云：“今二山门西偏，本名茶岭。”

陈眉公《太平清话》：洞庭中西尽处，有仙人茶，乃树上之苔藓也，四皓①采以为茶。

《图经续记》：洞庭②小青山坞出茶，唐宋入贡。下有水月寺，因名水月茶。

【注释】

①四皓：汉初四位隐士：东国公、绮里季、夏黄公、角里先生，四人被称为商山四皓。

②洞庭：指洞庭湖，湖中有很多小山，以君山最为著名。

【译文】

米襄阳《志林》说：苏州的穹窿山下有座海云庵，这座庵中有两株茶树，两棵树是合抱在一起生长的，大概已经有两百年的时间了。

《姑苏志》说：虎丘寺西边产茶，朱安雅说："现今山门偏西的地方，原来叫作茶岭。"

陈眉公《太平清话》说：洞庭湖的西尽头出产一种仙人茶，这种茶原来是树上生长出来的苔藓。有四个白发老人采摘之后作为茶使用。

《图经续记》说：洞庭湖中的小青山坞出产茶叶，唐宋时期这种茶才开始向朝廷进贡。因为山下有一座水月寺，因此称这种茶为水月茶。

【原文】

《古今名山记》：支硎山茶坞多种茶。

《随见录》：洞庭山①有茶，微似芥而细，味甚甘香，俗呼为"吓杀人"。产碧螺峰者尤佳，名碧螺春。

《松江府志》：佘山在府城北，旧有佘姓者修道于此，故名。山产茶与笋，并美，有兰花香味。故陈眉公云："余乡佘山茶与虎丘相伯仲②。"

【注释】

①洞庭山：江苏太湖中有东西二山，东山为古莫厘山，西山为古包山。

②伯仲：此处指不相上下。

【译文】

《古今名山记》说：支硎山茶坞种植了很多茶树。

《随见录》说：洞庭山产茶，所产的茶有点像芥茶，只是稍微细些，味道甜香，民间把它叫作"吓杀人"。这种茶叶产于洞庭山碧螺峰上的是最好的，叫作碧螺春。

《松江府志》记述：佘山在松江府的城北，过去有位姓佘的人在此修道，因此人们将山称为佘山。山上出产茶叶和竹笋，质量都非常好，有兰花的味道。因此陈眉公说："我家乡出产山佘茶和虎丘茶，质地不相上下。"

【原文】

《常州府志》：武进县章山麓有茶巢岭，唐陆龟蒙尝种茶于此。

《天下名胜志》：南岳古名阳羡山，即君山北麓。孙皓①既封国后，遂禅此山为岳，故名。唐时产茶充贡，即所谓云南岳贡茶也。常州宜兴县东南别有茶山。唐时造茶入贡，又名唐贡山，在县东南三十五里，均山乡。

【注释】

①孙皓：三国时期吴国最后一个皇帝。

【译文】

《常州府志》：武进县章山的山脚下有个茶巢岭，唐代的陆龟蒙曾经在此地种茶。

《天下名胜志》：南岳在古时叫作阳羡山，也就是君山的北麓。孙皓封国之后，于是就封此山为岳，名字就是这样得来的。唐代产茶充当贡品，所说的就是南岳的贡茶。常州宜兴县东南有座茶山。唐朝时期人们采茶进贡，因此又称之为唐贡山，在县城东南三十五里的地方，到处都是山。

【原文】

《武进县志》：茶山路在广化门外十里之内，大墩小墩连绵簇拥，有山之形。唐代湖、常二守会阳羡造茶修贡，由此往返，故名。

《檀几丛书》：茗山在宜兴县西南五十里永丰乡，皇甫冉有《送羽南山采茶》诗，可见唐时贡茶在茗山矣。唐李栖筠①守常州日，山僧献阳羡茶。陆羽品为芬芳冠世，产可供上方。遂置茶舍于洞灵观，岁造万两入贡。后韦夏卿徒于无锡县罨画溪上，去湖汶一里所。许有谷诗云"陆羽名荒旧茶舍，却教阳羡置邮忙"是也。义兴南岳寺，唐天宝中有白蛇衔茶子坠寺前，寺僧种之庵侧，由此滋蔓，茶味倍佳，号曰"蛇种"。土人重之，每岁争先饷遗。官司需索，修贡不绝。迨今方春采茶，清明日，县令躬享白蛇于卓锡泉亭，隆厥典也。后来檄取，山农苦之，故袁高有"阴岭茶未吐，使者牒②已频"之句。郭三益诗："官符星火催春焙，却使山僧怨白蛇。"卢仝《茶歌》："安知百万亿苍生，命坠颠崖受辛苦。"可见贡茶之累民，亦自古然矣。

【注释】

①李栖筠：为李吉甫父亲，人称"赞皇公"。
②牒：指由官方颁发的证明某事的文件。

陆龟蒙

【译文】

《武进县志》：茶山路在广化门外十里以内，大墩和小墩连起来簇拥连绵在一起，就成了山的形状。唐代的湖、常两地的太守，到阳羡制造茶叶进贡，就从此地往返，由此而得名。

《檀几丛书》：茗山在宜兴县西南五十里的永丰乡，皇甫冉曾经作有《送羽南山采茶》诗，可见唐朝时贡茶就在茗山出产了。唐代李栖筠任常州太守时，山中的和尚进献阳羡茶。陆羽品尝之后认为它的香味无与伦比，可拿来进贡给皇上。于是就在洞灵观中建造了一个茶舍，每年制造上万两进贡朝廷。后来韦夏卿迁徙到无锡县的罨画溪上，住在距离水流分支的地方一里左右。许有谷的诗句"陆羽名荒旧茶舍，却教阳羡置邮忙"说的就是这个。义兴的南岳寺，传说唐朝天宝年间有白蛇衔着茶子落在寺庙的前面，寺中的和尚将其种植在庵旁，从此滋生蔓长，茶味非常好，叫作"蛇种"。当地人非常重视它，每年都争先恐后地食用赠送，官府也不断索要作为贡品进献朝廷。入春开始采茶，清明那天，县令会亲自到卓锡泉亭去躬请白蛇，典礼非常隆重。后来索要的太多了，山中的茶农深受其苦，因此袁高有"阴岭茶未吐，使者牒以频"的诗句。郭三益诗中说："官符星火催春焙，却使山僧怨白蛇。"卢仝《茶歌》："安知百万亿苍生，命坠颠崖受辛苦。"可见贡茶对茶民的连累，自古以来都如此。

【原文】

《洞山茶系》："罗岕，去宜兴而南，逾八九十里。浙直①分界，只一山冈，冈南即长兴山。两峰相阻，介就夷旷者，人呼为岕云。履其地，始知古人制字有意。今字书'岕'字，但注云'山名耳'。有八十八处，前横大洞，水泉清驶，漱润茶根，泄山土之肥泽，故洞山为诸岕之最。自西氿溯涨渚而入，取道茗岭，甚险恶。（县西南八十里）自东沈溯湖汊而入，取道濒岭，稍夷，才通车骑。""所出之茶，厥有四品：第一品，老庙后。庙祀山之土神者，瑞草丛郁，殆比茶星胪飨矣。地不下二三亩，苕溪姚像先与婿分有之。茶皆古本，每年产不过二十斤，色淡黄不绿，叶筋淡白而厚，制成梗绝少。入汤色柔自如玉露，味甘，芳香藏味中，空濛深永，啜之愈出，致在有无之外。第二品，新庙后、棋盘顶、纱帽顶、毛巾条、姚八房及吴江周氏地，产茶亦不能多。香幽色白，味冷隽，与老庙不甚别，啜之差觉其薄耳。此皆洞顶岕也。总之岕品至此，清如孤竹，和如柳下，并入圣矣。今人以色浓香烈为岕茶，真耳食而眯其似也。第三品，庙后涨沙、大袁头、姚洞、罗洞、王洞、范洞、白石。第四品，下涨沙、梧桐洞、余洞、石场、丫头岕、留青岕、黄龙、岩灶、龙池，此皆平洞本岕也。外山之长潮、青口、涠庄、顾渚、茅山岕。俱不入品。"

【注释】

①浙直：这里指的是浙江与直隶。

【译文】

《洞山茶系》记载："罗岕，在宜兴的南面八九十里的地方，浙江与直隶分界。只有一座山冈，山冈的南面就是长兴山。两座山之间空旷的地方，别人叫作岕云。踏在这片土地上，才知道古人造的字很有深意。今天的'岕'字。注说是山名。有八十八处前面横着特大的山洞，泉水特别清澈，滋润茶树的根部，使山上的土地很肥沃，所以说洞山茶是所有茶中最好的。从沈溯的西面逆流而上，经过茗岭，地势特别险恶。（在县城西南八十里的地方）从沈溯的东面湖水分叉的地方进入，经过瀍岭，稍平坦，才能够通过车辆。""所出产的茶叶，总共有四个品种：第一个品种，是老庙后。庙里祭祀的是山上的土地神明，瑞草丛生，所以这里的茶都很好。总共也不过两三亩的面积，苔溪的姚像先和女婿两个人共同拥有。茶树都是古树，每年出产的不超过二十斤，颜色淡黄而不绿，叶子的筋脉淡白而且很厚，制成了梗很少。放入开水里面颜色柔白就像玉露一样，味道很甘甜，芳香藏在味道中，特别深远，越喝越能够品出味来，让人如痴如醉。第二个品种，新庙后、棋盘顶、纱帽顶、毛巾条、姚八房以及吴江周氏那里，出产的茶叶也不是很多。幽香白色，味道冷峻，与老庙的没有太大的区别，喝了之后觉得它不太好感觉味道，这些都是洞顶岕。总之岕品种的茶叶到了这种程度，清如孤竹一样，柔和得就像是站在柳树的下面，都一起成了圣洁的东西。现在的人认为颜色很深香气很浓郁的是岕茶，只是听来觉得它很相似罢了。第三个品种，庙后的涨沙、大衮头、姚洞、罗洞、王洞、范洞、白石。第四个品种，下涨沙、梧桐洞、余洞、石场、丫头岕、留青岕、黄龙、岩灶、龙池，这些都是平洞本岕。外山的长潮、青口、湆庄、顾渚、茅山岕，都不能称为好的品种。"

【原文】

《岕茶汇钞》：洞山茶之下者，香清叶嫩，着水香消。棋盘顶、纱帽顶、雄鹅头、茗岭，皆产茶地。诸地有老柯、嫩柯，惟老庙后无二，梗叶丛密，香不外散，称为上品也。

《镇江府志》：润州之茶，傲山为佳。

《寰宇记》：扬州江都县蜀冈有茶园，茶甘旨如蒙顶。蒙顶在蜀，故以名冈。上有时会堂、春贡亭，皆造茶所，今废①，见毛文锡《茶谱》。

【注释】

①废：荒废。

【译文】

《岕茶汇钞》记载：洞山茶中比较差的，香味清新叶子很嫩，放在水里面香味就消散了。棋盘顶、纱帽顶、雄鹅头、茗岭，都是出产茶叶的地方。这地方有老柯、嫩柯，只有老庙后没有这两种，梗叶茂密，放在水里面香气不会往外面流散，称为上品。

《镇江府志》记载：润州的茶叶，以傲山的最好。

《寰宇记》：扬州江都县蜀冈有茶园，茶叶甘甜就像是蒙顶出产的。蒙顶在蜀地，所以用蒙来命名山。上面有时会堂、春贡亭，都是制造茶叶的地方，现在已经荒废了，见毛文锡《茶谱》。

【原文】

《宋史·食货志》：散茶出淮南，有龙溪雨前、雨后之类。

《安庆府志》：六邑俱产茶，以桐之龙山、潜之闵山者为最。莳茶源在潜山县。香茗山在太湖县。大小茗山在望江县。

《随见录》：宿松县产茶，尝之颇有佳种，但制不得法。倘①别其地，辨其等，制以能手，品不在六安下。

【注释】

①倘：如果，假如。

【译文】

《宋史·食货志》记载：散茶出自淮南，在龙溪有雨前、雨后之分。

《安庆府志》记载：六邑都出产茶叶，以桐地的龙山、潜地的闵山为最好的。莳茶源在现在的潜山县。香茗山在太湖县。大小茗山在望江县。

《随见录》记载：宿松县出产茶叶，经过品尝后发现有好的品种，但是制造的时候方法不对。如果是别的地方，分出它们的等级，让内行的能手来制作，品味不在六安之下。

【原文】

《徽州志》：茶产于松萝，而松萝茶乃绝少，其名则有胜金、嫩桑、仙芝、来泉、先春、运合、华英之品，其不及号者为片茶八种。近岁茶名，细者有雀舌、莲心、金芽；次者为芽下白，为走林，为罗公；又其次者为开园，为软枝，为大方。制名号多端①，皆松萝种也。

【注释】

①多端：很多。

【译文】

《徽州志》记载：茶叶是松萝出产的，而松萝茶却很少，其有名的只有胜金、嫩桑、仙芝、来泉、先春、运合、华英这些品种，另外还有不知道具体名字的被统称为片茶八种。近年来的茶叶，好的有雀舌、莲心、金芽；稍微差一点的有芽下白、走林、罗公；再差一点的是开园、软枝、大方。名称虽然很多，但是都是松萝的品种。

【原文】

吴从先《茗说》：松萝子土产也，色如梨花，香如豆蕊，饮如嚼雪。种愈佳，则色愈白，即经宿无茶痕，固足美也。秋露白片子更轻清若空，但香大惹人，难久贮，非富家不能藏耳。真者其妙若此，略混他地一片，色遂作恶①，不可观矣。然松萝地如掌，所产几许，而求者四方云至，安得不以他②混耶？

【注释】

①作恶：变坏。
②他：这里指的是其他茶叶的品种。

【译文】

吴从先《茗说》：当地生产的松萝子，颜色就像是梨花一样，香味就像是豆蕊，喝起来就像是在吃雪。品种越好颜色就越白，如果被搁置一个晚上还没有茶痕的，那就是很好的品种了。秋露白片子更加的清新可人，但是香味浓得熏人，很难长期储存，不是富裕的人家是没有办法贮藏的。真正像这样好的东西，如果混杂有其他地方产的茶叶一片，颜色就会变坏，简直不能看了。然而出产松萝的地方有限，产量很少，而四面八方的人都来求索，怎么能够不掺杂其他的品种呢？

【原文】

《黄山志》：莲花庵旁，就石缝养茶，多轻香冷韵，袭人断腭①。

《昭代丛书》：张潮云："吾乡天都有抹山茶，茶生石间，非人力所能培植。味淡香清，足称仙品。采之甚难，不可多得。"

《随见录》：松萝茶近称紫霞山者为佳，又有南源、北源名色。其松萝真品殊不易得。黄山绝顶有云雾茶，别有风味，超出松萝之外。

《通志》：宁国府属宣、泾、宁、旌、太诸县，各山俱产松萝。

《名胜志》：宁国县鸦山在文脊山北，产茶充贡。《茶经》云"味与蕲州同"。宋梅询有"茶煮鸦山雪满瓯"之句。今不可复得矣。

【注释】

①断腭：陶醉人。

【译文】

《黄山志》载：莲花庵的附近，在石头的缝隙里面种植茶叶，多半清香冷韵，喝起来香气醉人。

《昭代丛书》载：张潮说："我的家乡天都出产抹山茶，茶树生长在石头之间，不是人力所能栽培的。味道香甜清淡，可以称得上是极品，采摘起来很困难，不容易多得。"

《随见录》载：近来据说紫霞山的松萝茶最好，还有南源、北源这些有名的品种。它们之中真正的松萝实在是不容易得到。黄山的顶峰有云雾茶，别有风味，比松萝更好。

《通志》载：宁国府所治理的宣、泾、宁、旌、太等县，各个山上都出产松萝茶叶。

《名胜志》载：宁国县的鸦山在文脊山的北面，出产茶叶来充当贡品。《茶经》中说"味道跟蕲州的一样"。宋代的梅询有"茶煮鸦山雪满瓯"的句子，现在不可能再得到了。

【原文】

《农政全书》：宣城县有丫山，形如小方饼横铺，茗芽产其上。其山东为朝日所烛①，号曰阳坡，其茶最胜。太守荐之，京洛人士题曰"丫山阳坡横文茶"，一名"瑞草魁"。

《华夷花木考》：宛陵茗池源茶，根株颇硕，生于阴谷，春夏之交，方发萌芽。茎条虽长，旗枪不展，乍紫乍绿。天圣初，郡守李虚己同太史梅询尝试之，品以为建溪、顾渚不如也。

【注释】

①烛：照射。

【译文】

《农政全书》载：宣城县的丫山，形状就像是横铺着的小方饼一样，那里出产茶叶。山的东面早上就被太阳照射，名叫阳坡，那里的茶叶最好。太守将它推荐给别人，京城的人士为它题词说"丫山阳坡横文茶"，又叫"瑞草魁"。

《华夷花木考》载：宛陵茗池出产的茶叶，根部很丰硕，生长在背阴的山谷，春夏交替的时候，才萌发出新芽。茎和枝条虽然很长，但是叶子并不展开，带点紫绿色。天圣初年，郡县太守李虚己和太史梅询曾经尝试过，认为建溪、顾渚都比不上它。

【原文】

《随见录》：宣城有绿雪芽，亦松萝一类。又有翠屏等名色。其泾川涂茶，芽细、色白、味香，为上供之物。

《通志》：池州府属青阳、石埭、建德，俱产茶。贵池亦有之，九华山闵公墓茶①，四方称之。

《九华山志》：金地茶，西域僧金地藏②所植，今传枝梗空筒者是。大抵烟霞云雾之中，气常温润，与地上者不同，味自异也。

【注释】

①闽公墓茶：茶名，指九华山闭茶。

②金地藏：唐代僧人。

【译文】

《随见录》：宣城有绿雪芽，也属于松萝的一种。还有翠屏等各种名茶。其中泾川的涂茶，茶芽十分细，颜色十分白，味道十分香，都是上供时所用的物品。

《通志》：池州府所管辖的青阳、石埭、建德，都出产茶叶。贵池也产茶叶，九华山的闽公墓茶，各地人都称赞它。

《九华山志》：金地茶，是西域的和尚金地藏种植的，现在人们传说的茶的枝梗中是空的就是它。大概是因为生长在烟霞云雾之中，气候温暖湿润，因此与地上生长的茶不一样，味道自然也就不相同了。

【原文】

《通志》：庐州府属六安、霍山，并产名茶，其最著惟白茅贡尖，即茶芽也。每岁茶出，知州具本恭进。六安州有小岘山出茶，名小岘春，为六安极品。霍山有梅花片，乃黄梅时①摘制，色香两兼而味稍薄。又有银针、丁香、松萝等名色。

《紫桃轩杂缀》：余生平慕六安茶，适一门生作彼中守，寄书托求数两，竟不可得，殆绝意乎。

陈眉公《笔记》：云桑茶出琅玡山②，茶类桑叶而小，山僧焙而藏之，其味甚清。广德州建平县雅山出茶，色香味俱美。

【注释】

①黄梅时：指农历四五月间，正当梅子黄时。
②琅玡山：位于今安徽滁县。

采茶入贡

【译文】

《通志》：庐州府管辖的六安、霍山，都出产好茶叶，其中最著名的只有白茅贡尖，也就是茶芽。每年茶芽长出来的时候，知州就会拟好奏章进献。六安州的小岘山出产茶叶，叫作小岘春，是六安茶中最好的品种。霍山的梅花片，在黄梅季节采摘制作，颜色和香味都很好，只是味道稍微有些淡。还有银针、丁香、松萝等著名的品种。

《紫桃轩杂缀》：我生平最喜欢的是六安茶，恰好我的一个学生在那里做中守，于是写信给他想要求取几两，竟然没有能得到，真是太绝人意了。

陈眉公《笔记》：云桑茶出自琅琊山，茶叶像桑叶那样小，山中的和尚烘干储藏，味道十分清爽。广德州建平县雅山出产的茶叶，色香味都非常好。

【原文】

《浙江通志》：杭州钱塘、富阳及余杭径山多产茶。《天中记》："杭州宝云山出者，名宝云茶。下天竺香林洞者，名香林茶。上天竺白云峰者，名白云茶。"田子艺云："龙泓今称龙井，因其深也。《郡志》称有龙居之，非也。盖武林①之山；皆发源天日，有龙飞凤舞之谶，故西湖之山以龙名者多，非真有龙居之也。有龙，则泉不可食矣。泓上之阁，亟宜去之，浣花诸池尤所当浚②。"

【注释】

①武林：此处指杭州。

②浚：疏通的意思。

【译文】

《浙江通志》：杭州的钱塘、富阳以及余杭径山等山都出产茶叶。《天中记》中说："杭州宝云山出产宝云茶。下天竺香林洞中出产一种香林茶。上天竺白云峰出产一种白云茶。"田子艺说："龙泓现在被称为龙井，是因为它很深的缘故。《郡志》中说其中有龙居住，其实什么也没有。武林的山，都发源于天目，古人认为它有龙飞凤舞的气势，因此西湖的山用龙来命名的有很多，可并非真的有龙居住在里面。如果真有龙的话，那泉水就不能喝了。井上的房子，就应该拆除，洗花的池子更加应当清理了。"

【原文】

《湖壖杂记》：龙井产茶，作豆花香，与香林、宝云、石人坞、垂云亭者绝异。采于谷雨①前者尤佳，啜之淡然，似乎无味，饮过后，觉有一种太和之气。弥纶于齿颊之间，此无味之味乃至味也。为益于人不浅，故能疗疾。其贵如珍，不可多得。

《坡仙食饮录》：宝严院垂云亭亦产茶，僧怡然以垂云茶见饷，坡报以大龙团。

【注释】

①谷雨：二十四节气之一。谷雨雨水增多，大大有利谷类农作物的生长。每年4月20日或21日时为谷雨。

【译文】

《湖壖杂记》：龙井出产的茶叶，散发着豆花一样的香味，和香林、宝云、石人坞、垂云亭都不同。在谷雨之前采摘的茶更好，喝的时候会觉得味道非常淡，似乎和没有味道一样，可是饮用之后，就会有一种很调和的气息，游走于牙齿和两颊之间，这种似乎没有任何味道的味道，才是最好的味道。有益于人的身心健康，因此能够治疗疾病。它就像珍珠一样珍贵，非常不容易得到。

《坡仙食饮录》：宝严院垂云亭也出产茶叶，怡然和尚赠送垂云茶，苏轼回送给他大龙团。

【原文】

陶毂《清异录》：开宝中，窦仪①以新茶饷予，味极美，奁面标云"龙陂山子茶"。龙陂是顾渚山之别境。

《吴兴掌故》：顾渚左右有大小官山，皆为茶园。明月峡在顾渚侧，绝壁削立，大涧中流，乱石飞走，茶生其间，尤为绝品。张文规诗所谓"明月峡中茶始生"，是也。顾渚山，相传以为吴王夫差自此顾望原隰②可为城邑，故名。唐时，其左右大小官山皆为茶园，造茶充贡，故其下有贡茶院。

【注释】

①窦仪：宋代大臣。
②隰：低湿的地方。

【译文】

陶毂《清异录》：开宝年间，窦仪把新茶赠送给我，味道非常好，盒子的上面标有"龙陂山子茶"几个字。龙陂是顾渚山外的地方。

《吴兴掌故》：顾渚山两旁有大小官山，上面都是茶园。明月峡在顾渚山的旁边，陡峭的山崖耸立，宏大的涧水从中流过，石头杂乱无章，茶树就生长在其中，是最好的品种。张文规诗中所说的"明月峡中茶始生"，说的就是这个。顾渚山，传说吴王夫差当年曾在这里，瞭望平原可以为城池，因此命名。唐朝时，它的旁边大小官山都是茶园，制作茶叶进献朝廷，因此它的下面设置了贡茶院。

【原文】

《蔡宽夫诗话》：湖州紫笋茶出顾渚，在常、湖二郡之间，以其萌苗紫而似笋也，每岁入贡，以清明日到，先荐宗庙，后赐近臣。

冯可宾《岕茶笺》：环长兴境，产茶者曰罗嶰、曰白岩、曰乌瞻、曰青东、曰顾渚、曰筱浦，不可指数。独罗嶰最胜。环嶰境十里而遥为嶰者，亦不可指数。嶰而曰岕，两山之介也。罗隐隐此，故名，在小秦王庙后，所以称庙后罗岕也。洞山之岕，南面阳光，朝旭夕辉，云瀁雾浡①，所以味迥别也。

【注释】

①云瀁雾浡：指云雾氤氲笼罩。

【译文】

《蔡宽夫诗话》：湖州的紫笋茶出自顾渚，在常、湖两郡之间，因为茶芽是紫色的而且像笋子一样，因此得名。每年都会向朝廷进贡，要在清明的时候进献到，先要祭奠祖宗，然后再赏赐亲近的臣子。

冯可宾《岕茶笺》：环绕长兴境内，出产茶叶的地方有罗嶰、白岩、乌瞻、青东、顾渚、筱浦等，没有办法全部列举出来，其中只有罗嶰是最好的。嶰境方圆十里之地，也被称为嶰地，也无法将其全部罗列出来。嶰又叫作岕，意思是指两山之间。罗隐曾在此地隐居，因此将它命名为罗嶰，在小秦王庙的后面，被称为庙后罗岕。洞山的岕茶，南面有充分的阳光，早上照耀在朝阳之下，晚上沐浴在夕阳的余晖之下，接受着雨雾的滋养，因此味道非常特别。

【原文】

《名胜志》：茗山在萧山县西三里，以山中出佳茗也。又上虞县后山，茶亦佳。

《方舆胜览》：会稽①有日铸岭，岭下有寺，名资寿。其阳坡名油车，朝暮常有日，茶产其地；绝奇。欧阳文忠云："两浙之茶，日铸第一。"

《紫桃轩杂缀》：普陀老僧贻余小岩茶一裹，叶有白茸，瀹之无色，徐②引觉凉透心腑。僧云："本岩岁止五六斤，专供大士，僧得啜者寡矣。"

【注释】

①会稽：古地名，故吴越地。会稽因绍兴会稽山得名。
②徐：慢慢地。

【译文】

《名胜志》：茗山在萧山县西面约三里的地方，因山中出产极好的茶叶，所以称之为茗山。另外上虞县的后山，茶叶也十分好。

《方舆胜览》：会稽山有日铸岭，岭下有座寺庙，叫作资寿。山的南面称为油车，早晚都有太阳照耀，此地出产的茶非常好。欧阳修说："两浙之茶，日铸第一。"

《紫桃轩杂缀》：普陀山的老和尚曾送给我一包小岩茶，叶子上长着白色的茸毛，用水冲泡的时候没有什么颜色，可是慢慢品味就会感觉心肺被凉透了。和尚说："这种茶叶本山每年只出产五六斤，专供大士享用，能够喝到的和尚非常少。"

【原文】

《普陀山志》：茶以白华岩顶者为佳。

《天台记》：丹丘出大茗，服之生羽翼。

桑庄《茹芝续谱》：天台①茶有三品：紫凝、魏岭、小溪是也。今诸处并无出产，而土人所需，多来自西坑、东阳、黄坑等处。石桥诸山，近亦种茶，味甚清甘，不让他郡，盖出自名山雾中，宜其多液而全厚也。但山中多寒，萌以较迟，兼之做法不佳，以此不得取胜。又所产不多，仅足供山居②而已。

《天台山志》：葛仙翁茶圃在华顶峰上。

天台山

《群芳谱》：安吉州茶亦名紫笋。

《通志》：茶山在金华府兰溪县。

《广舆记》：鸠坑茶出严州府淳安县。方山茶出衢州府龙游县。

【注释】

①天台：指浙江天台山。

②山居：此处指居住在山上的居民。

【译文】

《普陀山志》：茶叶以属于白华岩顶产的为上品。

《天台记》：丹丘出产大的茶叶，服用之后能生出羽翼。

桑庄《茹芝续谱》：天台山的茶叶有三个品种：即紫凝、魏岭、小溪。现在这些地方已经不出产了，当地人所用的茶，大多是来自西坑、东阳、黄坑等地。石桥等山，近来也种植茶叶，味道甘甜清香，不比其他的地方差，大概是由于山中多云雾，因此茶汁液多而且厚实。但是山中的寒气非常重，萌发的也非常晚，加上制作的方法不恰当，因此不能取胜。又因为产量不多，因此只能供给山上的居民使用。

《天台山志》：葛仙翁的茶园在华顶峰上。

《群芳谱》：安吉州出产的茶叶也叫作紫笋。

《通志》：茶山在金华府兰溪县境内。

《广舆记》：鸠坑茶出产自严州府淳安县。方山茶出产自衢州府的龙游县。

【原文】

劳大与《瓯江逸志》：浙东多茶品，雁宕山称第一。每岁谷雨前三日，采摘茶芽进贡。一枪两旗而白毛者，名曰明茶；谷雨日采者，名雨茶。一种紫茶，其色红紫，其味尤佳，香气尤清，又名玄茶，其味皆似天池而稍薄。难种薄收，土人①厌人求索，园圃中少种，间②有之亦为识者取去。按卢仝《茶经》云："温州无好茶，天台瀑布水、瓯水味薄，惟雁宕山水为佳。"此茶亦为第一，曰去腥腻、除烦恼，却昏散、消积食。但以锡瓶贮者，得清香味，无以锡瓶贮者，其色虽不堪观，而滋味且佳，同阳羡山岕茶无二无别。采摘近夏，不宜早，炒做宜熟，不宜生，如法可贮二三年。愈佳愈能消宿食醒酒，此为最者。

【注释】

①土人：此处指当地人。

②间：指偶尔。

【译文】

劳大与《瓯江逸志》：浙东地区多出产茶叶，雁宕山可称为第一。在每年谷雨前三天，采摘茶芽进献朝廷。一枪两旗而且有白色的茸毛的，叫作明茶；谷雨当天采摘的，叫作雨茶。另外还有一种紫茶，颜色是红紫色，味道非常好，香气清新怡人，因此又叫作玄茶，它的味道比天池茶稍微淡一点。因为又难以种植而且收获得很少，所以当地人都非常讨厌别人来求取索要，茶园中种得少，即使有一点也被熟识的人拿走了。按照卢仝《茶经》中所说的："温州没有好茶，天台的瀑布水、瓯水，水味非常淡，只有雁宕山的水是最好的。"这种茶也是一等的，可以除腥腻，除去烦恼和昏散，消除积食。用锡瓶来储存的，味道异常清香，不用锡瓶储存的，颜色不好看但是滋味却很好，跟阳羡山的芥茶没有什么区别。在接近夏天的时候采摘，不宜采摘过早，炒的时候应该是熟的而不应该生，以这种方法制作的茶可以储存两三年。越是好的茶叶越能消化食物和解酒，这才是最好的。

【原文】

王草堂《茶说》：温州中崟①及潨②茶皆有名，性不寒不热。

屠粹忠《三才藻异》：举岩，婺茶也，片片方细，煎如碧乳。

《江西通志》：茶山在广信③府城北，陆羽尝居此。洪州西山白露鹤岭，号绝品，以紫清香城者为最。及双井茶芽，即欧阳公所云"石上生茶如凤爪"者也。又罗汉茶如豆苗，因灵观尊者自西山持至，故名。

【注释】

①崟：地名。

②潨：原指水边，此处做茶名。

③广信：府名，位于今江西上饶。

【译文】

王草堂《茶说》中说：温州的中崟和潨上的茶叶都非常出名，品性不冷也不热。

屠粹忠《三才藻异》中记载：举岩，就是婺茶，每一片都很方正细小，煎煮出来的茶就好像碧乳一样。

《江西通志》：茶山在广信府的北面，陆羽曾在那里居住过。洪州西山的白露鹤岭所产的茶，号称为绝品，以紫清香城为最好。还有双井茶芽，就是欧阳修所说的"石上生茶如凤爪"。还有形状像豆苗一样的罗汉茶，因为是灵观尊者从西山带到此地来的，因此才如此命名。

【原文】

《南昌府志》：新建县鹅冈西有鹤岭，云物鲜美，草林秀润，产名茶异于他山。

《通志》：瑞州①府出茶芽，廖暹《十咏》呼为雀舌香焙云。其余临江、南安等府俱出茶，庐山亦产茶。袁州府界桥出茶，今称仰山、稠平、木平者佳，稠平者尤妙。赣州府宁都县出林芥，乃一林姓者以长指甲炒之，采制得法，香味独绝，因之得名。

【注释】

①瑞州：古代府名，位于今江西高安。

庐山图

【译文】

《南昌府志》：新建县鹅冈西面有个鹤岭，物品鲜美，草木秀丽，所出产的名茶和其他地方的不相同。

《通志》：瑞州府出产的茶芽，廖暹在《十咏》中将其称为雀舌香焙。其他像临江、南安等府都出产茶叶，庐山也出产茶叶。袁州府界桥出产茶叶，现在被称为仰山、稠平、木平的很好，稠平的为最好。赣州府宁都县出产林芥，是一个姓林的人用长指甲炒制而成的，采摘和制作的方法都非常合适，香味非常特别，因此才得到了这个名字。

【原文】

《名胜志》：茶山寺在上饶县城北三里，按《图经》，即广教寺。中有茶园数亩，陆羽泉一勺。羽性嗜茶，环居皆植之，烹以是泉，后人遂以广教寺为茶山寺云。宋有茶山居士曾吉甫，名几，以兄开忤①秦桧，奉祠侨居此寺，凡七年，杜门②不问世故。

《丹霞洞天志》：建昌府麻姑山产茶，惟山中之茶为上，家园植者次之。

《饶州府志》：浮梁县③阳府山，冬无积雪，凡物早成，而茶尤殊异。金君卿诗云："闻雷已荐鸡鸣笋，未雨先尝雀舌茶。"以其地暖故也。

【注释】

①忤：意为冒犯，冲撞。
②杜门：指闭门。
③浮梁县：位于今江西景德镇市。

【译文】

《名胜志》：茶山寺在上饶县城北三里的地方，根据《图经》中的记载，就是广教寺。里面有几亩茶园，有一眼陆羽泉。陆羽喜欢喝茶，他所居住的四周都种植着茶叶，用泉水来煎煮，后来的人就将广教寺称为茶山寺。宋代有个号为茶山居士的曾吉甫，名几，因为他的哥哥曾开得罪了秦桧，因此建造了祠堂在此地居住，七年以来，闭门不问世事。

《丹霞洞天志》：建昌府的麻姑山出产茶叶，只有山中的茶叶是上品，家园中种植的要稍差一些。

《饶州府志》：浮梁县的阳府山，冬天无积雪，因此所有的作物都提前成熟，而且茶叶尤其特殊。金君卿的诗中说："闻雷已荐鸡鸣笋，未雨先尝雀舌茶。"就是因为这个地方非常暖和的缘故。

【原文】

《通志》：南康府出匡茶，香味可爱，茶品之最上者。九江府彭泽县九都山出茶，其味略似六安。

《方舆记》：德化茶出九江府。又崇义县多产茶。

《吉安府志》：龙泉县匡山有苦斋，章溢所居，四面峭壁，其下多白云，上多北风，植物之味皆苦。野蜂巢①其间，采花蘗，味亦苦。其茶苦于常茶。

【注释】

①巢：名词做动词，筑巢。

【译文】

《通志》：南康府出产的匡茶，味道清香美味，茶叶的品质是最好的。九江府彭泽县九都山出产的茶叶，它的味道和六安的茶有点相似。

《方舆记》：德化茶产自九江府。还有崇义县也多出产茶叶。

《吉安府志》：龙泉县匡山有苦斋，章溢居住在此地，四面都是悬崖峭壁，下面漂浮着很多白云，上面多刮北风，所有植物的味道都是苦的。野蜜蜂在里面筑巢，采花蕊酿蜜，味道也非常苦。那里出产的茶叶比普通的茶都要苦。

【原文】

《群芳谱》：太和山骞林茶，初泡极苦涩，至三四泡，清香特异，人以为茶宝。

《福建通志》：福州、泉州、建宁、延平、兴化、汀州、邵武诸府，俱产茶。

《合璧事类》：建州出大片方山之芽，如紫笋，片大极硬。须汤①浸之，方可碾。治头痛，江东老人多服之。

《天下名山记》：鼓山半岩茶，色香，风味当为闽中第一。不让虎丘、龙井也。雨前者每两仅十钱，其价廉甚。一云前朝每岁进贡，至杨文敏②当国，始奏罢之。然近来官取，其扰甚于进贡矣。柏岩，福州茶也。岩即柏梁台。

【注释】

①汤：沸水，热水。
②杨文敏：即明代书法家杨荣。

【译文】

《群芳谱》：太和山骞林茶，第一次冲泡时味道非常苦涩，泡了三四回之后，就觉得十分清香了，人们都认为它是茶中之宝。

《福建通志》：福州、泉州、建宁、延平、兴化、汀州、邵武等地，都出产茶叶。

《合璧事类》：福州出产大片的方山茶叶，如紫笋，叶片十分大且很硬。需要浸在开水中，才能将其碾细。它可以治疗头痛，很多江东的老人都服用它。

《天下名山记》：鼓山的半岩茶，颜色和风味，都称得上是闽中第一。不比虎丘、龙井茶差。雨前的每两仅仅价值十钱，价钱非常便宜。又有说从前朝代每年都要进贡，到杨文敏时，才将这种规矩奏请废除了。然而近来官府索取，扰民的程度比以前进贡更加厉害。柏岩，是福州出产的茶叶。岩就是柏梁台。

【原文】

《兴化府志》：仙游县出郑宅茶，真者无几，大都以赝者杂之，虽香而味薄。

陈懋仁《泉南杂志》：清源山茶，青翠芳馨，超轶①天池之上。南安县英山茶，精者可亚②虎丘，惜所产不若清源之多也。闽地气暖，桃李冬花，故茶较吴中差早。

《延平府志》：棕毛茶出南平县，半岩者佳。

【注释】

①超轶：即超过。

②亚：此处做接近解。

【译文】

《兴化府志》：仙游县所出产的郑宅茶，真正的没有多少，大都会掺杂赝品，虽然非常香但是味道却十分淡。

陈懋仁《泉南杂志》：清源的山茶，颜色青翠味道芳馨，比天池茶还要好。南安县的英山茶，其中最好的可以比得上虎丘，可惜出产的数量没有清源多。福建地区气候温暖，在冬天桃李都能开花，因此茶叶比吴地的茶叶要早。

《延平府志》：棕毛茶出产自南平县，半山上生长的是最好的。

【原文】

《建宁府志》：北苑在郡城东，先是建州贡茶首称北苑龙团，而武夷石乳之名未著。至元时，设场于武夷，遂与北苑并称。今则但知有武夷，不知有北苑矣。吴越间人颇不足闽茶，而甚艳北苑之名，不知北苑实在闽也。

宋无名氏《北苑别录》：建安之东三十里，有山曰凤凰，其下直北苑，旁联诸焙，厥土赤壤①，厥茶惟上上。太平兴国中，初为御焙，岁模龙凤，以羞贡筐②，盖表珍异。庆历中，漕台益重其事，品数日增，制度日精。厥今茶自北苑上者，独冠天下，非人间所可得也。方其春虫震蛰③，群夫雷动，一时之盛，诚为大观。故建人谓至建安而不诣北苑，与不至者同。仆因摄事，得研究其始末，姑摭④其大概，修为十余类目，曰《北苑别录》云。御园：九窠十二陇，麦窠，壤园，龙游窠，小苦竹，苦竹里，鸡薮窠，苦竹，苦竹源，鼯鼠窠，教练陇，凤凰山，大小焊，横坑，猿游陇，张坑，带园，焙东，中历，东际，西际，官平，石碎窠，上下官坑，虎膝窠，楼陇，蕉窠，新园，天楼基，院坑，曾坑，黄际，马安山，林园，和尚园，黄淡窠，吴彦山，罗汉山，水桑窠，铜场，师如园，灵滋，苑马园，高畲，大窠头，小山。右四十六所，广袤三十余里，自官平而上为内园，官坑而下为外园。方春灵芽萌坼⑤，先民焙十余日，如九窠十二陇、龙游窠、小苦竹、张坑、西际，又为楚园之先也。

【注释】

①厥土赤壤：那里的土壤是红色的黏性土。

②羞贡筐：指作为佳味上贡。

③春虫震蛰：即惊蛰。

④摭：采选的意思。

⑤萌坼：生出新芽来。

【译文】

《建宁府志》：北苑在郡城的东面，建州贡茶开始叫作北苑龙团，而武夷石乳并不很出名。到至元年间时，在武夷扩大了生产规模，于是才开始和北苑齐名。现在的人只知道有武夷，而不知道有北苑。吴越当地的人不重视闽茶，而非常羡慕北苑茶的名声，却不知道北苑茶其实就是闽茶。

武夷九曲溪

宋朝无名氏《北苑别录》：建安东面三十里的地方，有一座凤凰山，它的下面就是北苑，旁边设置有很多烘焙的场所，土壤肥沃，最适合种茶。太平兴国年间，开始烘焙时是为了制作贡品，每年做成龙凤团，用圆形的竹筐装起来，看起来非常珍贵。庆历年间，漕台也非常重视这件事，品种数量也逐渐增加，制作也更加精致。现在北苑的上等茶叶，是天下无与伦比的，不是普通人可以得到的。春天到来时，很多人一起出动，一时之间，非常壮观。因此建人说到建安而不到北苑，跟没有到这里一样。我因为要处理事务，研究过它的前后始末，现在摘录其中的大概，将其编纂为十几种，题目叫作《北苑别录》。御园：九窠十二陇，麦窠，壤园，龙游窠，小苦竹，苦竹里，鸡薮窠，苦竹，苦竹源，鼯鼠窠，教练陇，凤凰山，大小焊，横坑，猿游陇，张坑，带园，焙东，中历，东际，西际，官平，石碎窠，上下官坑，虎膝窠，楼陇，蕉窠，新园，天楼基，院坑，曾坑，黄际，马安山，林园，和尚园，黄淡窠，吴彦山，罗汉山，水桑窠，铜场，师如园，灵滋，苑马园，高畲，大窠头，小山。以上四十六处，方圆三十多里，从官平往上是内园，从官坑往下是外园。春天茶芽开始萌发时，官焙比茶农要早十几天进行烘焙，如九窠十二陇、龙游窠、小苦竹、张坑、西际，又在楚园前面。

【原文】

《东溪试茶录》：旧记建安郡官焙三十有八。丁氏旧录云"官私之焙千三百三十有六"，而独记官焙三十二。东山之焙十有四：北苑龙焙一，乳橘内焙二，乳橘外焙三，重院四，壑岭五，渭源六，范源七，苏口八，东宫九，石坑十，建溪十一，香口十二，火梨十三，开山十四。南溪之焙十有二：下瞿一，濛州东二，汾东三，南溪四，斯源五，小香六，际会七，谢坑八，沙龙九，南乡十，中瞿十一，黄熟十二。西溪之焙四：慈善西一，慈善东二，慈惠三，船坑四。北山之焙二：慈善东一，丰乐二。外有曾坑、石坑、壑源、叶源、佛岭、沙溪等处。惟壑源之茶，甘香特胜。茶之名有七：一曰白茶，民间大重①，出于近岁，园焙时之。地不以山川远近，发不以社②之先后。芽叶如纸，民间以为茶瑞，取其第一者为斗茶。次曰柑叶茶，树高丈余，径头七八寸，叶厚而圆，状如柑橘之叶，其芽发即肥乳，长二寸许，为食茶之上品。三曰早茶，亦类柑叶，发常先春，民间采制为试焙者。四曰细叶茶，叶比柑叶细薄，树高者五六尺，芽短而不肥乳，今生沙溪山中，盖土薄而不茂也。五曰稽茶，叶细而厚密，芽晚而青黄。六曰晚茶，盖稽茶之类，发比诸茶较晚，生于社后。七曰丛茶，亦曰丛生茶，高不数尺，一岁之间发者数四，贫民取以为利。

【注释】

①大重：指非常重视。

②社：指春社，在春分前后，为祭祀土地神的节目。社日那天，乡农集会，以酒肉祭神，然后宴饮。春社大致在严冬已尽、冰雪初融、春暖花开、大地复苏之时。

【译文】

《东溪试茶录》：以前所记载的建安郡官焙共有三十八处。丁氏旧录中说："官府和私人烘焙的共有一千三百三十六处。"但是只记载了其中的三十二种官焙。东山的烘焙有十四处：一是北苑龙焙，二是乳橘内焙，三是乳橘外焙，四是重院，五是壑岭，六是渭源，七是范源，八是苏口，九是东宫，十是石坑，十一是建溪，十二是香口，十三是火梨，十四是开山。南溪烘焙的地方共有十二处：下瞿，濛州东，汾东，南溪，斯源，小香，际会，谢坑，沙龙，南乡，中瞿，黄熟。西溪的烘焙有四个地方：慈善西，慈善东，慈惠，船坑。北山烘焙的地方有两个：慈善东，丰乐。另外有曾坑、石坑、壑源、叶源、佛岭、沙溪等地。只有壑源的茶叶，特别甘甜香美。茶叶的名字有七个：一是白茶，民间非常重视，是近几年出产的，园焙有时会有。不能根据山川的远近来判断产地，不能根据社火先后来预计萌芽。茶叶就像纸一样，民间认为茶叶十分吉祥，因此通过斗茶得出其中的第一名。二是柑叶茶，树有一丈多高，直径七八寸，叶子又厚又圆，就像柑橘的叶子一样，发出的芽就是肥乳的，长两寸多，是茶叶之中最好的品种。三是早茶，也和柑橘叶非常相似，经常在早春时萌发，民间采摘这种茶来试焙。四是细叶茶，叶子比柑橘叶要细薄，树有五六尺高，茶芽短小而不肥厚，现在在沙溪山中有种植，因为土地贫瘠而生长得不茂盛。五是稽茶，

橘树

叶子细小且十分厚密，茶芽出来比较晚而且呈现青黄色。六是晚茶，属于稽茶一类，发芽比其他的茶叶都要晚，生长在社火之后。七是丛茶，也叫作丛生茶，树不过几尺高，一年能够萌发四次新芽，贫民拿它来卖钱。

【原文】

《品茶要录》：壑源、沙溪，其地相背，而中隔一岭，其去无数里之遥，然茶产顿殊。有能出力移栽植之，亦为水土所化。窃尝怪茶之为草，一物耳，其势必犹得地而后异。岂水络地脉偏钟粹于壑源，而御焙占此大冈巍陇，神物伏护，得其余荫耶？何其甘芳精至而美擅天下也。观夫春雷一鸣，筠笼才起，售者已担簦挈囊于其门，或先期而散留金钱，或茶才入笪而争酬所直。故壑源之茶，常不足客所求。其有桀猾之园民，阴取沙溪茶叶，杂就家卷而制之。人耳其名，睨其规模之相若，不能原其实者，盖有之矣。凡壑源之茶售以十，则沙溪之茶售以五，其直大率仿此。然沙溪之园民、亦勇于觅利，或杂以松黄，饰其首面。凡肉理怯薄，体轻而色黄者，试时鲜自，不能久泛，香薄而味短者，沙溪之品也。凡肉理实厚，质体坚而色紫，试时泛盏凝久，香滑而味长者。壑源之品也。

【注释】

（略）

【译文】

《品茶要录》记载：壑源、沙溪，两个地方背靠背，中间隔着一道山岭，相距没有几里路，然而出产的茶叶差别却很大。有人费力气移植壑源的茶树，也被沙溪的水土所同化。所以难怪说茶为草木，必须先要得到土地的优势而后才能显得不一样，难道不是水络地脉偏偏钟情于壑源吗？而御焙占据了这样的大冈巍陇，神物伏护，难道不是得到了庇护吗？不然它怎能甘芳美味甲天下呢？春雷一响，竹笼才开始挑出去，而要购买的人已经拿着扁担到了门口，有的人预先留下一点定金，或者茶叶刚刚挑回来就争着报价。所以壑源的茶，常常供不应求。其中有狡猾的园民，暗地里拿沙溪的茶叶夹杂在里面一起制作。听说壑源茶的名声，外表看起来差不多，弄不清真假的人是有的。如果壑源茶叶售价是十，那么沙溪茶叶售价就是五，它们的价值基本上是这样。然而沙溪的园民，也争着牟利，有的在里面掺杂上松黄，来装饰它的表面。凡是肉理很薄、很轻而且颜色很黄的，试的时候颜色鲜白，不能长久浮在上面，香味很淡而且保持的时间不长，就是沙溪茶。凡是肉理厚实、质地坚硬而且带着紫色的，试的时候在茶杯上漂浮的时间很长，香味纯正而且持续时间很长，就是壑源的茶。

【原文】

《潜确类书》：历代贡茶以建宁为上，有龙团、凤团、石乳、的乳、绿昌明、头骨、次骨、末骨、鹿骨、山挺等名，而密云龙最高，皆碾屑作饼。至国朝始用芽茶，曰探春、曰先春、曰次春、曰紫笋，而龙凤团皆废①矣。

【注释】

①废：没有，不存在。

【译文】

《潜确类书》记载：历代的贡茶都认为建宁的最好，名称有龙团、凤团、石乳、的乳、绿昌明、头骨、次骨、末骨、鹿骨、山挺等，而密云龙最好，都是把茶碾碎做成饼。到我朝的时候才开始用芽茶，名为探春、先春、次春、紫笋，而龙凤团都已经没有了。

【原文】

《名胜志》：北苑茶园属瓯宁县。旧①《经》云："伪闽龙启中里人张晖，以所居北苑地宜茶，悉献之官，其名始著。"

《三才藻异》："石岩白，建安能仁寺茶也，生石缝间。""建宁府属浦城县江郎山出茶，名江郎茶。"

【注释】

①旧：这里指从前的。

【译文】

《名胜志》记载：北苑的茶园从属于瓯宁县。从前的《经》中说："伪闽龙启中的人张晖，用自己居住的北苑的茶叶来进献给官府，它才开始有名。"

《三才藻异》记载："石岩白，是出产于建安能仁寺里面的茶，生长在石缝之间。""建宁府所管辖的浦城县江郎山出产的茶叶，叫作江郎茶。"

【原文】

《武夷山志》："前朝不贵闽茶，即贡者亦只备宫中浣濯瓯盏之需。贡使类以价，货京师所有者纳之。间有采办，皆剑津廖地产，非武夷也。黄冠每市山下茶，登山贸之，人莫能辨。""茶洞在接笋峰侧，洞门甚隘，内境夷旷，四周皆穿崖壁立。土人种茶，视他处为最盛。""崇安殷令招黄山僧以松萝法制建茶，真堪并驾①，人甚珍之，时有'武夷松萝'之目。"

【注释】

①并驾：相差不多，二者可以相提并论。

【译文】

《武夷山志》记载："从前的朝代不注重福建的茶叶，即使有作为贡品的也只是宫里面清洗茶杯用。贡使分类标价，付给到京师出售茶的人。偶尔直接采办，都是剑津廖那些地方所出产的，并不要武夷的。道士每年买山下的茶叶，再到山上去卖，人们也不能够分辨出来。""茶洞在接笋峰的旁边，洞门相当狭窄，里面很空旷，四周都是悬崖峭壁。当地人种植茶，认为那个地方长得最好。""崇安殷令让黄山的和尚用松萝的方法来制作建茶，可以跟松萝茶相提并论，人们都觉得它很珍贵，所以当时有'武夷松萝’这样的称呼。"

【原文】

王梓《茶说》：武夷山周回百二十里，皆可种茶。茶性，他产多寒，此独性温。其品有二：在山者为岩茶，上品；在地者为洲茶，次之。香清浊不同，且泡时岩茶汤白，洲茶汤红，以此为别。雨前者为头春，稍后为二春，再后为三春。又有秋中采者，为秋露白，最香。须种植、采摘、烘焙得宜，则香味两绝。然武夷本石山，峰峦载土者寥寥，故所产无几。若洲茶，所在皆是，即邻邑近多栽植，运至山中及星村墟市贾售，皆冒充武夷。更有安溪所产，尤为不堪。或品尝其味，不甚贵重者，皆以假乱真误之也。至于莲子心、白毫皆洲茶，或以木兰花熏成欺人①，不及岩茶远矣。

【注释】

①欺人：欺骗敲诈别人。

【译文】

王梓《茶说》：武夷山的周围方圆 120 里，都可以种植茶叶。别的地方出产的茶，多半是寒性的，而只有这里是暖性的。它们的品种有两个：山上的是岩茶，是最好的；长在地上的是洲茶，略微差一点。香味浊清不一样，泡的时候岩茶水的颜色是白色的，而洲茶的水却是红色的，这就是不同之处。雨前的是初春，往后是二春，再往后就是三春，还有秋天采摘的，是秋露白，最为馨香。必须要种植、采摘、烘焙得都很到位，则香气和味道才能两绝。然而武夷本来就是石山，山峦之上土很少，所以产量很低。如果是洲茶，到处都是，就是邻近的县城也都有栽种，把它运到山里面的乡村、集市上去卖，用来顶替武夷茶。更有安溪所出产的茶，特别不好。假如品尝它的味道不是很浓重的，都是以假乱真的。至于莲子心、白毫这些洲茶，有的用木兰花熏成来欺骗敲诈别人，那跟岩茶的味道就相差的很远了。

【原文】

张大复《梅花笔谈》：《经》云："岭南生福州、建州。"今武夷所产，其味极佳，盖以诸峰拔立。正陆羽所云"茶上者生烂石中"者耶！

《草堂杂录》：武夷山有三味茶，苦酸甜也，别是一种，饮之味果屡变，相传能解醒①消胀②。然采制甚少，售者亦稀。

【注释】

①解醒：解酒。

②消胀：消除腹胀。

【译文】

张大复《梅花笔谈》：《经》中说："岭南茶出产于福州、建州。"如今武夷所出产的茶，味道很好，这是因为这些山峰很挺拔。就像陆羽所说的"上好的茶生长在烂石中"。

《草堂杂录》记载：武夷山有三味茶，即苦酸甜，是很特别的一种，喝了之后味道果然是多次变化，相传能够解酒还能消除腹胀。但是采制的很少，出售的人也很少。

【原文】

《随见录》：武夷茶，在山上者为岩茶，水边者为洲茶。岩茶为上，洲茶次之。岩茶，北山者为上，南山者次之。南北两山，又以所产之岩名为名，其最佳者，名曰工夫茶。功夫之上，又有小种，则以树名为名。每株不过数两，不可多得。洲茶名色，有莲子心、白毫、紫毫、龙须、凤尾、花香、兰香、清香、奥香、选芽、漳①芽等类。

《广舆记》："泰宁茶出邵武府。""福宁州大姥山出茶，名绿雪芽。"

【注释】

①漳：读作 zhāng。

【译文】

《随见录》记载：武夷茶，在山上生长的是岩茶，水边生长的是洲茶。岩茶比较好，而洲茶比它差。岩茶，北山上生长的要好一点，而南山上生长的要差一点。南北两座山，又根据所出产的茶叶的名字来命名。其中最好的茶，被叫作工夫茶。比工夫茶还好的，还有小种，则用树的名字来命名。每一棵树不过盛产几两，不能够多得。洲茶的品种，有莲子心、白毫、紫毫、龙须、凤尾、花香、兰香、清香、奥香、选芽、漳芽等品种。

《广舆记》："泰宁茶出自邵武府。""福宁州大姥山出产茶叶，称为绿雪芽。"

【原文】

《湖广通志》：武昌茶，出通山者上，崇阳蒲圻者次之。

《广舆记》：崇阳县龙泉山，周二百里。山有洞，好事者持炬而入，行数十步许，坦平如室，可容千百众，石渠流泉清冽，乡人号①曰鲁溪。岩产茶，甚甘美。

【注释】

①号：叫作，称为。

【译文】

《湖广通志》：武昌的茶叶，通山的比较好，崇阳蒲圻出产的稍差一点。

《广舆记》：崇阳县龙泉山，方圆 200 里地。山中有洞，好事的人拿着火把进去，走进去几十步远，里面平坦的就像卧室一样，可以容纳上千人，石渠流出的泉水很清澈，乡里的人都把它叫作鲁溪。岩上出产的茶叶，很是甘甜味美。

【原文】

《天下名胜志》：湖广江夏县洪山，旧名东山，《茶谱》云：鄂州东山出茶，黑色如韭，食之已头痛。

《武昌郡志》：茗山在蒲圻县北十五里，产茶。又大冶市亦有茗山。

《荆州土地记》：武陵七县道出茶，最①好。

【注释】

①最：这里是都的意思。

【译文】

《天下名胜志》记载：湖广江夏县的洪山，以前叫东山，《茶谱》中说："鄂州东山出产的茶叶，黑的就像韭菜一样，吃了之后头痛。"

《武昌郡志》记载：茗山距蒲圻县北 15 里远的地方，出产茶叶。另外大冶市内也有茗山。

《荆州土地记》：武陵 7 个县都出产茶叶，质量都好。

【原文】

《岳阳风土记》：湿湖诸山旧出茶，谓之湿湖茶。李肇所谓"岳州湿湖之含膏"是也。唐人极重之，见于篇什。今人不甚种植，惟白鹤僧园有千余本。土地颇类北苑，所出茶一岁不过一二十斤，土人谓之白鹤茶，味极甘香，非他处草茶可比并。茶园地色①亦相类，但土人不甚植尔。

《通志》："长沙茶陵州，以地居茶山之阴。因名。昔炎帝葬于茶山之野。茶山即云阳山，其陵谷间多生茶茗故也。""长沙府出茶，名安化茶。辰州茶出溆浦。郴州亦出茶。"

【注释】

①地色：土地的颜色。

【译文】

《岳阳风土记》：滠湖周围的山从前都出产茶叶，叫作滠湖茶。李肇所说的"岳州滠湖之含膏"就是这个。唐朝的人非常重视，多次把它记录到了书上。现在的人不太种植，只有白鹤僧园里面还有上千棵。这里的土地跟北苑的很接近，所出产的茶叶每年也不超过一二十斤，当地的人把它称为白鹤茶，味道特别甘香，不是别的地方的茶叶可以相比的。茶园土地的颜色也很相似，只是当地的人不多种植而已。

《通志》记载："长沙陵州茶，因为地在茶山阴面，所以得名。从前炎帝被埋葬在茶山之野。茶山就是云阳山，因为山谷间多出产茶叶所以得名。""长沙府出产的茶叶，名叫安化茶。辰州茶出自溆浦。郴州也出产茶叶。"

【原文】

《类林新咏》：长沙之石楠叶，摘芽为茶，名栾茶，可治头风。湘人以四月四日摘杨桐草，捣其汁拌米而蒸，犹糕糜①之类，必啜此茶，乃祛风也。

《合璧事类》："谭郡之间有渠江，中出茶，而多毒蛇猛兽，乡人每年采撷不过十五六斤，其色如铁，而芳香异常，烹之无脚。""湘潭茶，味略似普洱，土人名曰芙蓉茶。"

《茶事拾遗》：谭州有铁色，夷陵有压砖。

《通志》：靖州出茶油，蕲水有茶山，产茶叶。

【注释】

①糕糜：蒸烂了的米糕。

【译文】

《类林新咏》：长沙的石楠叶，摘取它的芽做成茶，名叫栾茶，可以治疗头风。湖南人在4月4日的时候摘取杨桐草，捣出它的汁和米拌在一起蒸熟，就像是蒸烂了的米糕，喝这种茶，就可以治愈头风。

《合璧事类》载："谭郡里面有渠江，渠江出产茶叶，而且毒蛇猛兽很多，乡下人每年采摘的不过十五六斤，它的颜色就像铁一样，但是味道芳香异常，烹煮之后没有梗。""湘潭的茶叶，味道有点像普洱茶，当地的人把它称为芙蓉茶。"

《茶事拾遗》载：谭州有铁色茶，夷陵有压砖茶。

《通志》载：靖州出产茶油，蕲水有茶山，生产茶叶。

【原文】

《河南通志》：罗山茶，出河南汝宁府信阳州。

《桐柏山志》：瀑布山，一名紫凝山，产大叶茶。

《山东通志》：兖州府费县蒙山石巅，有花如茶，土人取而制之，其味清香迥异他茶，贡茶之异品也。

《舆志》：蒙山一名东山，上有白云岩产茶，亦称蒙顶。（王草堂云：乃石上之苔为之，非茶类也。）

【注释】

（略）

【译文】

《河南通志》载：罗山茶，产于河南汝宁府信阳州。

《桐柏山志》载：瀑布山，还叫紫凝山，出产大叶茶。

《山东通志》记载：兖州府费县蒙山顶上，有花像茶叶一样，当地的人摘取并制造，味道清香跟其他的茶叶不同，这是贡茶中的异品。

《舆志》记载：蒙山又叫东山，上面的白云岩出产茶叶，也称为蒙顶。（王草堂说：只是石头上的苔藓而已，并不是茶叶。）

【原文】

《广东通志》："广州韶州南雄、肇庆各府及罗定州，俱产茶。西樵山在郡城西一百二十里，峰峦七十有二，唐末诗人曹松①，移植顾渚茶于此，居人遂以茶为生业。""韶州府曲江县曹溪茶，岁可三四采，其味清甘。""潮州大埔县、肇庆恩平县，俱有茶山。德庆州有茶山，钦州灵山县亦有茶山。"

【注释】

①曹松：公元828—903年，唐代晚期诗人。字梦徵，舒州（今安徽桐城，今安徽潜山）人。生卒年不详。早年曾避乱栖居洪都西山，后依建州刺史李频。李死后，流落江湖，无所遇合。

《广东通志》记载："广州韶州南雄、肇庆各府以及罗定州，都出产茶叶。西樵山距郡城西面 120 里的地方，有 72 座山峰，唐朝末年的诗人曹松，将顾渚茶树移植到了这里，这里的人从此就以种植茶叶为生。""韶州府曲江县曹溪茶，每年可以采摘三四次，它的味道特别清香甘甜。""潮州的大埔县、肇庆的恩平县都有茶山。德庆州有茶山，钦州灵山县同样有茶山。"

【原文】

吴陈琰《旷园杂志》：端州白云山出云独奇，山故莳①茶在绝壁，岁不过得一石②许，价可至百金。

王草堂《杂录》：粤东珠江之南产茶，曰河南茶。潮阳有凤山茶，乐昌有毛茶，长乐有石茗，琼州有灵茶，乌药茶云。

【注释】

①莳：种植、栽种。
②石：古代容量单位，十斗为一石。

【译文】

吴陈琰《旷园杂志》：端州白云山上的云非常独特，当地人故意将茶叶种植在峭壁上，每年不过收获一担多一点，价值上百金。

王草堂《杂录》：粤东珠江的南面出产茶，又叫作河南茶。潮阳有凤山茶，乐昌有毛茶，长乐有石茗茶，琼州有灵茶、乌药茶等。

【原文】

《岭南杂记》：广南出苦橙茶，俗呼为苦丁，非茶也。茶大如掌，一片入壶，其味极苦，少则反有甘味，噙咽利咽喉之症，功并山豆根。化州①有琉璃茶，出琉璃庵。其产不多，香与峒芥相似。僧人奉客，不及一两。罗浮有茶，产自山顶石上，剥之如蒙山之石茶，其香倍自广芥，不可多得。

《南越志》：龙川县出皋卢②，味苦涩，南海谓之过卢。

《陕西通志》：汉中府兴安州等处产茶，如金州、石泉、汉阴、平利、西乡诸县各有茶园，他郡则无。

【注释】

①化州：治所在今广东茂名的化州市。

②皋卢：木名，叶子状如茶，味苦，可以代茶饮用。

【译文】

《岭南杂记》：广南出产苦橙茶，俗称为苦丁，但并非茶叶。这种茶的叶子很大，好像手掌一样，放一片在壶里，味道非常苦涩，放入少量反而会有甜味，将其含在嘴中能治疗咽喉病痛，效果和山豆根是一样的。化州有种琉璃茶，产自琉璃庵。数量不多，香气和峒芥非常类似。和尚们拿它来招待客人，每年收获还不到一两。罗浮有种茶，生长在山顶的石头之上，剥开之后就好像是蒙山的石茶，香味比广芥的要好，数量也非常少。

《南越志》：龙川县出产皋卢，味道极其苦涩，南海称之为过卢。

《陕西通志》：汉中府兴安州等地方出产茶叶，如金州、石泉、汉阴、平利、西乡等县都有茶园，别的地方没有。

【原文】

《四川通志》：四川产茶州县凡二十九处，成都府之资阳、安县、灌县、石泉、崇庆等；重庆府之南川、黔江、丰都、武隆、彭水等；夔州府之建始、开县等，及保宁府、遵义府、嘉定州、泸州、雅州、乌蒙等处。东川茶有神泉、兽目，邛州茶曰火井。

《华阳国志》：涪陵无蚕桑，惟出茶、丹漆、蜜蜡。

《华夷花木考》：蒙顶茶受阳气全，故芳香。唐李德裕①入蜀得蒙饼，以沃于汤瓶之上，移时尽化，乃验其真蒙顶。又有五花茶，其片作五出。

【注释】

①李德裕：唐代政治家、文学家。

【译文】

《四川通志》：四川生产茶叶的州县有二十九处，成都府的资阳、安县、灌县、石泉、崇庆等地；重庆府的南川、黔江、丰都、武隆、彭水等地；夔州府的建始、开县等地，还有保宁府、遵义府、嘉定州、泸州、雅州、乌蒙等。东川茶有叫作神泉、兽目的，邛州茶叫作火井。

《华阳国志》：涪陵没有蚕桑，只出产茶叶、丹漆、蜜蜡。

《华夷花木考》：蒙顶茶因为吸收阳光充分，所以非常香。唐朝的李德裕到蜀地之后得到了蒙饼，就将它放在汤瓶上面，一会儿都化了，以此来检验蒙顶茶的真假。另外还有五花茶，有五出茶片。

【原文】

毛文锡《茶谱》：蜀州晋原、洞口、横原、珠江、青城，有横芽、雀舌、鸟觜、麦颗，盖取其嫩芽所造以形似之也。又有片甲、蝉翼之异。片甲者，早春黄芽，其叶相抱如片甲也；蝉翼者，其叶嫩薄如蝉翼也，皆散茶之最上者。

《东斋纪事》：蜀雅州蒙顶产茶，最佳。其生最晚，每至春夏之交始出，常有云雾覆其上，若有神物护持①之。

【注释】

①护持：保护，护佑。

【译文】

毛文锡《茶谱》：蜀州的晋原、洞口、横原、珠江、青城，有横芽、雀舌、鸟觜、麦颗，都是采摘茶的嫩芽制作而成的，根据它们的形状命名的。还有片甲、蝉翼的差别。所谓片甲，是早春发芽，叶子拥抱在一起好像是片甲一样。所谓蝉翼，是指它的叶子好像蝉翼一样嫩薄，它们都是散茶当中最好的。

《东斋纪事》：蜀地雅州蒙顶出产的茶叶是最好的。它发芽时间很晚，每年

峨眉山

春夏之交开始发芽，往往会有云雾笼罩在茶树上，就好像是有神灵的护佑一样。

【原文】

《群芳谱》：峡州茶有小江园、碧涧寮、明月房、茱萸寮等。

陆平泉《茶寮纪事》：蜀雅州蒙顶上有火前茶，最好，谓禁火①以前采者。后者谓之火后茶，有露芽、谷芽之名。

《述异记》：巴东有真香茗，其花白色如蔷薇，煎服令人不眠，能诵无忘。

《广舆记》，峨眉山茶，其味初苦而终甘。又泸州茶可疗风疾。又有一种乌茶，出天全六番讨使司境内。

【注释】

①禁火：约同于清明。

【译文】

《群芳谱》：峡州的茶有小江园、碧涧寮、明月房、茱萸寮等。

陆平泉《茶寮纪事》：蜀雅州蒙顶山上出产的火前茶是最好的，是在禁火之前采摘的。禁火之后采摘的被称为火后茶，也有露芽、谷芽的叫法。

《述异记》：巴东有真正的香茶，它的花的颜色白得就好像蔷薇一样，煎服之后可以让人减少睡眠，增强记忆力。

《广舆记》：峨眉山的茶叶，最初味道是苦涩的而后却是微微发甜的。还有泸州的茶叶可以治疗风疾。还有一种乌茶是产自天全六番讨使司所管辖的境内。

【原文】

王新城①《陇蜀余闻》：蒙山在名山县西十五里，有五峰，最高者曰上清峰。其巅一石大如数间屋，有茶七株，生石下，无缝罅，云是甘露大师②手植。每茶时叶生，智炬寺③僧辄报有司往视。籍记其叶之多少，采制才得数钱许。明时贡京师仅一钱有奇。环石别有数十株，曰陪茶，则供藩府诸司之用而已。其旁有泉，恒用石覆之，味精妙，在惠泉之上。

《云南记》：名山县出茶，有山曰蒙山，绵延数十里，在西南。按《拾遗志》《尚书》所谓"蔡蒙旅平"者，蒙山也，在雅州。凡蜀茶尽在此。

斩茶

【注释】

①王新城：指清代王士禛，新城人。新城，今山东桓台县。

②甘露大师：一说为宋代西域不动上师，一说为汉代吴理真。

【译文】

王新城《陇蜀余闻》：蒙山在名山县西面十五里处，上面有五座山峰，其中最高的叫作上清峰。山顶一块大石大约有几间屋子大，石头下面生长着七棵茶树，没有任何缝隙，据说是甘露大师亲手栽种的。每当茶叶长出来后，智炬寺的和尚就会立即报告给有司，有司去查看，记下它叶子的数量，采摘制作之后所得不过几钱而已。明朝时进贡给京师也只有一钱多一点。环石还有几十棵茶树，被称为陪茶，供给藩府诸司的官员享用。它的旁边有山泉，一直用石头压着，味道极其精妙，比起惠泉来还要好。

《云南记》：名山县出产茶叶，有一座蒙山，绵延几十里，在西南方向。按照《拾遗志》《尚书》中所记载的"蔡蒙旅平"，所指的就是蒙山，在雅州地区。只要是蜀地的茶叶都产自这里。

【原文】

《云南通志》：茶山在元江府城西北普洱界。太华山在云南府西，产茶色似松萝，名曰太华茶。普洱茶出元江府普洱山，性温味香。儿茶出永昌府，俱作团。又感通茶出大理府点苍山感通寺。

《续博物志》：威远州即唐南诏银生府之地，诸山出茶，收采无时①，杂椒姜烹而饮之。

《广舆记》：云南广西府出茶。又湾甸州出茶，其境内孟通山所产，亦类阳羡茶，谷雨前采者香。曲靖府出茶，子丛生，单叶子可作油。

【注释】

①无时：指没有固定时间。

【译文】

《云南通志》：茶山在元江府城西北的普洱境内。太华山在云南府的西面，所出产的茶叶颜色好像松萝一样，名叫太华茶。普洱茶出自元江府的普洱山，品性温和味道清香。儿茶出自永昌府，都被制作成团状。另外感通茶是大理府点苍山感通寺所产。

《续博物志》：威远州就是唐朝南诏银生府的所在地，那里每座山都出产茶叶，收获和采摘都没有固定时间，可以配上椒、姜等烹煮饮用。

《广舆记》：云南广西府出产茶叶。另外湾甸州出产茶叶，在它境内孟通山所出产的茶，类似于阳羡茶，在谷雨前采摘的茶最香。曲靖府出产的茶叶，茶子丛生，单叶子的可以用来榨油。

【原文】

许鹤沙《滇行纪程》：滇中阳山茶，绝类松萝。

《天中记》：容州黄家洞出竹茶，其叶如嫩竹，土人采以作饮，甚甘美。广西容县，唐容州。

《贵州通志》：贵阳府产茶，出龙里东苗坡及阳宝山。土人制之无法，味不佳。近亦有采芽以造者，稍可供啜。威宁府①茶出平远，产岩间，以法制之，味亦佳。

《地图综要》：贵州新添军民卫产茶，平越军民卫亦出茶。

《研北杂志》：交趾出茶，如绿苔，味辛烈，名曰登。北人重译②，名茶曰钗。

【注释】

①威宁府：今贵州威宁彝族回族苗族自治县。

②重译：即翻译。

【译文】

许鹤沙《滇行纪程》：云南阳山所出产的茶叶，跟松萝非常像。

《天中记》：容州黄家洞出产的竹茶，叶子就好像是嫩竹一样，当地人采摘来当茶喝，味道非常好。（广西容县，即唐代的容州）

《贵州通志》记载：贵阳府出产茶叶，产自龙里东苗坡和阳宝山。因为当地人制作的方法不得当，所以味道不是很好。最近有采摘茶芽制造的，稍好一些。咸宁府的茶叶产自平远，长在岩石之间，如果制作的方法恰当的话，味道也很好。

《地图综要》记载：贵州新添军民卫出产茶叶，平越军民卫也出产茶叶。

《研北杂志》记载：交趾出产茶叶，如绿苔一样，味道辛烈，名叫登茶。北方人重译，把茶叫作钗。

九、茶之略

茶事著述名目

【原文】

《茶经》三卷，唐太子文学陆羽撰。

《茶记》三卷，前人，见《国史·经籍志》。

《顾渚山记》二卷，前人。

《煎茶水记》一卷，江州刺史张又新撰。

《采茶录》三卷，温庭筠撰。

《补茶事》，太原温从云、武威段碣之。

《茶诀》三卷，释皎然撰。

《茶述》，裴汶。

《茶谱》一卷，伪蜀毛文锡。

《大观茶论》二十篇，宋徽宗撰。

《建安茶录》三卷，丁谓撰。

《试茶录》二卷，蔡襄撰。

《进茶录》一卷，前人。

《品茶要录》一卷，建安黄儒撰。

《建安茶记》一卷，吕惠卿撰。

《北苑拾遗》一卷，刘异撰。

《北苑煎茶法》，前人。

《东溪试茶录》，宋子安集，一作朱子安。

《补茶经》一卷，周绛撰。又一卷，前人。

《北苑总录》十二卷，曾伉录。

《茶山节对》一卷，摄衢州长史蔡宗颜撰。

《茶谱遗事》一卷，前人。

《宣和北苑贡茶录》，建阳熊蕃撰。

《宋朝茶法》，沈括。

《茶论》，前人。

《北苑别录》一卷，赵汝砺撰。

《北苑别录》，无名氏。

《造茶杂录》，张文规。

《茶杂文》一卷，集古今诗及茶者。

《壑源茶录》一卷，章炳文。

《北苑别录》，熊克。

《龙焙美成茶录》，范逵。

《茶法易览》十卷，沈立。

《建茶论》，罗大经。

《煮茶泉品》，叶清臣。

陆羽《茶经》书影

《十友谱·茶谱》，佚名。

《品茶》一篇，陆鲁山。

《续茶谱》，桑庄茹芝。

《茶录》，张源。

《煎茶七类》，徐渭。

《茶寮记》，陆树声。

《茶谱》，顾元庆。

《茶具图》一卷，前人。

《茗笈》，屠本畯。

《茶录》，冯时可。

《荠山茶记》，熊明遇。

《茶疏》，许次杼。

《八笺·茶谱》，高濂。

《煮泉小品》，田艺蘅。

《茶笺》，屠隆。

《荠茶笺》，冯可宾。

《峒山茶系》，周高起伯高。

《水品》，徐献忠。

《竹嫩茶衡》，李日华。

《茶解》，罗廪。

《松寮茗政》，卜万祺。

《茶谱》，钱友兰翁。

《茶集》一卷，胡文焕。

《茶记》，吕仲吉。

《茶笺》，闻龙。

《荠茶别论》，周庆叔。

《茶董》，夏茂卿。

《茶说》，邢士襄。

《茶史》，赵长白。

《茶说》，吴从先。

《武夷茶说》，袁仲儒。

《茶谱》，朱硕儒。见《黄舆坚集》

《荠茶汇钞》，冒襄。

《茶考》，徐𤊻《群芳谱·茶谱》，王象晋。

《广群芳谱·茶谱》，佩文斋。

诗文名目

杜毓《荈赋》

顾况《茶赋》

吴淑《茶赋》

李文简《茗赋》

梅尧臣《南有嘉茗赋》

黄庭坚《煎茶赋》

程宣子《茶铭》

曹晖《茶铭》

苏廙《仙芽传》

汤悦《森伯传》

苏轼《叶嘉传》

支廷训《汤蕴之传》

徐岩泉《六安州茶居士传》

吕温《三月三日茶宴序》

熊禾《北苑茶焙记》

赵孟𫗦《武夷山茶场记》

暗都剌《喊山台记》

文德翼《庐山免给茶引记》

茅一相《茶谱序》

清虚子《茶论》

何恭《茶议》

汪可立《茶经后序》

吴旦《茶经跋》

童承叙《论茶经书》

赵观《煮泉小品序》

诗文摘句

【原文】

《合璧事类·龙溪除起宗制》有云：必能为我讲摘山之制，得充厩之良。

胡文恭《行孙咨制》有云：领算商车，典领茗轴。

唐武元衡有《谢赐新火及新茶表》。刘禹锡、柳宗元有《代武中丞谢赐新茶表》。

韩翃《为田神玉谢赐茶表》，有"味足蠲邪，助其正直；香堪愈疾，沃以勤劳。吴主礼贤，方闻置茗；晋臣爱客，才有分茶①"之句。

《宋史》：李稷重秋叶、黄花之禁。

宋《通商茶法诏》，乃欧阳修笔。《代福建提举茶事谢上表》，乃洪迈笔。

谢宗《谢茶启》：比丹丘②之仙芽，胜乌程之御舞③。不止味同露液，白况④霜华。岂可为酪苍头⑤，便应代酒从事⑥。

《茶榜》：雀舌初调，玉盌分时茶思健；龙团捶碎，金渠碾处睡魔降。

刘言史与孟郊洛北野泉上煎茶，有诗。

僧皎然寻陆羽不遇，有诗。

白居易有《睡后茶兴忆杨同州》诗。

皇甫曾有《送陆羽采茶》诗。

刘禹锡《石园兰若⑦试茶歌》有云：欲知花乳清冷味，须是眠云跂石人。

郑谷《峡中尝茶》诗：入座半瓯轻泛绿，开缄数片浅含黄。

杜牧《茶山》⑧诗：山实东南秀，茶称瑞草魁。

施肩吾诗：茶为涤烦子，酒为忘忧君。

秦韬玉有《采茶歌》。

颜真卿有《月夜啜茶联句》诗。

司空图诗：碾尽明昌几角茶。

李群玉诗：客有衡山隐，遗余石廪茶。

李郢《酬友人春暮寄枳花茶》诗。

蔡襄有《北苑茶垄采茶、造茶、试茶诗五首》。

《朱熹集》：香茶供养黄柏长老悟公塔，有诗。

文公《茶场》诗：携籝北岭西，采叶供茗饮。一啜夜窗寒，跏趺⑨谢衾枕⑩。

苏轼有《和钱安道寄惠建茶》诗。

《坡仙食饮录》：有《问大冶长老乞桃花茶栽》诗。

《韩驹集·谢人送凤团茶》诗：白发前朝旧史官。风炉煮茗暮江寒；苍龙不复从天下，拭泪看君小凤团。

苏辙有《咏茶花诗》二首，有云：细嚼花须味亦长，新芽一粟叶间藏。

孔平仲《梦锡⑪惠墨，答以蜀茶》，有诗。

岳珂《茶花盛放满山》诗，有"洁躬淡薄隐君子，苦口森严大丈夫"之句。

《赵抃集·次谢许少卿寄卧龙山茶》诗，有"越芽远寄入都时，酬唱争夸互见诗"

之句。

文彦博诗：旧谱最称蒙顶味，露芽云液胜醍醐。

张文规诗："明月峡中茶始生。"明月峡与顾渚联属，茶生其间者，尤为绝品。

孙觌有《饮修仁茶》诗。

韦处厚《茶岭》诗：顾渚吴霜绝，蒙山蜀信稀。千丛因此始，含露紫茸肥。

《周必大集·胡邦衡生日以诗送北苑八銙日注二瓶》："贺客称觞满冠霞，悬知酒渴正思茶。尚书八饼分闽焙，主簿双瓶拣越芽。"又有《次韵王少府送焦坑茶》诗。

陆放翁诗："寒泉自换菖蒲水，活火闲煎橄榄茶。"又《村舍杂书》："东山石上茶，鹰爪初脱鞲。雪落红丝硙，香动银毫瓯。爽如闻至言，余味终日留。不知叶家白，亦复有此否。"

刘诜诗：鹦鹉茶香堪供客，茶酒熟足娱亲。

王禹偁《茶园》诗：茂育知天意，甄收荷主恩。沃心同直谏，苦口类嘉言。

《梅尧臣集·朱著作寄凤茶》诗："团为苍玉璧，隐起双飞凤。独应近日颂，岂得常寮共。"又《李求仲寄建溪洪井茶七品》云："忽有西山使，始遗七品茶。末品无水晕，六品无沉柤。五品散云脚，四品浮粟花。三品若琼乳，二品罕所加。绝品不可议，甘香焉

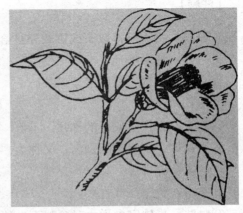

山茶花

等差。"又《答宣城梅主簿遗鸦山茶》诗云："昔观唐人诗，茶咏鸦山嘉。鸦衔茶子生，遂同山名鸦。"又有《七宝茶》诗云："七物甘香杂蕊茶，浮花泛绿乱于霞。啜之始觉君恩重，休作寻常一等夸。"又《吴正仲饷新茶》《沙门颖公遗碧霄峰茗》，俱有吟咏。

戴复古《谢史石窗送酒并茶诗》曰：遗来二物应时须，客子行厨用有余。午困政需茶料理，春愁全仗酒消除。

费氏《宫词》：近被宫中知了事，每来随驾使煎茶。

杨廷秀有《谢木舍人送讲筵茶》诗。

叶适有《寄谢王文叔送真日铸茶》诗云：谁知真苦涩，黯淡发奇光。

杜本《武夷茶》诗云：春从天上来，嘘咈通寰海。纳纳此中藏，万斛珠蓓蕾。

刘秉忠《尝云芝茶》诗云：铁色皱皮带老霜，含英咀美人诗肠。

高启有《月团茶歌》，又有《茶轩》诗。

杨慎有《和章水部沙坪茶歌》，沙坪茶出玉垒关外，实唐山。

董其昌《赠煎茶僧》诗：怪石与枯槎，相将度岁华。凤团虽贮好，只吃赵州茶。

娄坚有《花朝醉后为女郎题品泉图》诗。

程嘉燧有《虎丘僧房夏夜试茶歌》。

《南宋杂事诗》云：六一泉烹双井茶。

朱隗《虎丘竹枝词》：官封茶地雨前开，皂隶衙官搅似雷。近日正堂偏体贴，监茶不遣掾曹来。

绵津山人《漫堂咏物》有《大食索耳茶杯诗》云：粤香泛永夜，诗思来悠然。注：武夷有粤香茶。

薛熙《依归集》有《朱新庵今茶谱序》。

【注释】

①分茶：指将所得散茶或饼茶分赠给亲友，这种茶俗起源于晋代。

②丹丘：仙家圣地。

③乌程之御舞：指顾渚紫笋茶。

④况：相比拟。

⑤苍头：古代对奴仆的称呼。

⑥酒从事：是美酒的别名，又称为"青州从事"。

⑦兰若：即佛寺。

⑧茶山：位于江苏宜兴。

⑨跏趺：指佛家参禅之时盘腿而坐的姿势，这里指静坐。

⑩谢衾枕：指不睡觉。

⑪锡：通"赐"。

十、茶之图

历代图画名目

【原文】

唐张萱有《烹茶仕女图》，见《宣和画谱》。

唐周昉寓意丹青，驰誉当代，宣和御府所藏有《烹茶图》一。

五代陆混《烹茶图》一，宋中兴馆阁储藏。

宋周文矩有《火龙烹茶图》四，《煎茶图》一。

宋李龙眠有《虎阜采茶图》，见题跋。

宋刘松年绢画《卢仝煮茶图》一卷，有元人跋十余家。范司理龙石藏。王齐翰有

《陆羽煎茶图》，见王世懋《澹园画品》。

董迫《陆羽点茶图》，有跋。

元钱舜举画《陶学士雪夜煮茶图》，在焦山道士郭第处，见詹景凤《东冈玄览》。

史石窗名文卿，有《煮茶图》，袁桷作《煮茶图诗序》。

冯璧有《东坡海南烹茶图并诗》。

严氏《书画记》有杜柽居《茶经图》。

汪珂玉《珊瑚网》载《卢仝烹茶图》。

明文徵明有《烹茶图》。

沈石田有《醉茗图》，题云："酒边风月与谁同，阳羡春雷醉耳聋。七碗便堪酬酩酊，任渠高枕梦周公。"

沈石田有《为吴匏庵写虎丘对茶坐雨图》。

《渊鉴斋书·画谱》，陆包山治有《烹茶图》。

（补）元赵松雪有《宫女啜茗图》，见《渔洋诗话·刘孔和诗》。

【注释】

（略）

【译文】

（略）

【原文】

韦①鸿胪②

赞曰：祝融③司夏，万物焦烁，火炎昆冈，玉石俱焚，尔无与焉。乃若不使山谷之英堕于涂炭，子与有力矣。上卿之号，颇著微称。

【注释】

①韦：柔软的皮带，古代用以缀竹简。又韦带布衣比喻穿着简陋的贫贱人。

②鸿胪：官名，掌管朝廷祭祀大典等礼仪。鸿为声，胪为传，传声赞导，故曰鸿胪。

③祝融：火神。《礼记》：孟夏之月，其神祝融。

【译文】

韦鸿胪（即"竹茶笼"）

赞语：火神统治夏天，烈日曝晒山冈，玉石俱焚，怎么能够没有你呢？假如不想让山谷之英毁于涂炭，全靠你的作用了。上卿的称号，很适合称呼你。

【原文】

木待制①

上应列宿，万民以济，禀性刚直，摧折强梗，使随方逐圆之徒，不能保其身。善则善矣。然非佐以法曹②，资之枢密③，亦莫能成厥功。

【注释】

①待制：官名，唐朝，文官六品以上轮日待制，以备顾问。或者待制于集贤门。
②法曹：即法官。《唐书》：法曹司法。
③枢：户枢，户因以开闭。枢密，即重要机密，唐代宗时设枢密院，掌管表奏。

【译文】

木待制（即"木椎"）

与天上的星宿相对应，救助天下的黎民百姓，禀性刚直，摧折强硬不能使其折断，使随波逐流之徒不能保全其身，好是好。如果没有法曹辅助的话，也不能发挥这样大的作用。

【原文】

金法曹

柔亦不茹，刚亦不吐，圆机运用，一皆不法，使强梗者不得殊轨乱撤，岂不韪①与！

【注释】

①韪（wěi）：正确的，对的。

【译文】

金法曹（即"金属茶碾"）

柔性的不会淌出来，强硬的也能够装得下，随机运用起来，都很合适，使那些强硬的东西不能够扰乱秩序，从而不会违背意愿。

【原文】

石转运①

抱坚质，怀直心，啖嚅英华，周行不怠。斡摘山之利，操漕权之重。循环自常，不舍正而适他，虽没齿无怨言。

【注释】

①转运：迁输货物曰转运，唐设转运使，转运各地财赋，输入京师。

【译文】

石转运（即"石磨"）

质地坚硬，里面空心，吸取精华，来回运转不停。磨的是采自山上的有用的东西，做的是官府重视的事情。来回不停地转动，不会丢弃本职而干别的，虽然没有牙齿但也没有怨言。

【原文】

胡员外①

周旋中规而不逾其间，动静有常而性苦其卓，郁结之患悉能破之。虽中无所有，而外能研究，其精微不足以望圆机之士。

【注释】

①员外：旧时称额外之官为员外。唐时，员外官达数千人，亦可捐资为员外，后来对富有之家的主人通称员外。

【译文】

胡员外（即"葫芦水勺"）

外圆内直不会超越它的中线，经常使用它，使它为没有卓越的功能而烦恼，沉积太多容易把它弄破。虽然里面没有什么其他的东西，但是外面却值得研究，它的精细微妙比不过圆滑机灵之士。

【原文】

罗枢密

机事不密则害成。今高者抑之，下者扬之，使精粗不至于混淆，人其难诸。奈何矜细行而事喧哗，惜之。

【注释】

（略）

【译文】

罗枢密（即"茶罗"）

不致密的话那就容易导致失败。好的自然会留在上面，差的就掉落到下面，这样就能使好的与差的不至于被混淆，人力很难做到这些事情。行事谨慎却大声喧哗，可惜啊。

【原文】

宗从事①

孔门高弟，当洒扫应对事之末者，亦所不弃。又况能萃②其既散，拾其已遗，运寸毫而使边尘不飞，功亦善哉。

【注释】

①从事：即治事。汉制，刺史等佐吏为从事。以后有文学从事，武猛从事等。
②萃：聚在一起。

【译文】

宗从事（即"棕茶帚"）

孔子的得意学生，应当对清扫这些最细微的事也不会忽视。更何况能够把已经分散的东西收集到一起，把已经丢失的东西重新收拾起来，运用一寸长的毛发就能使旁边的尘土不至于随意飞舞，它的功劳也很大啊。

【原文】

漆雕秘阁①

危而不持，颠而不扶，则吾斯之未能信。以其弭②执热之患，无坳堂之覆，故宣辅以宝文而亲近君子。

【注释】

①秘阁：秘阁放置书的场所，宋太祖时建秘阁置三馆书。漆雕：复姓，如孔子弟子漆雕开。
②弭（mǐ）：止、息。

【译文】

漆雕秘阁（即"漆雕茶盏托"）

虽然高危但是并不害怕，虽然颠簸但并不需要人去扶持，我们未必会信。用它可以避免拿起来时的烫热，避免在屋子里面摔碎杯子，所以适宜于辅助茶碗，因此特别地讨君子喜欢。

【原文】

陶宝文

出河滨而无苦窳[1]，经纬之象，刚柔之理，炳[2]其弸[3]中。虚己待物，不饰外貌，休高秘阁，宜无愧焉。

【注释】

①苦窳（yǔ）：粗恶。
②炳：光明、显著。
③弸（péng）：充满。

【译文】

陶宝文（即"陶制茶碗"）

出自河边却没有腐烂变苦，泾渭分明，纹理刚柔相济，里面很光亮，中间的可以装东西。就算不装饰外表，把它放在高阁之上，也不觉得有什么不合适的。

【原文】

汤提点[1]

养浩然之气，发沸腾之声，以执中[2]之能，辅成汤[3]之德，斟酌宾主间，功迈仲叔圉[4]。然未免外烁之忧，复有内热之患，奈何？

【注释】

①提点：官名，宋时有提点刑狱、提点宫观等官职。
②执中：守其中道。
③成汤：商代开国之君，禼之后，名履，夏桀无道，汤伐之，放桀于南巢，遂有天下。
④仲叔圉（yǔ）：仲叔复姓，《左传》载仲叔溪卫大夫，其后仲叔圉。

【译文】

汤提点（即"水瓶"）

蓄养向上的水汽，能发出沸腾的声音，凭借执中的能力，造就辅助加工成茶水的功德，在宾主间斟酌，功劳超过仲叔圉。然而不免有外面烁热的顾虑，里面过于滚热的忧虑，那有什么办法呢？

【原文】

竺副帅

首阳①饿夫，毅谏于兵沸之时，方今鼎扬汤能探其沸者几希。于之清节，独以身试，非临难不顾者，畴见尔。

【注释】

①首阳：在今河南省，首阳山因"日之东升，光必先及"而得名，因伯夷、叔牙"不食周粟，采薇而生"而闻名。历史悠久，文化灿烂。

【译文】

竺副帅（即"竹制茶筅"）

伯夷、叔牙毅然在叛军进犯的时候提出意见，才知道能探试鼎中开水沸腾时的很少。你的高风亮节，就在于以身试法，可想而知，不是临危不顾的是不会这样做的。

【原文】

司职方①

互乡②童子，圣人犹与③其进。况端方质素，经纬有理。终身涅④而不缁⑤者，此孔子所以与洁也。

【注释】

①职方：官名，掌管地理和土地统计。

②互乡：据说互乡在江苏沛县。《论语·述而》说"互乡难与言"。互乡这个地方的人难于交谈，但孔子却接见了那里一个童子。孔子的学生不理解。孔子便说："我赞成他的进步，不赞成他的退步，何必做得过分呢？人家洁身而来就应赞成他的自洁，不要光追究他过去的事。"

③与：这里当肯定讲。

④涅：染黑。

⑤缁：黑的颜色。

【译文】

司职方（即"茶巾"）

互乡的童子，圣人都向他学习。更何况这样端庄素丽、泾渭分明、全身被黑色所染却不变黑的东西，这就是孔子与高洁者在一起的原因。

竹炉并分封茶具六事

【原文】

苦节君①

铭曰：肖形天地，匪冶匪陶。心存活火，声带湘涛。一滴甘露，涤我诗肠。清风两腋，洞然八荒。

【注释】

①苦节：坚苦卓绝，守志不渝。明屠隆在《考架余事》中称竹炉为苦节君，因为竹可以象征人的节操。

【译文】

苦节君

有记载说：以天地为形，非铁非陶。心存活火，声带湘涛。一滴甘甜的茶水，能够洗涤我的诗肠。清爽的风从两腋吹过，就进入得意忘形的境界。

【原文】

苦节君行省①

茶具六事分封，悉贮于此，侍从苦节君。于泉石山斋亭馆间执事者，故以行省名之。陆鸿渐所谓都篮者，此其是与。

【注释】

①行省：省原为朝廷所说的中央机构中的一个省的名称，如中书省等。元代以后于中书省外各路设行中书省，称为行省，简称省。延续至今。

【译文】

苦节君行省（即"装茶具的篮子"）

茶具有六种用品，都被存放在它的里面，因为侍从苦节君在泉石山斋亭馆里行事，所以叫行省这个名字。陆鸿渐所说的都篮，指的就是这个。

【原文】

建城

茶宜密裹，故以箬笼盛之，今称建城。按《茶录》云："建安①民间以茶为尚。"故据地以城封之。

【注释】

①建安：今建瓯。建瓯历史悠久，人杰地灵。东汉建安初年（公元 260 年）设立建安县，是福建历史上较早的几个县之一。

【译文】

建城

茶叶要密封才能保存好，所以用竹笼装起来，现在被称为建城。按照《茶录》所说："建安时期民间以喝茶为时尚。"所以用建城这个名字叫它。

【原文】

云屯

泉汲于云根，取其洁也。今名云屯，盖云即泉也，贮得其所，虽与列职诸君同事，而独屯于斯，岂不清高绝俗而自贵哉。

【注释】

（略）

【译文】

云屯

泉水源于云彩深处，取洁净的水。现在叫它云屯，云就是泉水，泉水储在这样的地方才是最好的贮藏地，虽然和其他东西并列职务，而只把泉水储存在这里面，岂不是超凡脱俗很值得自贵吗？

【原文】

乌府①

炭之为物，貌玄性刚，遇火则威灵气焰，赫然可畏，苦节君得此甚利于用也。况其别号乌银，故特表章其所藏之具曰乌府，不亦宜哉。

【注释】

①乌府：据汉书记载，御史府中柏树上常有数千乌夜宿，晨去暮来，因此称这些乌为朝夕乌，称御史府为乌府。

【译文】

乌府

炭这种东西，外貌很黑但性格刚烈，遇到明火就会燃烧冒出火焰，看起来很可怕的样子，苦节君得到这些东西能够很好地加以利用。况且它的别号为乌银，所以特意将储存它的器具称为乌府，这也是非常合适的。

【原文】

水曹①

茶之真味，蕴诸旗枪之中，必浣之以水而后发也。凡器物用事之余，未免残沥微垢，皆赖水沃盥，因名其器曰水曹。

【注释】

①曹：这里指古时办事的官署。

【译文】

水曹

茶叶真正的味道，蕴藏在旗枪里面，必须经过水的浸泡才能散发出来。所有的器物用过之后，难免残留有细小的污垢，都要依赖水来清洗，所以这种清洗的器具称为水曹。

【原文】

器局①

一应茶具，收贮于器局。供役苦节君者，故立名管之。

【注释】

①局：机关单位的名称。

【译文】

器局

所有的茶具，都储藏在器局里面，供苦节君使用，所以称它为管之。

【原文】

品①司②

茶欲啜时，入以笋、榄、瓜、仁、芹、蒿之属，则清而且佳，因命湘君，设司检束。

【注释】

①品：镒别。

②司：指机关单位中的一个部门。

【译文】

品司

饮茶的时候，添加笋、榄、瓜、仁、芹、蒿这些东西，那么味道就会显得清香，所以取名湘君，设品司来盛装。

【原文】

玉川先生①

毓秀蒙顶②，蜚英玉川，搜搅胸中，书传五千。儒素家风，清淡滋味。君子之交，其淡如水。

【注释】

①玉川先生：即卢仝。卢仝自号玉川子。

②蒙顶：指蒙顶茶，详见"八、茶之出（《续茶经》）注①"。

【译文】

（略）

第三节 《大观茶论》释译

[宋] 赵佶

赵佶（1082—1135 年），宋徽宗，北宋第八任皇帝，在位二十六年（1100—1125 年）。神宗第十一子，哲宗弟，曾被封为遂宁王、端王。元符三年（1100 年），哲宗病死，无子，皇太后向氏召立时年十九岁的端王赵佶继位。赵佶多才多艺，却治国无方。擅长书法、人物花鸟画、诗词、音乐等，留下来不少优秀的作品，但立国一百六十多年的北宋王朝，也毁在了他手里。宣和七年（1125 年）金兵南下，徽宗传位赵桓（钦宗）。靖康元年（1126 年）金人入汴，国亡被俘，二年北去，先后被迁往韩城和五国城，备受折磨，郁郁而亡。详见《宋史·徽宗本纪》。

赵佶精于茶艺，曾多次为臣下点茶，蔡京《太清楼侍宴记》记其"遂御西阁，亲手调茶，分赐左右"。政和（1111—1118 年）至宣和（1119—1125 年），下诏北苑官焙制造、上供了大量名称优雅的贡茶，如玉清庆云、瑞云翔龙、浴雪呈祥等，详见熊蕃《宣和北苑贡茶录》。

关于书名，本书序言中说："叙本末列于二十篇，号曰《茶论》"，熊蕃《宣和北苑贡茶录》说："至大观初今上亲制《茶论》二十篇"，南宋晁公武《郡斋读书志》中著录"《圣宋茶论》一卷，右徽宗御制"，《文献通考》沿录，可见此书原名《茶论》。晁公武是宋人，所以称宋帝所撰《茶论》为《圣宋茶论》；明初陶宗仪《说郛》收录了全文，因其所作年代为宋大观年间（1107—1110 年），遂改称《大观茶论》，清《古今图书集成》收录此书时沿用此书名，今仍之。由于《宋史·艺文志》及其他的目录书及丛书、类书等都没有收录该书，因而也有学者怀疑此书并非徽宗亲作，或者是茶官代笔，但也仅限于怀疑而已。因为《大观茶论》在北宋末年就为熊蕃所著茶书引录，可以视为徽宗所作。

全书首序言，次分地产、天时、采择、蒸压、制造、鉴辨、白茶、罗碾、盏、筅、瓶、杓、水、点、味、香、色、藏焙、品名、外焙，共二十目。对于北宋时期蒸青团茶的地宜、采制、烹试、质量等均有详细记述，讨论相当切实。其中关于点茶的一篇，最为详细地记录了宋代这种代表性的茶艺。点茶是两宋的主流饮茶方式，北宋前期，调膏、击拂均用茶匙，而到徽宗时期，则专门用茶筅进行击拂。《大观茶论》对调膏、击拂、点茶的技艺进行了详细的描述，是继蔡襄《茶录》之后关于点茶法的经典之作，为宋代茶文化留下了珍贵的文献资料。

《大观茶论》传世刊本有：（1）宛委山堂《说郛》本；（2）《古今图书集成》本；

（3）《说郛》蓝格旧钞本；（4）涵芬楼《说郛》本。本书以涵芬楼《说郛》本为底本，参校以宛委山堂《说郛》本及《古今图书集成》本。

因为本丛书的体例，底本改动者，一般不出校记。少量重要校勘，在注释中予以说明。

序

【原文】

尝谓，首地而倒生[1]，所以供人之求者，其类不一。谷粟之于饥[2]，丝枲之于寒[3]，虽庸人孺子皆知[4]，常须而日用，不以岁时之舒迫而可以兴废也[5]。至若茶之为物[6]，擅瓯闽之秀气[7]，钟山川之灵禀[8]，祛襟涤滞[9]，致清导和[10]，则非庸人孺子可得而知矣；冲淡简洁[11]，韵高致静[12]，则非遑遽之时可得而好尚矣[13]。

【注释】

①首地而倒生：草木由下向上长枝叶，故称草木为"倒生"。《淮南子·原道训》："秋风下霜，倒生挫伤。"高诱注："草木首地而生，故曰倒生。"则"首地而倒生"指草木植物。

②谷粟：粮食。谷，庄稼和粮食的总称。粟，谷物名，北方通称"谷子"。亦作为粮食的通称。

③丝枲（xǐ）：蚕丝和麻。丝，蚕丝。枲，大麻的雄株，只开雄花，不结子，纤维可织麻布。亦泛指麻。

④庸人：平常的人。《史记·廉颇蔺相如列传》："且庸人尚羞之，况于将相乎？"孺子：幼儿，儿童。

⑤岁时：一年中春夏秋冬四季。舒迫：安宁或窘迫。舒，安宁。迫，窘迫。兴废：兴复和废毁。本句意为不以岁时之舒而兴、之迫而废。

⑥至若：连词，表示另提一事。

⑦擅：占有。瓯闽：浙江东南部和福建地区。瓯，原古代部落，百越的一支，在今浙江瓯江流域一带，指浙江东南部地区。闽，指福建。秀气：灵秀之气。

⑧钟：汇聚，集中。灵禀：神奇的天赋。

⑨祛襟涤滞：清除郁滞，开阔胸怀。祛，除去，开散。襟，胸怀，心怀。涤，清除，洗涤。滞，郁滞，不舒展。

⑩致清导和：引导人达到清静和平的心境。致，获得，达到。清，高洁，纯洁。导，引导，招致。和，平和，和谐。

⑪冲淡：冲和淡泊。简洁：清洁，处世清白无瑕。

⑫韵高致静：情趣高雅，导人宁静。

⑬遑遽：惊惧不安。好尚：爱好和崇尚。曹植《与杨德祖书》："人各有好尚。"

【译文】

曾经有这样的说法：由下向上生长枝叶的草本植物，能够满足人类不同的生活需求。粮食对于饥饿、丝麻对于寒冷的作用，即使是平常人和小儿都知道，它们都是经常需要，每天应用的，不会因为一年中春夏秋冬四季的安宁或窘迫而可以兴复或废毁。至于茶这样一种物品，拥有浙江东南部和福建地区的灵秀之气，汇聚着名山大川神奇的天赋，能够清除疾滞，开阔人的襟怀，引导人达到清静和平的心境，这些就不是平常人和小儿所能得知的了；茶饮冲和淡泊，清白无瑕，情趣高雅，导人宁静，则又不是惊惧不安的时候可能爱好和崇尚的。

《大观茶论》书影

【原文】

本朝之兴①，岁修建溪之贡②，龙团、凤饼③，名冠天下，壑源之品④，亦自此盛。延及于今，百废俱举⑤，海内晏然⑥，垂拱密勿⑦，俱致无为⑧。荐绅之士⑨，韦布之流⑩，沐浴膏泽⑪，熏托德化⑫，咸以雅尚相推从事茗饮⑬。故近岁以来，采择之精，制作之工，品第之胜⑭，烹点之妙，莫不咸造其极。且物之兴废，固自有然，亦系乎时之污隆⑮。时或遑遽，人怀劳悴，则向所谓常须而日用，犹且汲汲营求⑯，惟恐不获，饮茶何暇议哉。世既累洽⑰，人恬物熙⑱，则常须而日用者，因而厌饫狼藉⑲。而天下之士，厉志清白⑳，竞为闲暇修索之玩㉑，莫不碎玉锵金㉒，啜英咀华㉓，较箧笥之精㉔，争鉴裁之妙，虽否士于此时㉕，不以蓄茶为羞，可谓盛世之清尚也。

【注释】

①本朝：北宋。

②岁修建溪之贡：建溪，水名，福建闽江北源，由南浦溪、崇阳溪（一称崇溪）、

松溪合流而成，南流到今南平市和富屯溪、沙溪江合为闽江。其主要流域为宋代建州辖境，故此处建溪指称建州。其地产茶，号建茶，因亦借"建溪"指建茶。宋梅尧臣《得雷太简自制蒙顶茶》诗："陆羽旧《茶经》，一意重蒙顶，比来唯建溪，团片敌汤饼。"北宋初期的太平兴国二年（977年），宋太宗下诏令建安北苑造茶进贡，此后即成定制，由福建路转运使专门负责每年督造贡茶进贡。

　　③龙团、凤饼：茶名，为福建北苑所造上品贡茶。宋太宗下诏制贡茶时，即"特置龙凤模"，就是用刻有龙、凤特殊图案的桊模压制贡茶茶饼，所造之茶，即以所用桊模的图案称为"龙团、凤饼"，成为宋代最著名、最上品的茶品。

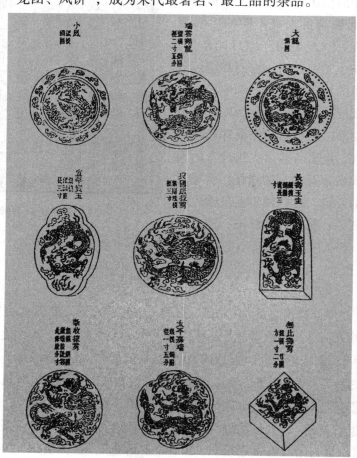

宋代的龙凤团茶图谱

　　④壑源：壑源岭，周抱北苑之群山，与之冈阜相连，所产之茶堪与北苑相媲美，亦为官焙之所在。据宋子安《东溪试茶录》："四方以建茶为目，皆曰北苑。建人以近山所得，故谓之壑源。"则北苑、壑源同为最著名的官焙，唯北苑为唯一的龙焙。

　　⑤百废俱举：一切废置的事都兴办起来。举，复兴，振兴。

⑥海内晏然：全国安定。海内，国境之内，全国。古代谓我国疆土四面临海，故称。《孟子·梁惠王下》："海内之地，方千里者九。"晏然，安定貌，平安貌。

⑦垂拱密勿：无为而治或勤勉从事。垂拱，垂衣拱手，谓不亲理事务。《尚书·武成》："惇信明义，崇德报功，垂拱而天下治。"后多用以称颂帝王无为而治。密勿，勤勉努力。

⑧俱致无为：都能达到无为而天下治理的境地。无为，无为之治，喻天下太平。

⑨荐绅：古代高级官吏的装束，亦指有官职或做过官的人。又称为"搢绅""缙绅"。荐，通"搢"，皆指插笏于绅带之间。绅，古代士大夫束于腰间，一头下垂的大带。

⑩韦布：韦带布衣，贫贱者所服，用以指称贫贱者，泛指平民百姓。

⑪沐浴膏泽：蒙受恩惠。沐浴，蒙受，受润泽。《史记·乐书》："沐浴膏泽而歌咏勤苦，非大德谁能如斯！"膏泽，比喻恩惠。班固《西都赋》："功德著乎祖宗，膏泽洽乎黎庶。"

⑫熏托德化：受德教的影响教化。德化，犹德教。

⑬雅尚：风雅高尚。相推：互相推让。从事：参与做，致力于（某种事情）。

⑭品第之胜：品评茶叶之兴盛。品第，谓评定并分列次第。

⑮时之污隆：指世道之盛衰或政治的兴替。污隆，高下，指时世风俗的盛衰。《文选·广绝交论》："龙骧蠖屈，从道污隆。"

⑯汲汲：心情急切貌，引申为急切追求。

⑰世既累洽：世代相承太平无事。累洽，和睦，协调。《文选·两都赋》："至于永平之际，重熙而累洽。"

⑱人恬物熙：与上文"人怀劳悴"相对，当是"人物恬熙"的互文，意为人人安于逸乐。恬，安定，安逸。熙，丰盛。

⑲厌饫（yù）：饮食饱足。杜牧《杜秋娘诗》："归来煮豹胎，厌饫不能饴。"饫，宴饮，饱食。狼藉：散乱不整貌。

⑳厉志：激励意志。清白：品行纯洁。

㉑闲暇：悠闲从容。修索：修炼探索。

㉒碎玉锵金：用金属制的茶碾碾圆玉状的饼茶。锵金，撞击金属器物而发声。

㉓啜英咀华：啜咀英华，饮茶。语出唐韩愈《进学解》："沉浸酖郁，含英咀华。"英华，指花木之美，此处譬茶。啜，食，饮。

㉔箧笥（qiè sì）：盛茶等物的盛器，此处指茶。箧，小箱子，藏物之具。笥，盛衣物或饭食等的方形竹器。

㉕否土：质朴之人。否，通"鄙"，用在名词前，用以谦称自己或与自己有关的事

物，此处意为质朴。

【译文】

本朝兴起之初，就在建州开始制造上供贡茶，龙团、凤饼，名冠天下，壑源茶的品名，亦自此兴盛。一直延续到当下，一切废置的事都兴办起来，全国安定，不论是无为而治或是勤勉从事，都能达到无为而治天下太平。不论是有官职或做过官的人，还是平民百姓，蒙受恩惠，受德教的影响教化，都以风雅高尚互相推崇参与茗饮茶事。所以近年来，采茶、择茶之精细，制茶之精巧，品评茶叶之兴盛，烹水点茶之精妙，无一不达到了登峰造极的程度。而且事物的兴废，虽然自有其所以然者，但也关乎世道风俗的盛衰或政治的兴替。如果时世惊遑不安，人们心存劳苦和忧愁，则之前所说日常需要、每天应用的东西，都要急切追求，就怕不能得到，哪有闲暇和可能来考虑饮茶之事呢。如果世代相承太平无事，人人安于逸乐，则日常需要、每天应用的东西，就会饮食饱足，丰富杂乱。此时，天下的士人，激励意志，纯洁品行，竞相修炼探索悠闲从容的爱好，无不用金属制的茶碾碾圆玉状的饼茶，品赏、体味茶饮的美妙，比较各人所收藏茶的精好，较量鉴别裁断的高明巧妙，即便是质朴之人处于这样的时世，也不以藏有茶叶为羞愧，可以说饮茶是盛世的清雅好尚。

【原文】

呜呼，至治之世①，岂惟人得以尽其材，而草木之灵者，亦得以尽其用矣。偶因暇日②，研究精微③，所得之妙，人有不自知为利害者，叙本末列于二十篇④，号曰《茶论》。

【注释】

①至治之世：安定昌盛、教化大行的时代。
②偶：正好。暇日：空闲的日子。
③精微：精深微妙。《礼记·经解》："絜静精微，《易》教也。"
④本末：始末，原委。

【译文】

呜呼！安定昌盛、教化大行的时代，何止只是人能够得以使出全部才干，神异的草木，也能够得以尽其用啊。正好利用空闲的日子，探究茶的精深微妙，所探得的精微奥妙，有不为世人所知的利益与损害，因而陈述其始末原委共计二十篇，称之为《茶论》。

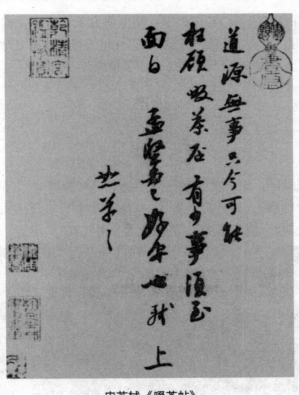

宋苏轼《啜茶帖》

【点评】

《序》论述了茶饮文化与时世的关系，清尚雅玩与日常用品的关系。饥餐、寒衣是人人都知道的温饱问题，每天皆有需要，不会因为时世的状况而可以兴废；时代再动荡不安，人们再辛苦劳碌，温饱问题都是必须解决的。而饮茶作为一种"冲淡简洁，韵高致静"的清雅好尚，则不可能在动荡与劳碌的生活状态中开展。

对于个人来说，会饮茶，饮好茶，是一种清福。而对于一国之君的宋徽宗而言，在其治下全社会各阶层竞相崇尚茗饮，作者的自得之情溢于言表，因为茶饮文化是"盛世之清尚"，只有在安定繁荣、物质丰富的社会才有可能。经过一百多年的发展，宋代社会在诸如社会经济、人口、商业网络、市民生活、文化事业等多方面，均呈现出古代社会发展的高度成就。在摆脱了温饱问题的限制之后，宋人的生活，日趋文雅，营构了多重富于文化内涵的生活方式，茶是其中之荦荦一大项。

"诸事皆能，独不能为君"的赵佶，继承了北宋建国以来一百多年的发展成果，将他的艺术才情与最高权力相结合，在书画、音乐等方面开创了令人耳目一新的局面。而北宋建国以来就开始造贡，并创造了各种趋于极致的茶事文化现象，这引发了赵佶无限的兴趣，于是在皇宫内专门建阁贮茶，精微研究茶艺之余，欲罢不能地将他对茶叶的感受与研究心得，写成二十篇"茶论"，以让世人得知饮茶之微妙。其中的一些论述对中国传统茶文化的某些观念与习俗，形成了根深蒂固的影响。

地产

【原文】

植产之地，崖必阳①，圃必阴②。盖石之性寒，其叶抑以瘠③，其味疏以薄④，必资阳和以发之⑤。土之性敷⑥，其叶疏以暴⑦，其味强以肆⑧，必资阴以节之⑨。〔今圃家皆植木⑩，以资茶之阴。〕阴阳相济⑪，则茶之滋长得其宜。

茶园

【注释】

①崖必阳：山崖坡地一定要在南面。崖，山或高地陡立的侧面。阳，山的南面或水的北面。

②圃必阴：园圃一定要有遮阴。圃，种植蔬菜、花果或苗木的园地。阴，水的南面或山的北面，不见阳光的地方。

③其叶抑以瘠：茶叶的生长会受到抑制而很瘦弱。

④其味疏以薄：茶的味道因而粗劣、贫乏、淡薄。

⑤必资阳和以发之：必定要借助于阳光的温和才能促发茶叶的生长。

⑥敷：饶足。

⑦疏：分布。暴：急骤，猛烈。

⑧强：健壮，强盛。肆：显明，有力。

⑨资：凭借，依靠。阴：阴凉。节：节制，管束。

⑩圃家：指在园圃种植茶树的人。

⑪济：调剂，弥补，补益。

【译文】

种植生产茶叶的田地处所，山崖坡地一定要在南面，园圃则一定要有遮阴。因为山崖坡地由山石风化所成的石土土性寒凉，茶叶的生长会受到抑制而很瘦弱，茶的味道因而粗劣、贫乏、淡薄，必定要借助于阳光的温和才能促发茶叶的生长。园圃泥土土性饶足，茶叶生长快速猛烈，茶的味道强健有力，必定要凭借阴凉来节制茶叶的生长。（现在在园圃种植茶树的人都会种植树木，来为茶树提供阴凉。）阴与阳互相调剂弥补，茶叶生长就能得其所宜。

【点评】

关于植茶之地，赵佶所论"崖必阳，圃必阴"，进一步阐发了陆羽在《茶经》中所论的"阳崖阴林"说，园地植茶需要适当地遮阴，这样茶叶才不会迅猛生长，导致茶味"强以肆"。日本有些茶园在茶叶生长后期，必搭棚遮阴以节制茶叶生长，以免茶叶中的花青素等某些成分过量而导致茶叶味涩。未知是否是这一理论的应用。

天时

【原文】

茶工作于惊蛰①，尤以得天时为急②。轻寒，英华渐长，条达而不迫③，茶工从容致力，故其色味两全。若或时旸郁燠④，芽奋甲暴⑤，促工暴力⑥，随槁暑刻所迫⑦，有蒸而未及压⑧，压而未及研⑨，研而未及制⑩，茶黄留渍⑪，其色味所失已半。故焙人得茶天为庆⑫。

【注释】

①惊蛰：二十四节气之一，时当每年的 3 月 5 日或 6 日。

②天时：自然运行的时序，此处指农时。

③条达：条理通达，指茶叶舒展地生长。

④若或：假如，如果。旸（yáng）：日出。《说文·日部》："旸，日出也。"郁燠（yù）：温暖。郁与燠二字相通，温暖。《文选·广绝交论》："叙温郁则寒谷成暄，论严苦则春丛零叶。"注："郁与燠，古字通也。"

⑤芽奋甲暴：意为茶芽迅猛生长。甲，植物的新叶。唐杜甫《有客》诗："自锄稀菜甲，小摘为情亲。"仇兆鳌注引《说文》："草木初生曰甲。"奋，猛然用力。暴，急骤，猛烈。

⑥促：推动，催促。暴力：原指强制的力量，武力，此处指茶工奋力劳作。

⑦随槁：意义不详，或言茶叶易于枯萎，或"槁"为衍字。晷（guǐ）刻：日晷与刻漏。古代的计时仪器，以指言时刻、时间。晷，指日晷。测度日影以确定时刻的仪器。刻，刻漏，古代计时器。以铜为壶，底穿孔，壶中立一有刻度的箭形浮标，壶中水滴漏渐少，箭上度数即渐次显露，视之可知时刻。迫：催促。

⑧蒸：蒸茶。压：压黄，榨茶。宋代北苑官焙制茶中一道独有的工序。

⑨研：研茶，将蒸压过的茶叶研磨成末。

⑩制：制茶，将研成细粉末状的茶压制成茶饼。

⑪茶黄：蒸过的茶叶称为黄，或茶黄。留渍：湿润的茶黄积留。

⑫焙人：焙茶的工人。茶天：制茶的天时，宜于制茶的自然气候条件。庆：庆幸，天之思遇。

【译文】

茶工在惊蛰节气开始采茶制茶，格外以能得天时为紧要。天气微寒，茶芽渐渐生长，舒缓而不急迫，茶工能够不慌不忙尽力工作，所以制成的茶叶色和味都很完美。如果天晴温暖，茶芽迅猛生长，催促茶工奋力劳作，茶叶易于枯萎因而制茶时间紧迫，有蒸茶之后不能及时压黄榨的，有压黄榨之后不能及时研茶的，有研茶之后不能及时压饼造茶的，蒸过的茶叶湿润堆积，茶的色泽滋味就会损失掉一半。所以焙茶工人非常庆幸能得到制茶的天时，认为这是上天的思遇。

清黄慎《采茶图》

【点评】

关于开始采摘制造茶叶的天时，作者认为要在天气"轻寒"的惊蛰时节，这样茶叶才不会迅猛生长，茶工才能从容地采摘、制造，每道工序及时并保质地完成，从而能保证茶叶的品质。

采择

【原文】

撷茶以黎明①，见日则止。用爪断芽②，不以指揉③，虑气汗熏渍④，茶不鲜洁。故茶工多以新汲水自随，得芽则投诸水。

【注释】

①撷茶：采茶。撷，摘取，采摘。黎明：天将明未明的时候。《史记·高祖本纪》司马贞《索隐》："黎，犹比也，谓比至天明。"
②爪：指甲。
③指：手指。揉：摩擦，搓挪。
④虑气汗熏渍：担心手气和手汗会熏染、浸渍茶叶。气汗，手气和手汗。

【译文】

采茶在天将明未明的黎明时候进行，看到太阳升起就停止。用指甲摘断茶叶，而不能用手指指肚去揉搓茶叶，担心手气和手汗会熏染、浸渍茶叶，致使茶叶不新鲜清洁。所以茶工一般都会带着刚刚打来的清鲜的水，采下茶芽就把它们放到水中。

【原文】

凡芽如雀舌谷粒者为斗品①，一枪一旗为拣芽②，一枪二旗为次之，余斯为下茶。

【注释】

①雀舌谷粒：茶芽细嫩如雀舌、谷粒。宋沈括《梦溪笔谈》卷二十四："茶芽，古人谓之雀舌、麦颗，言其至嫩也。"斗（dòu）品：宋代最嫩、最高级的茶叶原料称为"斗品"。宋黄儒《品茶要录》："茶之精绝者曰斗，曰亚斗，其次拣芽，茶芽。斗品虽最上，园户或止一株，盖天材间有特异，非能皆然也。且物之变势无穷，而人之耳目有尽，故造斗品之家，有昔优而今劣，前负而后胜者，虽工有至有不至，亦造化推移

不可得而擅也。"

②一枪一旗为拣芽：顶芽带一旗一枪的茶叶为第二等级的茶叶原料，称为拣芽。茶叶顶芽之外，茶芽刚刚舒展成叶称旗，尚未舒展称枪。

【译文】

茶芽细小如雀舌谷粒者，就是最高等级的茶叶原料，称为斗品；顶芽带一旗一枪的茶叶为第二等级的茶叶原料，称为拣芽；一枪二旗的茶叶再次一等，其余的就是下等的茶叶原料。

【原文】

茶始芽萌，则有白合①，既撷则有乌蒂②。白合不去，害茶味；乌蒂不去，害茶色。

【注释】

①白合：茶叶刚萌芽时，抱生着的两片小叶即白合，现代称之为鳞片和鱼叶。
②既撷则有乌蒂：茶叶采摘之后断处会形成的黑头。乌蒂，黑色的蒂头。（现代研究也表明，如果不及时制作，茶芽的采断处就会因氧化而变红暗，在接下来的工序中不能与茶叶的其他部分发生同步的反应，从而影响茶的滋味、色泽。）

【译文】

茶刚开始萌芽时，抱生着的两片小叶即白合，茶叶采摘之后断处常常会形成黑头即乌蒂。白合不择除掉，就会损害茶的滋味；乌蒂不择除去，就会损害茶的色泽。

【点评】

茶叶制造的每道工序，都会从不同的方面对成品茶的质量产生不同的影响，赵佶从确保茶叶品质的角度出发，对于茶叶采摘、拣择、蒸芽、压黄、研膏、焙茶诸工序，提出了较为明确细致的要求。

采茶要在日出之前的清晨："撷茶以黎明，见日则止。"至于原因，南宋赵汝砺在《北苑别录》中有更进一步的说明："采茶之法须是侵晨，不可见日。晨则夜露未晞，茶芽肥润；见日则为阳气所薄，使芽之膏腴内耗，至受水而不鲜明。"即茶叶表面的露水对采摘下来的茶叶有一定的保持滋润、新鲜的作用。采摘要用指甲而不用指肚，这样就能快速切断叶梗，不致使茶叶受到手中汗气的揉搓而不鲜洁。而为了保证采下茶叶的鲜洁度，采茶工人常常会随身携带清水罐，将采下的茶叶投到清水中。——这或许是徽宗时福建路转运使郑可简新创"银线水芽"灵感的来源之一。

采下的茶叶要经过仔细分拣，拣茶工序，首先是对茶叶原料品质的等级区分：最高等级的茶叶原料称为斗品、亚斗，是茶芽细小如雀舌谷粒者（徽宗之后，斗品则指其所崇尚的白茶）；次一级是已经长成一旗一枪的芽叶，号拣芽；再次就是一般的茶芽。徽宗对茶叶原料品级的重视，引发了中国茶文化传统中两个坚定的现象，一是从此茶叶原料的等级决定了以其制成茶叶的等级，二是对茶叶细嫩度的追求成为茶人难以遏止的冲动。徽宗时福建路转运使郑可简所创"银线水芽"，剔取细小得像鹰爪一样的小芽中心的一线细芽："将已拣熟芽再剔去，只取其心一缕，用珍器贮清泉渍之，光明莹洁，若银线然。"——银线水芽成为茶叶原料之细嫩度不可逾越的巅峰。

其次，拣茶工序是要拣择出对所造茶之色味有损害的白合与乌蒂。应当说宋代的拣茶工序在蒸造之前，较之现代制茶是在制成之后再行拣择的做法，要更科学合理，因为制前拣择，不合用之叶对于茶叶的损害已然剔除，而制成之后再拣剔，不合用之叶对于茶叶内质的损害已然形成，此时的拣剔只不过使茶叶外形整齐而已。二者所存在的质的差别显而易见。

蒸压

【原文】

茶之美恶，尤系于蒸芽、压黄之得失[1]。蒸太生则芽滑[2]，故色清而味烈[3]；过熟则芽烂[4]，故茶色赤而不胶[5]。压久则气竭味漓[6]，不及则色暗味涩[7]。蒸芽欲及熟而香[8]，压黄欲膏尽亟止[9]，如此，则制造之功十已得七八矣。

【注释】

①蒸芽：蒸茶。压黄：指对已经经过蒸造的茶芽进行压榨，挤出其中的汁水。得失：得与失，犹成败。

②蒸太生则芽滑：茶叶蒸得不够熟，就会生滑。

③色清而味烈：茶色青绿而茶味浓烈。清，通"青"，绿色或蓝色。

④过熟则芽烂：茶叶蒸得太熟，就会软烂。

⑤茶色赤而不胶：茶叶颜色发红而不牢固。

⑥压久则气竭味漓：榨茶压黄太久，茶叶气味散尽滋味淡薄。漓，浇薄，浅薄。

⑦不及则色暗味涩：榨茶压黄不够，茶叶颜色暗淡滋味苦涩不甘滑。

⑧蒸芽欲及熟而香：蒸茶以刚蒸熟发出香气为好。

⑨压黄欲膏尽亟止：榨茶压黄以茶叶中的汁水刚好压尽时就立刻停止为好。膏，指茶的汁水。

宋刘松年《撵茶图》

【译文】

茶品质的好坏高下，特别取决于蒸芽、压黄两道工序的成败得失。茶叶蒸得不够熟，就会生滑，所以茶色青绿而茶味浓烈；茶叶蒸得太熟，就会软烂，因而茶叶颜色发红而不牢固。榨茶压黄太久茶叶气味散尽滋味淡薄，不够则茶叶颜色暗淡，滋味苦涩不甘滑。蒸茶以刚蒸熟发出香气为好，榨茶压黄以茶叶中的汁水刚好压尽时就立刻停止为好，如果能做到这些，则茶叶制造的成效已经达到十分之七八了。

【点评】

对于宋代的蒸青饼茶来说，赵佶认为最关键的工序是蒸芽、压黄，这两道工序如果得尽其宜，则茶叶制造的功效已经实现十分之七八。蒸茶过生或太熟都会直接影响茶的色泽和滋味，杀青工序之于绿茶的重要性，自不待言。而压黄，虽然说在宋代只用于"味远而力厚"的建茶，从某种意义和实际功效上来说，相当于揉捻的工序，也都会直接影响茶的色泽和滋味。

制造

【原文】

涤芽惟洁①，濯器惟净②，蒸压唯其宜，研膏惟热③，焙火惟良④。饮而有少砂者⑤，涤濯之不精也。文理燥赤者⑥，焙火之过熟也。夫造茶，先度日晷之短长⑦，均工力之众寡⑧，会采择之多少⑨，使一日造成。恐茶过宿，则害色、味。

【注释】

①涤：清洗。

②濯：洗涤。

③研膏：加水将茶叶研磨成浓稠的糊状物。

④焙火：焙烘茶饼的火力。良：长，久。

焙火

⑤饮而有少砂：饮用时茶汤中有少量细沙石粒。

⑥文理燥赤：茶饼表面的纹理干燥呈朱红色。文理，花纹，纹理。燥，缺少水分，干燥。

⑦度日晷之短长：计算时间的长短。度，丈量，计算。日晷，日影，引申为时间，时光。

⑧均：调和，调节。

⑨会（kuài）采择之多少：总计所采摘茶叶的量之多少。会，计，总计。

【译文】

洗涤茶芽唯求清洁，清洗器具唯求洁净，蒸茶、压茶唯求适宜，研茶唯求趁热，烘焙茶饼的火力唯求长久。饮用时茶汤中有少量细沙石粒，是因为涤芽、濯器不够精细。茶饼表面的纹理干燥呈朱红色，是因为焙火太热。造茶，首先要计算时间的长短，调节制茶人工的多少，总计所采摘茶叶数量之多少，使采摘下来的茶叶在一天之内制造完成。唯恐摘下的茶叶过夜之后再制造，这样会损害茶的色泽、滋味。

【点评】

蒸芽、压黄之外，赵佶对研膏、茶饼焙火工序都提出了原则性要求："涤芽惟洁，濯器惟净，蒸压惟其宜，研膏惟热，焙火惟良。"让人看到对洁、净的要求。而制茶过程中对卫生的要求最早开始于宋太宗，至道年间就曾经专门下诏令对研茶工序提出必须遵行的卫生要求："至道二年九月乙未，诏建州岁贡龙凤茶。先是，研茶丁夫悉剃去须发，自今但幅巾，先洗涤手爪，给新净衣。吏敢违者论其罪。"虽然先前剃去丁夫须发的手段对茶工不无侮辱，但在制茶过程中讲究卫生，也算是观念上的一种进步。而在多道生产工序中对清洁卫生的讲求，也可以说是古代茶文化中的一个亮点。

鉴辨

【原文】

茶之范度不同①，如人之有面首也②。膏稀者③，其肤蹙以文④；膏稠者，其理敛以实⑤。即日成者，其色则青紫；越宿制造者⑥，其色则惨黑⑦。有肥凝如赤蜡者⑧，末虽白⑨，受汤则黄；有缜密如苍玉者⑩，末虽灰，受汤愈白。有光华外暴而中暗者，有明白内备而表质者⑪。其首面之异同⑫，难以概论。要之⑬，色莹彻而不驳⑭，质缜绎而不浮⑮，举之则凝然⑯，碾之则铿然⑰，可验其为精品也⑱。有得于言意之表者⑲，可以心解⑳。

【注释】

①范度：品类式样。
②面首：容颜，面貌。
③膏：经过研磨之后的茶膏，这里指经过蒸压研造之后的茶体本身。
④其肤蹙（cù）以文：茶饼表面的肤理就很蹙绉。蹙，屈聚，收拢。
⑤其理敛以实：茶饼表面的纹理收敛坚实。敛，收缩，聚焦。实，充实，坚实。
⑥越宿：经过一夜。
⑦惨黑：浅黑。惨，指浅色。
⑧肥凝：厚重凝结。肥，厚重。凝，凝结。
⑨末：点试时将茶饼碾磨成茶末。
⑩缜密：细致，周密。《礼记·聘义》："缜密以栗，知也。"郑玄注："缜，致也。"缜，细致。
⑪表质：外表质朴。

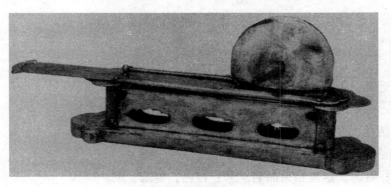

法门寺鎏金银茶碾

⑫首面：外表，表面。宋苏轼《次韵曹辅寄壑源试焙新芽》："要知玉雪心肠好，不是膏油首面新。"宋黄儒《品茶要录·渍膏》："［茶饼］膏尽则有如干竹叶之色，唯饰首面者，故榨不欲干，以利易售。"

⑬要之：犹总之。《史记·张仪列传》："要之，此两人真倾危之士哉！"

⑭莹彻：莹洁透明。驳：色彩错杂，混杂不精纯。

⑮质：禀性，质地。缜绎：细致严密而连续不断。浮：轻浮，空虚。

⑯凝然：安然，形容举止安详或静止不动。

⑰铿然：声音响亮貌，坚实貌。

⑱验：验证，验实。

⑲言意之表：言语和意旨的表述。

⑳心解：心中领会。汉郑玄注《礼记·学记》："学不心解，则忘之易。"

【译文】

茶的品类式样不同，就像人的容颜面貌一样。经过蒸压研造之后的茶体本身稀薄的，茶饼表面的肤理就很蹙绉；茶体本身浓厚的，茶饼表面的纹理就收敛坚实。当天制成的茶，茶饼颜色青紫；经过一夜制成的茶，茶饼颜色浅黑。有的茶饼厚重凝结像赤蜡，碾成的茶末颜色虽白，点汤之后则成黄色；有的茶饼细致密实像苍玉，碾成的茶末颜色虽灰，点汤之后却愈发呈白色。有的茶饼表面光彩而内在灰暗，也有的茶饼内里实在净洁而外表质朴。茶饼表面的异同，难以一概而论。总之，色泽莹洁透明精纯而不混杂的，质地细致严密连续不断而不轻浮空虚的，拿起来感觉密实，碾磨时声音响亮坚实，这些都可以表明是茶之精品。茶叶的鉴别，有的可以通过言语和意旨表述，有的可以心中领会。

【原文】

比又有贪利之民①，购求外焙已采之芽②，假以制造③，研碎已成之饼，易以范模④，虽名氏、采制似之⑤，其肤理色泽⑥，何所逃于鉴赏哉⑦。

【注释】

①比：近日，近来。

②外焙：远离北苑、壑源官焙茶园之外民间设置的茶焙茶园。

③假：伪托，假冒。

④易：替代。范模：制茶饼的模子。

⑤名氏：姓名，这里指茶品名。采：神色，容态。制：样式。

⑥肤：外表。理：物质组织的纹路。色泽：颜色和光泽。

⑦何所：何处。逃：逃避，躲避。鉴赏：识别，辨识，鉴定欣赏。

大龙茶椿模

【译文】

最近有贪求利益的人，收购外焙已经采下的茶芽，通过制造仿冒，将已经制成的外焙茶饼重新研碎，用与正焙相同的茶模重新压饼制造，制成的茶饼虽然品名、样式与正焙的茶饼相似了，但它们表面的组织纹路和颜色光泽，又哪里能逃得过鉴定和识别呢？

【点评】

制造各项之后，作者论及成品茶的鉴别，而在论述点茶主要用具及点茶程式之后，更是结合点试之后的茶汤效果，一一辨别各种滋味、香气、色泽与茶叶原料、制作得失以及整体制造过程中每一道工序能否相继及时完成之间的相互关系，是授人以渔式的教人从关键之处鉴别、明白茶叶的各项品质。

白茶①

【原文】

白茶自为一种，与常茶不同，其条敷阐②，其叶莹薄③。崖林之间偶然生出，盖非人力所可致④。正焙之有者不过四五家⑤，生者不过一二株，所造止于二三胯而已⑥。芽英不多⑦，尤难蒸焙。汤火一失，则已变而为常品。须制造精微，运度得宜⑧，则表里昭澈⑨，如玉之在璞⑩，他无与伦也⑪。浅焙亦有之⑫，但品格不及⑬。

【注释】

①白茶：原为宋代福建北苑的茶树小品种之一"白叶茶"，因"芽叶如纸"、品质优异、产量少而难得，一直为民间所重，"以为茶瑞"，最初作为民间的"斗品"，因徽宗本人特别喜好，以其芽叶所制成的茶品亦称之为"白茶"，在当时及其后的很长时间里，成为贡茶的最上品。

②条：细长的茶树枝。敷阐：舒展显明。

③莹：光洁透明。薄：厚度小。

④盖：语气词，多用于句首。致：求取，获得。《论语·子张》："百工居肆以成其事，君子学以致其道。"

⑤正焙：指建安北苑、壑源专门生产贡茶的官焙茶园。

⑥胯：又称"銙（kuǎ）"，古代附于腰带上的扣版，作方、椭圆等形，宋代用以作计茶的量词；又用以指称片茶、饼茶。

⑦芽英：精华的茶芽。

⑧运度：用心测度。

⑨昭澈：明净光亮。

⑩璞：包在石中而尚未雕琢之玉。

⑪他无与伦也：其他没有什么能够相比的，没有能比得上的。

⑫浅焙：据本书后面的文字："盖浅焙之茶，去壑源为未远。"为最接近北苑、壑源正焙的外围茶园。

⑬品格：指茶的质量、规格。

【译文】

白茶是一个独特的品种，与普通的茶不同，它的枝条舒展显明，茶叶叶片较薄而光洁透明。白茶在山崖林圃间偶然自发长出，不是人工可以栽培得到的。专门生产贡茶的北苑龙焙官茶园里有白茶树的不过四五家，每家也不过只有一二株，每家最多只能制造出两三块茶饼而已。白茶树生长出来的茶芽数量不多，特别难于蒸茶和培火。蒸茶和焙火的过程一有小失误，茶叶的品质就会变得和普通茶树品种所制成的茶饼一样了。因此必须要精心制造，掌握好汤火的程度，这样制成的茶饼里外都明净光泽，就像包在石中尚未雕琢之玉，其他的茶无法与之相比。最接近北苑、壑源正焙的外围浅焙茶园中也会有白茶树，但是茶的质量规格都比不上正焙茶园的白茶。

【点评】

《大观茶论》中《白茶》和《品名》两篇的内容，对传统茶文化有着深远乃至根深蒂固的影响。

白茶是当时建安北苑茶区的一个特殊小品种，因为芽叶莹薄如纸，与斗茶以色白为胜的标准相一致，因而得到民间茶人的看重，称之为茶瑞，以之为原料茶芽最上品。建安"茶之名有七，一曰白叶茶，民间大重，出于近岁，园焙时有之。地不以山川远近，发不以社之先后，芽叶如纸，民间以为茶瑞，取其第一者为斗茶"。长期以来，白茶都为茶人所重，正如宋子安《东溪试茶录》及众多诗文所记，诸家叶姓茶园的白茶一直都很有名；另据蔡襄《茶记》和宋子安《东溪试茶录》，也曾有王姓、游姓等茶园的白茶。梅尧臣《王仲仪寄斗茶》诗句，"白乳叶家春，铢两值钱万"，就说明叶家的白茶是斗茶，苏轼《寄周安孺茶》中也有"自云叶家白，颇胜中山醇"，刘弇《龙云集》卷二十八《茶》亦说："其制品之殊，则有……叶家白、王家白……"，说明叶家、王家的白茶一直都很有名。

徽宗对白茶看来是有着特别的偏好，《白茶》一节记述白茶的优良品质，《品名》一节则记出产白茶的诸家叶姓茶园，共记有十三位叶姓园主及茶园名。虽然徽宗没有明言这十三家茶园出产为白茶，但从宋子安《东溪试茶录·茶名》"白叶茶"中所记"今出壑源之大窠者六（叶仲元、叶世万、叶世荣、叶勇、叶世积、叶相），壑源岩下一（叶务滋），源头二（叶畴、叶肱），壑源后坑一（叶久），壑源岭根三（叶分、叶品、叶居）……"，也是共有十三位叶氏园主及其茶园的情况非常吻合，表明叶家白茶在北宋时的恒常性以及世代相传的实际。

可以看到，由于建安茶人、著名文人乃至帝王前后不懈的推崇，基于品种特殊性的白茶在北宋后期成为最上品茶叶。由于徽宗在《大观茶论》对白茶的极度推重，建安北苑官焙于政和二年（1112年）添造白茶，从此直至南宋末年一直位列北苑贡茶按纲次排列的第三名。而其前面的两纲：龙焙贡新、龙焙试新，因为茶芽过嫩，总体水平并不是最好，实际是南宋姚宽在《西溪丛语》中所说为白茶所在的"第三纲最妙"。

以白茶为代表，徽宗对于小品种各有特性的贡茶的推陈出新乐此不疲，大观年间，造贡新銙、御苑玉芽、万寿龙芽、寸金四种新茶，政和年间添造试新銙、白茶、瑞云翔龙、太平嘉瑞四种，宣和四年（1122年）之前又添造龙团胜雪等二十种，加上宣和二年（1120年）添造、宣和七年（1125年）省罢的琼林毓粹、清白可鉴、风韵甚高等十种贡茶，徽宗在位二十六年间共添造三十八款新品贡茶。而至其统治末年的宣和七年，确定的贡茶品名共计四十一款，并一直沿用至南宋末年，徽宗一朝所添造的贡茶超过总数的七成以上。

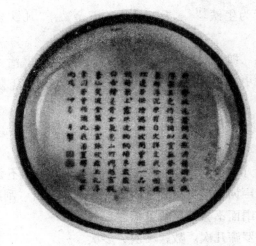

豆青乾隆御制茶诗盘

徽宗的这一嗜好，对于中国茶文化传统影响至深。基于茶树品种和地域差异的各款茶叶，成为爱茶人的一种偏好，这在一方面极大地丰富了中国茶叶的品名种类，丰富了中国茶叶消费者感官体验的层次和滋味享受的色彩；而在另一方面，基于小品种和地域差异的茶叶产量的有限性，使得仿制和造假自北宋以来就不曾停歇过；发展到近代工业化介入茶叶领域，这种特点也使得品名高附加值与产业化、品牌发展之间产生很难调和的矛盾，19世纪末以来，便一直是中国茶业的主要困惑之一。

罗碾

【原文】

碾以银为上，熟铁次之①。生铁者②，非淘炼槌磨所成③，间有黑屑藏于隙穴，害茶之色尤甚。凡碾为制④：槽欲深而峻⑤，轮欲锐而薄。槽深而峻，则底有准而茶常聚⑥；轮锐而薄，则运边中而槽不戛⑦。罗欲细而面紧，则绢不泥而常透⑧。碾必力而速，不欲久，恐铁之害色。罗必轻而平，不厌数⑨，庶已细者不耗⑩。惟再罗，则入汤轻泛⑪，粥面光凝⑫，尽茶色。

【注释】

①熟铁：用生铁精炼而成的含碳量在0.15%以下的铁，有韧性、延性，强度较低，容易锻造和焊接，不能淬火。明宋应星《天工开物·铁》："凡治铁成器，取已炒熟铁为之。"

②生铁：即铸铁。明李时珍《本草纲目·金石一·铁》［集解］引苏颂曰："初炼去矿，用以铸泻器物者为生铁。"《天工开物·五金》："凡铁分生、熟，出炉未炒则生，既炒则熟。"

③淘炼：淘洗冶炼。槌：同"椎"，捶打，敲击。磨：磨治。

④制：样式。《南史·齐豫章文献王嶷传》："讯访东宫玄圃，乃有柏屋，制甚古拙。"

⑤峻：高，陡峭。

⑥准：把握，准头。

⑦运边中而槽不戛（jiá）：碾轮能够在碾槽的中间运转，不会摩擦碾槽槽身而发出戛戛的刮磨声。戛，象声词，形容一种金石之类物质相叩击、刮磨的响声。

⑧绢不泥：茶罗的绢面不会被茶粉末糊住。

⑨不厌数：不怕多罗筛几次。数，屡次，多次。

⑩庶：希望，但愿。已细者：已经磨得很细的茶粉末。耗：亏损，消耗。

⑪轻：轻细。泛：漂浮，浮游。

⑫粥面：点好之后茶汤表面的沫饽就像粥的表面一样。

宋代瓷茶碾

【译文】

茶碾以用银制造为最好，熟铁制造者次之。生铁制造的，因为没有经过淘洗冶炼捶打磨治，偶尔会有黑铁屑隐藏在缝隙里，特别危害茶的色泽。碾的样式：碾槽要深而且陡峭，碾轮要薄而且锋利。碾槽深而且陡峭，则槽底有准头能使茶时时在槽底积聚；碾轮薄而且锋利，就能够在碾槽的中间运转，不会摩擦碾槽槽身而发出戛戛的刮磨声。茶罗则要绢细而罗面绷紧，这样茶罗的绢面不会被茶粉末糊住，便利茶末能够顺利地通过。碾茶一定要用力而快速，不能时间太长，唯恐铁会影响茶的颜色。罗茶一定要轻而且平，不怕多罗筛几次，但求已经磨得很细的茶粉末不致亏耗。只有经过多次的罗筛，点汤之后茶末才会漂浮，茶汤表面的沫饽就会像粥的表面一样凝结、华美，尽显茶之色泽。

宋审安老人茶具图

【点评】

　　关于点茶用具，赵佶《大观茶论》较蔡襄《茶录》中所论列的茶具有所增减，但却在后者主要介绍质地的基础上，更为增加了关于形制及其与点茶效果相关性的内容。比如茶碾为何不能用生铁所制者，为何要碾槽深峻碾轮锐薄，茶罗为何要细而面紧，等等。可以说，《大观茶论》对茶饮、茶艺活动中茶具的选择，给出了最为基本的原则：即一切茶具的选用，以及茶具本身的审美，都是为着最后茶汤的效果。

　　关于茶罗，蔡襄和赵佶都要求茶罗罗底"绝细"而"面紧"，这样筛过的茶末极细，才能"入汤轻泛，粥面光凝，尽茶色"。有研究认为虽然罗茶要求茶末很细，但并非越细越好，其根据是因为蔡襄《茶录》中说"罗细则茶浮，粗则水浮"，居然认为"茶浮"是不好的，实在是对《茶录》的误读及对宋代点茶理解不慎所致。因为点茶成功便是要求茶末能在茶汤中浮起，《茶录》在《候汤》中说汤"过熟则茶沉"，在《熁盏》中说盏"冷则茶不浮"，从正反两面说明点茶是要使茶浮起来的。《大观茶论·罗碾》中也要求多加罗筛，使"细者不耗"，这样点茶时才能使茶末"入汤轻泛"，而泛者，浮也。丁谓《煎茶》诗曰"罗细烹还好"，也是说明罗茶的标准是茶末越细越好。

盏

【原文】

　　盏色贵青黑[1]，玉毫条达者为上[2]，取其焕发茶采色也。底必差深而微宽[3]。底深则茶直立[4]，易以取乳[5]；宽则运筅旋彻[6]，不碍击拂[7]。然须度茶之多少[8]，用盏之小大。盏高茶少，则掩蔽茶色；茶多盏小，则受汤不尽。盏惟热，则茶发立耐久[9]。

【注释】

　　①贵：崇尚，以为宝贵。青黑：青色和黑色，青里带黑，墨蓝色。明宋应星《天工开物·白瓷》："浙江处州丽水、龙泉两邑，烧造过釉杯碗，青黑如漆，名曰处窑。"钟广言注："因为所用的釉料含铁质较多，故烧成墨蓝色，光泽如漆。"

　　②玉毫：宋人茶盏以兔毫盏为上，深釉色的盏面有浅色的兔毫状细纹，玉毫则是对兔毫的美称。条达：指兔毫纹条理通达。

　　③差：比较，略微。

　　④茶直立：茶在茶盏中能够有一定厚度，仿佛直立在盏中。

　　⑤易以取乳：易于点击出茶表面的白色汤花。宋人斗茶，以茶面泛出的茶汤色白

为上，乳即指白色汤花。宋代诗人苏轼《试院煎茶》诗云："雪乳已翻煎处脚，松风忽作泻时声。"

⑥筅（xiǎn）：茶筅，用竹子制成的点茶用具，形似帚，用以搅拂茶汤。旋：回转，旋转画圆。彻：通贯，彻底。

⑦击：点击，敲打。拂：随击随过，掠过，轻轻擦过或飘动。

⑧然：然则，连词，连接句子，表示连贯关系，犹言"如此，那么"。

⑨茶发立耐久：指茶汤花被击拂出来并且能够停留较长的时间。

南宋建窑兔毫盏

【译文】

茶盏的釉色以青黑为宝贵，有条理通达兔毫纹的为上品，因为它能焕发茶叶绚丽的光彩。茶碗底部一定要比较深并有些宽度。底部深则茶在茶盏中能够有一定厚度，仿佛直立在盏中，易于点击出茶表面的汤花；底部有宽度则能够圆转通贯地运用茶筅，不妨碍茶筅的点击拂弄。如此就须估算茶的多少，来确定使用茶盏的大小。若碗高大而茶少，茶的色泽就会被遮盖掩蔽；茶多而碗小，就不能够注入足够的水来点茶。茶盏一定要热，这样茶汤花被击拂出来才能够停留较长的时间。

【点评】

兔毫盏是宋代点茶茶艺的代表性茶具之一。自蔡襄《茶录》开始推崇深釉色的兔毫盏，并亲自收藏、把玩多枚兔毫盏，带动了宋人对深釉色茶盏的喜好。赵佶详细地说明了茶盏为何要用深釉色，为何要碗底差深而微宽，点茶时为何要燂盏令热，等等。因为宋代茶色尚白，深色釉茶盏凝重深沉的底色对于越白越好的茶汤，在强烈的视觉反差中强化了它的对比衬托作用，甚至能产生一种动感之美。为了取得较大的对比反差效果以显示茶色，故以兔毫盏为首的深色的茶盏为最好。与传统主流的和谐之审美趣味相比较，宋代点茶茶艺的审美趣味比较独特。

筅

【原文】

茶筅以箸竹老者为之①，身欲厚重，筅欲疏劲②，本欲壮而末必眇③，当如剑脊之状。盖身厚重，则操之有力而易于运用。筅疏劲如剑脊，则击拂虽过而浮沫不生。

【注释】

①箸：筷子。

②疏劲：分散而强劲有力。

③本欲壮而末必眇（miǎo）：筅身宜壮实，而筅的前端应当纤细。眇，细小，微末。

【译文】

茶筅用老的箸竹制作，筅身宜厚重，筅的帚状部分宜分散而强劲有力，筅身厚重壮实而筅的前端纤细，形状应当像剑脊一样。筅身厚重，就能够有力地操控，自如地运用。筅前端分散强劲像剑脊，即使击拂稍微过头也不致产生浮沫。

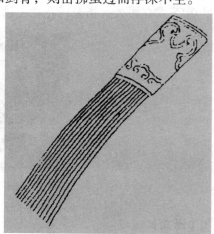

宋代茶筅

【点评】

茶筅也是宋代点茶茶艺的代表性茶具之一。最初点茶用茶匙，大约在北宋中后期时茶筅取而代之。赵佶说明了为何要用茶筅，以及茶筅为何要用身厚重而筅疏劲者。茶筅的形状则与茶匙根本不同，是对点茶用具的根本性变革，因为茶匙只是单独的一条，茶筅形状类似于细长的竹刷子，筅刷部分是根粗梢细剖开的众多竹条，这种结构，可以在以前茶匙击拂茶汤的基础之上同时对茶汤进行梳弄，使点茶的进程较易受点茶者控制，也使点茶效果较如点茶者的意愿。使宋代点茶法在茶汤效果方面有了更为艺术化的表达。

瓶

【原文】

瓶宜金银，大小之制，惟所裁给①。注汤利害，独瓶之口觜而已②。觜之口欲大而宛直③，则注汤力紧而不散④。觜之末欲圆小而峻削⑤，则用汤有节而不滴沥⑥。盖汤力紧则发速有节，不滴沥，则茶面不破。

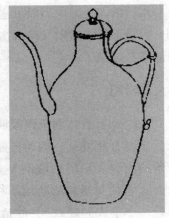

宋代汤瓶

【注释】

①裁给：裁断，裁决。

②觜（zuǐ）：鸟之嘴。泛指形状或作用像嘴的东西。

③宛：仿佛。

④紧：快速，坚实，牢固。

⑤峻削：陡峭。

⑥节：节制，管束。滴沥：水一点一点地往下滴落。

【译文】

煮水的汤瓶适宜用金银制作，尺寸大小，根据使用需要裁定。倒水注汤好坏的关键，唯独在瓶嘴而已。瓶嘴口要大而且有些直，这样注汤时水流有力不散乱。瓶嘴的末端要圆小而陡峭，这样注汤时便于节制水流不会出现滴沥。注汤时水流有力则收发自如，水流不点点滴落，则粥状的茶汤表面不会被破坏。

杓

【原文】

杓之大小，当以可受一盏茶为量。过一盏则必归其余，不及则必取其不足。倾杓烦数①，茶必冰矣。

【注释】

①烦：繁多，繁杂。数（shuò）：屡次。

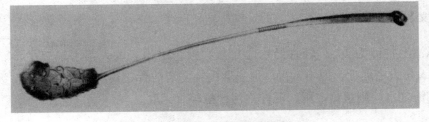

北京定陵出土的银鎏金茶匙

【译文】

水杓的大小，应当以可盛一盏茶的水量为宜。容量超过一盏就得把剩余的水往回倒，容量不足一盏则又得再次取水以补充不足部分。水杓来回地反复取水倒水，茶盏里的茶必定凉了。

【点评】

水杓一项需特别予以说明。《大观茶论》中煮水具是汤瓶，紧接着的用具是杓，未免显得有些混乱，因为汤瓶中的开水可以直接从瓶中注点，毋需用杓取，而《杓》之条的内容表明用杓取的是点试用的开水。笔者在此前的研究中曾对此表示疑问，以为"水杓与汤瓶的功用不相协调，这在主要论述点茶法的《大观茶论》中不能不说是一个很大的疑点"。此番再度细研，发现赵佶在《水》一节中的论述，表明实为在水铫或锅釜中煮水，方可得观水煮开时泛起的气泡大小来判断水烧开的程度，与闷在汤瓶中煮水只能听响而看不见水面气泡的方法完全不同，这便使水杓的存在不奇怪了。因为釜、铫都是日常饮食器具，茶与之共器，且无与茶密切相关的特色，赵佶就未将之列出，但却郑重其事地列出"杓"作为一项茶具，一则表明以釜、铫煮水而以水杓取水点茶的做法亦相当普遍，二则因为要特别说明水杓的大小需要根据茶盏的大小而取用。

《大观茶论》中同列汤瓶、水杓，表明宋代点茶法用具的多样性。日本从宋代传入点茶法，以汤瓶点茶的方法在建仁寺等处仍有存留，而抹茶道则保留了以釜铫煮水、水杓取水的方法，唯不同者，赵佶在书中强调的杓要以一盏茶为量的原则似并未得到充分重视，取水时多少随意，一般似多取，则"必归其余"，取归之间对水温、茶温的细腻影响，被忽视或根本就无视了。

水

【原文】

水以清轻甘洁为美[①]，轻甘乃水之自然，独为难得。古人第水虽曰中泠、惠山为上[②]，然人相去之远近，似不常得。但当取山泉之清洁者，其次，则井水之常汲者为可用。若江河之水，则鱼鳖之腥，泥泞之污，虽轻甘无取。

【注释】

①清：水澄清不混浊。轻：水质地轻，即今日说的"软水"。甘：指水味，入口有

甜美之感，不咸不苦。洁：干净卫生，无污染。

②第：品第，评定。中泠：指江苏镇江金山南面的中泠泉，中泠与北泠、南泠合称"三泠"，唐以后人多称道中泠。惠山：指江苏吴锡惠山第一峰白石坞中的泉水。此二泉水在张又新《煎茶水记》中由刘伯刍评为天下第一、第二水："扬子江南零水，第一"，"无锡惠山寺石泉水，第二"。

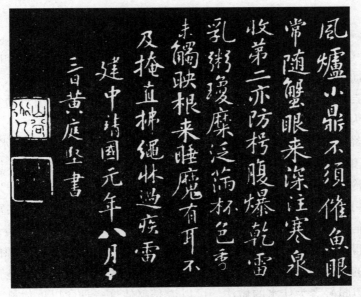

宋黄庭坚《奉同公择尚书咏茶碾煎啜三首》

【译文】

水以清、轻、甘、洁为美，轻、甘是水的天然品质，特别难得。古人品第天下水品虽然以中泠泉、惠山泉为上，然而人们距离它们或远或近，好像不容易经常得到。应当取用清、洁的山泉，其次，常为人汲用的井水也可以用。至于江河之水，因为鱼鳖的腥气、泥泞的污染，即便有轻、甘之质也不能取用。

【原文】

凡用汤以鱼目、蟹眼连绎迸跃为度①，过老则以少新水投之②，就火顷刻而后用③。

【注释】

①鱼目、蟹眼：水煮开时表面翻滚起像鱼目、蟹眼一般大小的气泡。陆羽《茶经》以"其沸如鱼目"者为一沸之水。连绎：连续不断状。迸：涌出，喷射。

②新水：新汲之水。

③就火顷刻：在火上再烧煮片刻。

【译文】

而烧煮开水则以水面连续不断翻滚起像鱼目、蟹眼一般大小的气泡为判断标准，水烧过老时则加入少量新汲之水，在火上再烧煮片刻而后使用。

【点评】

赵佶专列《水》一篇来论述饮茶用水，这使得他的《大观茶论》相较于《茶录》而成为更为全面的茶道艺著作。水为茶之母，蔡襄对水的忽略，可以从一则趣闻中得以印证：蔡襄尝与苏舜元斗茶，蔡茶优，用惠山泉水，苏茶劣，用竹沥水，结果是苏舜元的茶汤因为水好而取胜。

陆羽《茶经》提出了茶饮用水的一般区分："山水上，江水次，井水下"，张又新《煎茶水记》记陆羽曾经品评天下诸水，并排列出二十名次，此后唐人讲究饮茶用水者，言必称中泠、谷帘、惠山，以至于有李德裕千里运惠山泉的故事。宋人亦袭于传统，朝廷曾专门征调惠山泉水用于点茶，但除此之外，再无苛求因于名声的具体一水一泉者。而赵佶的总结相较于陆羽则更具有科学性："水以清轻甘洁为美，轻甘乃水之自然，独为难得。"清、洁是饮用水的基本要求，而轻、甘则是不同水源的特具自然属性。轻表示水的矿物杂质含量低，甘则表明水的滋味甜美。清代乾隆皇帝以特制银斗盛水称重，并以量轻者为佳水的做法，可以说是赵佶这一理念以近代科学的量化表达方式。

而就取用便捷的角度而言，苏轼在《汲江煎茶》诗里认为只要是清洁流动的活水即可。唐庚在《斗茶记》中认为"水不问江井，要之贵新"，赵佶认为"当取山泉之清洁者，其次，则井水之常汲者为可用"。三者异曲同工。

点

【原文】

点茶不一①，而调膏继刻②。以汤注之，手重筅轻，无粟文蟹眼者③，谓之静面点。盖击拂无力，茶不发立④，水乳未浃⑤，又复增汤，色泽不尽，英华沦散，茶无立作矣⑥。有随汤击拂，手筅俱重，立文泛泛⑦，谓之一发点。盖用汤已故⑧，指腕不圆，粥面未凝，茶力已尽，雾云虽泛⑨，水脚易生⑩。

【注释】

①点茶：宋代冲点茶汤的饮茶方式。

②调膏：将适量的茶粉放入茶碗中，注入少量开水，将其调成极均匀的茶膏糊。继：随后，跟着。刻：指较短暂的时间。

③粟文：粟粒状花纹。蟹眼：此处指茶汤表面像蟹眼般大小的颗粒状花纹。

④发立：指茶汤花被击拂出来。

⑤浃（jiā）：浸透，融合。

⑥立作：汤花被击发出来并保持住。

⑦立文：激发出来的汤花乳沫。泛泛：漂浮貌，浮浅。

⑧故：久，长久。

⑨雾云：像云雾般的汤花。

⑩水脚：指点茶激发起的汤花乳沫消失后在茶盏壁上留下的水痕。建安民间斗茶，以汤花乳沫持久、最后消散在碗壁出现水痕者为优胜，所以"水脚易生"容易现出水痕的点茶法为不佳。

【译文】

点茶手法和效果很不一样，紧随着调膏进行。将开水注入，手用力但茶筅无力，茶汤表面形不成粟粒状和蟹眼般颗粒状花纹，这称为"静面点"。因为茶筅击拂的力度不够，茶汤花没能被击拂出来，水和茶未相融合，又再增注开水，茶的色泽不能完全显现，精英华彩散失，茶就不能击发出来汤花并保持住。也有边注开水边用茶筅击拂的，手和茶筅都很用力，激发出来的汤花很浮浅，称之为"一发点"。这是因为注水的时间长，手指手腕运转不够圆活，茶汤表面的汤花没能像粥面一样凝聚，茶的力道已经耗尽，茶汤表面虽然也有云雾般的汤花浮起，但很容易消失而在茶盏壁上留下水痕——水脚。

北宋影青刻花注子注碗

【原文】

妙于此者，量茶受汤，调如融胶①。环注盏畔，勿使侵茶②。势不欲猛③，先须搅动茶膏，渐加击拂，手轻筅重，指绕腕旋④，上下透彻，如酵蘗之起面⑤，疏星皎月，灿然而生，则茶面根本立矣。

【注释】

①调如融胶：将茶膏调得像融胶那样有一定浓度和黏度。

②侵：谓一物进入他物中或他物上，侵蚀，逐渐地损坏。

③势：力量，气势。

④绕：围绕，环绕。

⑤如酵蘖（jiào niè）之起面：就像酵母发面一样。酵，含有酵母的有机物。蘖，酒曲，酿酒用的发酵剂。起，指发酵。

【译文】

擅于点茶之道的人，会根据茶量来注入适量的开水，先将茶膏调得像融胶那样有一定浓度和黏度。然后再环绕茶盏壁注水，不让水侵入茶膏。不用猛力，先搅动茶膏，渐渐增加点击和拂弄，手轻而茶筅用力，手指和手腕一起环绕回旋，茶汤上下透彻，就像酵母发面一样，茶汤表面就如同点点星辰和皎皎明月，生出明亮鲜明的沫饽，茶汤表面的根本就生成了。

【原文】

第二汤自茶面注之，周回一线，急注急止，茶面不动，击拂既力，色泽渐开，珠玑磊落①。

【注释】

①珠玑：珠宝，珠玉。磊落：众多委积貌，明亮貌，错落分明貌。

【译文】

第二次注水从茶面注入，环绕注水一周，急注急止，不扰动茶汤的表面，用力击拂，茶汤色泽逐渐开朗，如同众多的珠宝堆积，错落分明。

【原文】

三汤多寡如前，击拂渐贵轻匀，周环旋复①，表里洞彻②，粟文蟹眼，泛结杂起③，茶之色十已得其六七。

【注释】

①旋复：回转，回还。汉傅毅《迪志诗》："日月逾迈，岂云旋复。"

②表里：表面和内部，内外。洞彻：通达。

元赵原《陆羽烹茶图》

③泛：广泛，普遍。结：联结，结合。杂起：混杂在一起产生出现。

【译文】

第三次注水量多少跟二汤一样，击拂渐渐轻巧均匀，周旋回转，茶汤内外通达，粟粒状和蟹眼般的花纹混杂在一起出现，茶汤的色泽已经显现出十分之六七了。

【原文】

四汤尚啬①，筅欲转稍宽而勿速，其真精华彩②，既已焕然③，轻云渐生④。

【注释】

①啬：悭吝，少。
②华彩：美观，漂亮。
③焕然：光明，光彩，明显貌。
④轻云：薄云，淡云。

【译文】

第四次注水量要少，缓慢转动茶筅，茶的真精华彩焕然显现，渐渐形成像淡淡薄云一样的汤面。

【原文】

五汤乃可稍纵①，筅欲轻盈而透达②，如发立未尽，则击以作之③。发立已过，则

辽张世卿墓壁画《备宴图》中持茶筅的侍女

拂以敛之，结浚霭④，结凝雪⑤，茶色尽矣。

【注释】

①纵：放纵，任意。

②轻盈：行动轻快。透达：透彻，畅通。

③击：敲打。作：兴起，发生。

④结：凝聚。浚：深。霭：云气。

⑤凝雪：积雪。

【译文】

第五次注水可以稍微任意一些，轻盈而用力透达地转动茶筅，如果汤花没有被完全击拂出来，则可以略加敲击使之兴起。如果汤花过度，则用茶筅拂弄以收敛一些，这样茶汤表面就会如同重重的云气或积雪一样凝聚，茶汤的色泽完全显现。

【原文】

六汤以观立作，乳点勃然①，则以筅著居②，缓绕拂动而已。

【注释】

①勃然：兴起貌。

②著：通"伫"，滞留。居：停息。

【译文】

第六次注水主要观察汤花的发生，乳花点点泛起，就将茶筅滞慢下来，缓缓围绕盏壁拂动而已。

【原文】

七汤以分轻清重浊，相稀稠得中①，可欲则止②。乳雾汹涌③，溢盏而起④，周回凝而不动⑤，谓之"咬盏"，宜均其轻清浮合者饮之。《桐君录》曰⑥："茗有饽⑦，饮之宜人。"虽多不为过也。

明唐寅《茶图》

【注释】

①相（xiàng）：看，观察。稀稠：犹言疏密。得中：适当，适宜。

②可：符合，适合。欲：爱好，喜爱。

③汹涌：翻腾上涌。

④溢：满，充塞。

⑤凝：凝结，静止。

⑥《桐君录》：全名为《桐君采药录》，或简称《桐君药录》，南朝梁陶弘景《名医别录自序》中载有此书，当成书于东晋（4世纪）以后，5世纪以前。陆羽《茶经·七之事》引录此处所引内容。

⑦饽（bō）：茶上浮沫。陆羽《茶经·五之煮》："凡酌，置诸碗，令沫饽均。沫饽，汤之华也；华之薄者曰沫，厚者曰饽。"

【译文】

第七次注水要看茶汤轻清、重浊的情况，观察汤花稀稠疏密适宜，符合个人的喜好即可停止。茶盏里乳沫翻腾上涌，充满茶盏，周边凝结不动，称之为"咬盏"，这时就可将均匀轻清浮合的汤花乳沫进行饮用。《桐君录》说："茗有饽，饮之宜人。"沫饽虽多也不为过。

【点评】

点茶法是宋代主流茶饮方式和技艺，本是建安民间斗茶时使用的冲点茶汤的方法，随着北苑贡茶制度的确立，制作贡茶方法的日益精致，贡茶规模的日益扩大，以及贡茶作为赐茶在官僚士大夫阶层的品誉日著，建茶成为举国上下公认的名茶。庆历末年任福建转运使督造贡茶的蔡襄，于皇祐年间写成《茶录》，专从建茶点试角度论述茶之品质及点试所用器具。《茶录》所宣扬的内容伴着蔡襄的书法一起在社会上流传，建茶的点试之法也日益为人们所接受，成为人们点试上品茶时的主导品饮方式。徽宗的《大观茶论》对点茶之法则做了更为深入和详细的论述。《茶录》和《大观茶论》为宋代的点茶茶艺奠定了艺术化的理论基础，此后从这两种书中我们可以看到宗代点茶法的全部程序。

关于点茶法，赵佶给予了二十篇中的最大篇幅，足见其重视程度。点茶的第一步是调膏。一般每碗茶的用量是"一钱匕"左右，放入茶碗中后先注入少量开水，将其调成极均匀的茶膏，然后一边注入开水一边用茶筅（蔡襄时以用茶匙为主）击拂，蔡襄认为总体注水量"汤上盏可四分则止"，差不多到碗壁的十分之六处就可以了，徽宗认为要注汤击拂七次，看茶与水调和后的浓度轻、清、重、浊适中方可。（日本抹茶道中，没有调膏这一步，且是一次性放好开水，然后再一次性完成点茶。）

宋徽宗在《大观茶论》中记述了点茶过程注汤击拂的七个层次，一个很短暂的点茶过程，被细致分析成七个步骤，每一步骤更为短暂，但点茶人却能从中得到不同层次的感官体验，从中人们可以看到，点茶时茶人细腻而极致的感官体验和艺术审美。

味

【原文】

夫茶以味为上，甘香重滑①，为味之全，惟北苑、壑源之品兼之②。其味醇而乏风骨者③，蒸压太过也。茶枪乃条之始萌者④，木性酸，枪过长，则初甘重而终微涩。茶旗乃叶之方敷者⑤，叶味苦，旗过老，则初虽留舌而饮彻反甘矣。此则芽胯有之⑥。若夫卓绝之品⑦，真香灵味，自然不同。

吴昌硕《品茗图》

【注释】

①甘香：香甜。重：浓厚，浓重。滑：柔滑。

②北苑：宋代建州凤凰山专门生产贡茶的北苑茶园，又称龙焙、御焙。始自五代闽国龙启中，里人张廷晖将其地献给闽王，从此成为官茶园，南唐沿袭之，北宋太平

兴国二年（977 年）宋太宗诏令其地置御焙，专门造贡龙凤团茶。其址位于今福建建瓯市东峰镇凤凰山，20 世纪 80 年代文物普查时在建瓯东峰镇裴桥村林垅山发现一处独立的"凿字岩"，高约 4 米，宽约 3 米。正面朝西北，楷体阴刻《宋庆历戊子柯适记》一篇，竖 8 行，行 10 字，每字 20～30 厘米。其文曰："建州东凤皇山，厥植宜茶，惟北苑。太平兴国初，始为御焙，岁贡龙凤。上东东宫，西幽、湖南、新会、北溪，属三十二焙。有署暨亭榭，中曰御茶堂，后坎泉甘，宇（字）之曰御泉，前引二泉曰龙凤池。庆历戊子仲春朔柯适记。"

③风骨：刚健遒劲的特性。

④茶枪：特指茶树初萌未展的嫩芽。宋王得臣《麈史·诗话》："闽人谓茶芽未展为枪，展则为旗，至二旗则老矣。"宋叶梦得《避暑录话》卷下："盖茶味虽均，其精者在嫩芽，取其初萌如雀舌者，谓之枪，稍敷而为叶者谓之旗。"

⑤茶旗：展开的茶芽。唐皮日休《奉贺鲁望秋日遣怀次韵》："茶旗经雨展，石笋带云尖。"敷：铺开，扩展。

⑥芽胯：一般的茶芽制作的茶饼。

⑦若夫：至于。用于句首或段落的开始，表示另提一事。卓绝：超过一切，无与伦比。

【译文】

茶以滋味为最重要，全面完美的滋味包括甘、香、重、滑，只有北苑、壑源的茶叶兼具这些滋味特点。滋味醇厚但缺乏刚健遒劲特性的，是因为蒸茶、压黄太过。茶枪是茶树初萌未展的嫩芽，木为酸性，茶枪过长的茶叶，其滋味虽然初饮甘、重，但最终会感到微有苦涩。茶旗是茶芽刚刚展开而成叶者，叶滋味苦，茶旗过老的话，其滋味虽然最初留苦味于舌，但饮完之后反而有回甘。一般的茶芽制作的茶饼都有这些特点。至于品质卓绝的茶叶，具有真香灵味，与一般的茶自然不同。

【点评】

"点茶"之后，赵佶专门论列茶的味、香、色，以实际品饮过程中茶叶味香色的表现，来论述其不同表现的原因。加上"点"一节中最终汤花要浮起凝立"咬盏"的要求，赵佶实际已经将茶叶评品对于色、香、味、形四个方面的要求标准全部提了出来，四项指标之中，味最重要："茶以味为上"，而"甘香重滑，为味之全"，可以说概括出了茶味的真谛。而茶若想有甘香重滑全面的滋味，除了依法及时制作外，原料茶叶的品状也很重要。赵佶很细致地论述了所谓旗枪——也就是茶芽和茶叶在采摘时的状态，对于味的不同作用和影响。当今武夷岩茶茶叶采摘时的开面采要求，可以说是这一理论的具体体现。

香

【原文】

茶有真香①，非龙麝可拟②。要须蒸及熟而压之，及干而研，研细而造，则和美具足，入盏则馨香四达，秋爽洒然③。或蒸气如桃仁夹杂④，则其气酸烈而恶⑤。

【注释】

①真香：未经人为、本真自然的香味。
②龙麝：即龙涎脑（又简称龙脑）和麝香，是宋代最常用的两种著名香料。拟：比拟，类似。
③秋爽：秋日的凉爽之气。骆宾王《送宋五之问得凉字》诗："雪威侵竹冷，秋爽带池凉。"洒然：清凉爽快，形容神气一下子清爽。
④或蒸气如桃仁夹杂：茶蒸不熟时会有桃仁一类草木异味。宋人黄儒《品茶要录》有言："蒸不熟，则虽精芽，所损者甚多。试时色青易沉，味为桃仁之气者，不蒸熟之病也。唯正熟者味甘香。"
⑤酸烈而恶：非常酸而不好。

【译文】

茶有未经人为、本真自然的香味，不是龙涎脑和麝香的香味可以比拟的。必须蒸茶正好熟时进行压黄榨茶，榨干后即进行研茶，茶研细后即进行造茶，这样制成的茶就能和美具备，入盏点茶时就会茶香四处飘达，像秋日的凉爽之气一样清凉爽快。茶蒸不熟时会有桃仁一类草木异味，这样的茶气味非常酸而不好。

【点评】

关于茶香气，虽然自蔡襄《茶录》即说"茶有真香"，而建安民间茶人自己试茶从来不加香料，却对上贡的茶叶"微以龙脑和膏，欲助其香"。这看似矛盾的行为，其实道破了一个事实，即采摘过嫩的贡茶，事实上滋味香气不全，而为了保证原料细嫩的品质，只能通过外在添加物质来弥补香气等内质的不足。蔡襄即不赞同此法，但直到真正懂茶的徽宗皇帝赵佶这里，这个作假的现象才被纠正。赵佶在《香》一节说"茶有真香，非龙麝可拟"，直接的结果是随后的宣和初年，贡茶开始不再添加龙脑等香料。熊蕃《宣和北苑贡茶录》做了明确的记载："初，贡茶皆入龙脑，至是虑夺真

清吴友如《古今人物百图·玉川品茶》

味，始不用焉。"但是此后历代茶人批评宋茶时，都说添加香料损害茶叶真味，完全忽略了懂茶的徽宗以后已经不再添加的事实。

　　然而另一个令人悲哀的事实却是，添加他物以助香、助味、助色的做法，至今却仍时不时地为某些制茶者所用。这些作假的行为，轻则影响茶叶本真的色香味，重则损害饮用者的身体健康。

色

【原文】

　　点茶之色，以纯白为上真①，青白为次，灰白次之，黄白又次之。天时得于上②，人力尽于下，茶必纯白。天时暴暄③，芽萌狂长，采造留积，虽白而黄矣。青白者，蒸压微生；灰白者，蒸压过熟。压膏不尽则色青暗，焙火太烈则色昏赤④。

【注释】

　　①上真：最好。（疑此处"真"为衍字。）
　　②天时：时序，宜于做某事的自然气候条件。《孟子·公孙丑下》："天时不如地利，地利不如人和。"

③暴：急骤，猛烈。暍：炎热。

④昏赤：暗淡、模糊的红色。

【译文】

点茶的汤色，以纯白为最好，青白为其次，灰白次之，黄白又次之。于上得适宜的自然气候条件，于下极尽人工劳作的最大努力，茶色必定纯白。如果气候炎热，茶芽迅速萌发，快速生长，采摘制造过程中有积压不能及时制造，原本纯白的茶色也会变黄。茶色青白，是因为蒸茶、压黄不够充分；茶色灰白，是因为蒸茶、压黄过度。压茶榨膏去汁不尽，茶色青暗；焙茶之火太猛烈，茶色暗红。

【点评】

因为斗茶"斗色斗浮"的需要，宋代茶叶崇尚白色，这就要求在茶饼的制造过程中，尽量榨尽茶叶中的汁液，否则就会色浊味重。这听起来实在是一件很奇怪的事情，宋人也意识到了这一点，所以黄儒在《品茶要录》中做了这样的解释："如鸿渐所论'蒸笋并叶，畏流其膏'，盖草茶味短而淡，故常恐去膏；建茶力厚而甘，故惟欲去膏。"但力厚而甘的上品建茶毕竟为数甚少，到南宋，宋人已经不再轻信流传中的声名，而是通过实际品尝，最终承认就蒸青绿茶而言，绿色的茶叶味道实比白色的为好："正焙茶之真者已带微绿为佳。"绿茶色泽标准回归到绿色，唯一的关键是自然本真，"盖天然者自胜耳"。

虽然赵佶详细讨论的宋代末茶各种的白色层次，自南宋之后就失却了现实意义，但是他对茶叶细腻的感官评价之风，却一直为此后的茶人所奉行。

藏焙

【原文】

焙数则首面干而香减①，失焙则杂色剥而味散②。要当新芽初生即焙，以去水陆风湿之气③。焙用熟火置炉中④，以静灰拥合七分⑤，露火三分，亦以轻灰糁覆⑥，良久即置焙篓上⑦，以逼散焙中润气。然后列茶于其中，尽展角焙之⑧，未可蒙蔽，候火通彻覆之。火之多少，以焙之大小增减。探手炉中，火气虽热而不至逼人手者为良⑨。时以手挼茶体⑩，虽甚热而无害，欲其火力通彻茶体耳。或曰，焙火如人体温，但能燥茶皮肤而已，内之余润未尽⑪，则复蒸暍矣⑫。焙毕，即以用久漆竹器中缄藏之⑬，阴润勿开⑭。如此终年⑮，再焙，色常如新。

【注释】

①焙数：指在贮藏期间多次反复烘焙。

②失焙：指在贮藏期间不烘焙。

③水陆：水上与陆地。风湿：潮湿。

④熟火：木炭烧透后的文火。元王祯《农书》卷二十："凡蚕生室内，四壁挫垒空窀，状如三星，务要玲珑，顿藏熟火。"

⑤静灰：洁净的炭灰。拥：在底部或根部堆聚。合：闭拢。

⑥轻灰：细微的炭灰。糁（sǎn）：散落，洒上。覆：覆盖，遮蔽。

⑦良久：很久。焙篓：焙茶笼。篓，篓子，用竹篾、荆条、苇篾等编成的盛器，一般为圆桶形。

⑧展：展放。角：包，裹。

⑨逼：威胁，紧迫。

⑩捋：同"挼"，揉搓，摩挲。北魏贾思勰《齐民要术·笨曲并酒》："以曲末于瓮中和之，捋令调均。"

⑪内之余润：茶饼内残留的水分。

⑫蒸：热。暍（yē）：热。

⑬竹器：用竹子作材料编制的器具的总称。缄（jiān）：闭藏，封闭。

⑭阴润：阴湿滋润。

⑮终年：全年，一年到头。《墨子·节用上》："久者终年，速者数月。"

明宣德茶碗

【译文】

在贮藏期间多次反复烘焙，茶饼表面就会干燥并减损香气；在贮藏期间不烘焙，茶饼表面色泽就会杂驳剥落并且滋味散失。要在茶树新芽初生还未采制时就先起焙，以去除水上与陆地的潮湿之气。焙茶用木炭烧透后的文火置于炉中，以洁净的炭灰拥堆十分之七，只露出十分之三的炭火，并且在火上撒盖细微的炭灰，较长时间之后将炭炉放在焙茶笼上，以将茶培中的湿气驱散。然后将茶饼列放在茶培中，将所有的包夹都打开，不可覆盖遮蔽，等到火力通彻了，才可以加以遮盖。用火的多少，要根据茶培的大小来进行增减。将手伸到炉上，以炉火热度高但不至于逼烤人手为宜。经常用手摩搓茶体，即使很热也没有什么妨害，想要让火力通透茶体罢了。有人说，焙火的温度像人的体温就可以，这个温度只能干燥茶饼的表面，茶饼内残留的水分不能焙尽，需要再度烘焙。焙火完成，立即用已经长久使用的漆竹器封闭贮藏，天气阴湿滋润时不要打开。这样一年到头，再次加以烘焙，茶饼色泽能够长久保持得像新茶一样。

【点评】

陆羽认为要真正领略茶饮、茶艺的真谛与精华，会有九种困难即所谓"茶有九难"，其第九难是"夏兴冬废，非饮也"，只有一年到头饮茶不断才算是真正的饮茶。而对于一年到头经常要饮用的茶来说，因其自身的易吸湿、串味的特性，如何妥善保存非常重要。蔡襄将藏茶器具列在了茶具之首，徽宗在其基础上更新、改善藏茶用具和藏焙方法，使之更好地发挥对茶叶的保管作用，为茶饮、茶艺活动提供最好的茶叶。

《大观茶论》之前，茶叶贮藏主要依靠焙茶笼，靠火焙去润湿藏茶。蔡襄已经提出密封藏茶的概念，但却只是用蒻叶封裹，然后放置在高处，使不近湿气。赵佶改进了藏茶的方法，即先在茶焙中将茶饼烤焙干燥之后，再放到可以密封的器物中密封缄藏，而且在多次开封取茶叶后，可以再次重复焙干后再缄藏，这样可以长久保持茶叶新茶时的品色。赵佶关于藏茶的改进，特别在以下两个方面有着深远的影响：

首先是密封藏茶，这一理念可以说是最实质性的改变，至今一直为茶业所采用，所改变的只有所用器具的材质以及密封的程度而已。

其次是多次烘焙，这一方法至今仍在福建地区茶叶收藏中使用。一些茶类，特别是岩茶，一年或者两三年后会再次烘焙，这样的茶叶可以长年收藏而不会减损品质，有些地区的茶人认为多次焙火甚至还能提升品质。

品名①

【原文】

名茶各以所产之地②，如叶耕之平园、台星岩，叶刚之高峰青凤髓，叶思纯之大岚，叶屿之眉山，叶五崇林之罗汉山水，叶芽、叶坚之碎石窠、石臼窠（一作突窠），叶琼、叶辉之秀皮林，叶师复、师贶之虎岩，叶椿之无双岩芽，叶懋之老窠园，名擅其门③，未尝混淆，不可概举④。前后争鬻，互为剥窃⑤，参错无据⑥。曾不思茶之美恶⑦，在于制造之工拙而已⑧，岂冈地之虚名所能增减哉⑨。焙人之茶，固有前优而后劣者、昔负而今胜者，是亦园地之不常也⑩。

【注释】

①品名：名茶的名称。

②以：通"有"。

③名擅其门：各自享有自己的声名。名擅，擅名，享有名声。

④概：全部，一律。举：提出，列举。

⑤剥：通"驳"，评断，驳斥。窃：偷盗，侵害，抄袭。

⑥参错：参差交错，交互融合。

⑦曾不：不曾，未曾。

⑧在于：取决于，决定于，表明事物的关键所在。工拙：犹言优劣。而已：助词，表示仅止于此，犹罢了。

⑨岂：表示疑问或反诘，相当于难道。冈：山岭。地：土地，田地。虚名：没有实际内容或与实际内容不合的名称、名义等。

⑩园地：种植瓜蔬花果的田地。常：固定不变，长久，永远。

【译文】

名茶各有其出产之地，如叶耕之平园、台星岩，叶刚之高峰青凤髓，叶思纯之大岚，叶屿之眉山，叶五崇林之罗汉山水，叶芽、叶坚之碎石窠、石臼窠（一作突窠），叶琼、叶辉之秀皮林，叶师复、师贶之虎岩，叶椿之无双岩芽，叶懋之老窠园，各自享有自己的声名，未曾混杂错乱，无法全部列举。这些名茶前后争相鬻卖，彼此交相驳斥、抄袭，参差交错，没有依据。不曾想茶的好坏，取决于制造的优劣而已，哪里是山岭土地的虚名所能够增减的呢。茶人的茶，固然有前优而后劣、往昔负而今日胜的，这也表明种植出产茶的园地不可能永远固定不变。

【点评】

特殊小品种茶一定和特定生产区域相关联，这是农产品的特性，然而茶的品性又不止于农产品，必须经过一定的加工生产，才能形成最终的成品形式，所以加工工艺又是在品种产地、原料前提下的决定因素。这两种因素都起决定作用的事实，使中国茶叶自宋代以来，名茶一直深陷仿制与产地品种保卫战的纠结之中，始终不能走出。到底是坚持名茶产地地理标志认证呢？还是以加工工艺来决定呢？赵佶看到了问题，提出了问题，然而无论是他，还是世世代代的中华茶人、业茶者，都还没能解决这一难题。

外焙

【原文】

世称外焙之茶，脔小而色驳①，体好而味澹，方之正焙②，昭然可别。近之好事者箧笥之中，往往半之蓄外焙之品。盖外焙之家，久而益工制造之妙，咸取则于壑源③，效像规模④，摹外为正⑤。殊不知，其脔虽等而蔑风骨，色泽虽润而无藏蓄，体虽实而膏理乏缜密之文，味虽重而涩滞乏馨香之美，何所逃乎外焙哉。虽然，有外焙者，有浅焙者。盖浅焙之茶，去壑源为未远，制之能工，则色亦莹白，击拂有度，则体亦立汤，惟甘重香滑之味稍远于正焙耳。至于外焙，则迥然可辨⑥。其有甚者，又至于采柿叶桴榄之萌，相杂而造，味虽与茶相类，点时隐隐有轻絮泛然，茶面粟文不生，乃其验也。桑苎翁曰⑦："杂以卉莽，饮之成病⑧。"可不细鉴而熟辨之?

【注释】

①脔（luàn）小而色驳：茶体瘦小，颜色不正。脔，原指切成块状的鱼肉，这里借指制成饼茶的团胯。驳，色彩错杂，混杂不精纯。

②方：比较，对比。正焙：指官方设置的北苑官焙茶园。

③取则：取作准则、规范或榜样。

④效像规模：模仿制茶桊模的样式、图案。

⑤摹外为正：把外焙的茶做成正培的样子。

⑥迥然：形容差得很远。

⑦桑苎翁：即陆羽。

⑧杂以卉莽，饮之成病：此句为陆羽《茶经·一之源》中语，惟末一句陆羽原文为"饮之成疾"。

【译文】

世间所称为外焙的茶，团胯瘦小颜色不正，外表虽好但滋味淡薄，与北苑正焙的茶相比较，可以非常明白地判别。最近以来，好茶之人的茶箱之中，往往会收藏一半的外焙之茶。大抵外焙茶园的茶家，长久以来越来越掌握制茶的奥妙，都将壑源茶取作准则榜样，模仿制茶桊模的样式、图案，把外焙的茶做成正焙的样子。竟然不知，茶饼的样子虽然相同却没有正焙茶的品质、格调，表面的色泽虽然光润却没有内涵，茶体虽然坚实却缺乏细致的纹理，滋味虽然浓厚却苦涩停滞缺乏馨香之美，哪里能够逃避它们是外焙茶的本质呢。即使如此，正焙之外的茶还是能够区分为外焙茶和浅焙

竹林煎茶

茶。浅焙的茶，因为茶园离壑源不远，如能够精巧制造，茶色也能莹白，点茶时如果击拂合法中度，也能有汤花乳沫，只是甘、香、重、滑的滋味稍逊于正焙之茶罢了。至于外焙之茶，则差别很远，迥然可别。还有更为严重的情况，竟至于采摘柿树的叶子和桴榄初生的芽，与茶叶相杂而制造茶饼，其味道虽然和茶相类似，但点试时隐隐约约有轻似白絮的东西浮起，茶汤表面形不成粟状的花纹，就是明证。桑苎翁陆羽曾说："杂以卉莽，饮之成病。"可以不仔细周详辨别区分吗？

【点评】

《外焙》提出的问题，与此前《品名》的问题相类，面对仿制甚至作假的茶叶，最终到底以什么因素来判定呢？是原料的品种、产地呢？还是制造工艺，甚至茶的外在形态？和当今饮茶人的困惑一样，赵佶也给不出客观的标准，只能通过实际的观察和品饮来鉴别。中国茶叶自宋以来的名茶，品名的丰富性与多样性，既造福了饮茶人，也一直困惑着饮茶人。

第四节　《茶疏》释译

［明］许次纾

许次纾（1549—1604 年），字然明，号南华，浙江钱塘（今杭州）人。

清厉鹗《东城杂记》载："许次纾……方伯茗山公之幼子，跛而能文，好蓄奇石，好品泉，又好客，性不善饮……所著诗文甚富，有《小品室》《荡栉斋》二集，今失传。予曾得其所著《茶疏》一卷，论产茶、采摘、炒焙、烹点诸事，凡三十六条，深得茗柯至理，与陆羽《茶经》相表里。"许次纾这个跛足的文人，精心于茶事，深得茗柯之理，馨毕生经验以成《茶疏》。

该书撰于万历二十五年（1597），前有姚绍宪、许世奇一序一引，后有许次纾自跋。全书分为 36 则（《四库全书总目提要》作 39 则，《郑堂读书记》作 30 则），详尽而务实地论及茶事的各个方面，包括品第茶产，炒制收藏方法，烹茶用器、用水、用火及饮茶宜忌等，真知灼见，妙论百出。其中对齐茶之产制，记载尤详。

该书《四库全书总目提要》存目，主要刊本有：（1）万历丁未（1607 年）许世奇刊本；（2）亦政堂普秘籍本（此据朱自振先生的研究）；（3）《喻政茶书（乙本）》本；（4）《居家必备》本；（5）《欣赏编》本；（6）《广百川学海》本；（7）《说郛》续本；（8）《古今图书集成》本；（9）《古今说部丛书》本；（10）《丛书集成》本。

本书以《喻政茶书（乙本）》本为底本，以《丛书集成》本、《广百川学海》本、《古今说部丛书》本等作参校。

因为本书的体例，底本改动者，一般不出校记。少量重要校勘，在注释中予以说明。

序

【原文】

陆羽品茶①，以吾乡顾渚所产为冠②，而明月峡尤其所最佳者也③。余辟小园其中，岁取茶租自判④，童而白首，始得臻其玄诣⑤。武林许然明⑥，余石交也⑦，亦有嗜茶之癖。每茶期，必命驾造余斋头⑧，汲金沙、玉窦二泉⑨，细啜而探讨品骘之⑩。余馨生平习试自秘之诀⑪，悉以相授⑫。故然明得茶理最精，归而著《茶疏》一帙⑬，余未之知也。然明化三年所矣，余每持茗碗，不能无期牙之感⑭。丁未春⑮，许才甫携然明《茶疏》见示，且征于梦。然明存日著述甚富，独以清事托之故人，岂其神情所注，亦欲自附于《茶经》不朽与⑯？昔巩民陶瓷肖鸿渐像⑰，沽茗者必祀而沃之⑱。余亦欲貌然明于篇端⑲，俾读其书者⑳，并挹其丰神可也㉑。

万历丁未春日，吴兴友弟姚绍宪识于明月峡中㉒。

【注释】

①陆羽：字鸿渐，一名疾，字季疵，号竟陵子、桑苎翁，唐代复州竟陵（今湖北天门）人。幼年为僧收养于佛寺，好学用功，学问渊博，诗文亦佳，且为人清高，淡泊功名。曾诏拜太子太学、太常寺太祝，皆不就。760 年隐居浙江苕溪（今浙江湖州），在亲自调查和实践的基础上，认真总结、悉心研究前人和当时茶叶的生产经验，完成创始之作《茶经》，被尊为"茶神"。

②顾渚：顾渚山，位于浙江湖州长兴水口乡顾渚村，西靠大山，东临太湖，气候温和湿润，土质肥沃，极适茶叶生长，所产贡紫笋茶闻名于世，明陈耀文《天中记》称："茶生其间，尤为绝品。"顾渚山是茶神陆羽撰写《茶经》的主要地区之一，陆羽并作有《顾渚山记》。冠：超出众人，位居第一。

③明月峡：明月峡在尧市山侧与顾渚山之间。《浙江通志》引《天中记》载："明月峡，在顾渚侧，二山相对，石壁峭立，大涧中流，茶生其间，尤为绝品。张文规谓：明月峡中茶始生，是也。"

④茶租：茶园主将茶园出租，收取茶叶作为租金报偿。

⑤臻其玄诣：领悟到其中的奥妙。臻，及，达到。《玉篇·至部》："臻，至也。"玄，深，厚。《说文·玄部》："玄，幽远也。"诣，（学问等）所到达的境地。

⑥武林：旧时杭州的别称，以武林山得名。宋苏轼《送子由使契丹》诗："沙漠回看清禁月，湖山应梦武林春。"

⑦石交：深交，厚交。《玉篇·石部》："石，厚也。"

十竹斋·陆羽像

⑧造：到，去。

⑨汲：从井里提水，也泛指打水。《说文·水部》："引水于井也。"金沙：顾渚山有金沙泉，唐时曾为贡品，《新唐书·地理志》："湖州吴兴郡……土贡紫笋茶……金沙泉。"清同治《长兴县志》："金沙泉在县西北四十五里顾渚山下，唐时以此水造紫笋茶进贡。"玉窦：清同治《长兴县志·泉》："玉窦泉在洛坞，唐罗隐筑室于此。"《舆地纪胜》："在县南六十五里，深广皆二尺，色绀碧，味甘。"

⑩啜（chuò）：食，饮。《尔雅·释言》："啜，茹也。"骘（zhì）：评定，评论。

⑪罄（qìng）：尽，用尽。《尔雅·释诂下》："罄，尽也。"

⑫悉：尽，全。

⑬帙（zhì）：书，书的卷册、卷次。

⑭期牙：指钟子期和俞伯牙。俞伯牙善于弹琴，钟子期善于欣赏。后钟子期因病亡故，俞伯牙悲痛万分，认为知音已死，天下再不会有人像钟子期一样能体会他演奏的意境，于是终生不再弹琴。这里以此喻知音难求。

元王振鹏《伯牙鼓琴图》

⑮丁未：1607 年。

⑯附：依傍，依附。

⑰巩（gǒng）：巩义市，在今河南省郑州西部、黄河南岸、洛河下游。本句典出唐李肇《唐国史补》卷中："巩县陶者多瓷偶人，号陆鸿渐，买数十茶器得一鸿渐，市人沽茗不利，辄灌注之。"

⑱沽：卖，出售。沃：浇，灌。

⑲貌：描绘。

⑳俾（bǐ）：使。

㉑挹：引。丰神：风貌神情。南朝陈徐陵《晋陵太守王励德政碑》："丰神雅淡，

识量宽和。"

㉒友弟：师长对门生自称的谦辞。清钱大昕《恒言录·亲属称谓类》："今友生、友弟之称，惟以施之门下士。"姚绍宪：字叔度，姚一元第三子。以太学谒选，授鸿胪丞。识（zhì）：记载。《汉书·匈奴传上》："于是说教单于左右疏记，以计识其人众畜牧。"颜师古注："识亦记。"

【译文】

陆羽品评茶叶，认为我家乡顾渚产的茶最好，而明月峡的茶又是其中最好的。我在明月峡中开辟了一小块园地，每年都搜集茶来自己评判，从儿时到白头，才开始领悟到在品茶方面的奥妙。武林人许然明，与我交情很深，他也有喝茶的癖好。每年到采茶的季节，他一定会命人驾车来造访我的住所，我们打来金沙泉和玉窦泉的水泡茶，与他细细品尝然后探讨品评。我用尽自己生平对茶的了解及自己归纳的秘诀，全都教授于他。因此然明懂得了茶理中最精华的部分，回去之后就写了《茶疏》一卷，而我并不知道这件事。然明去世已经大概三年了，每当我拿起茶碗，都会有知音难寻的悲伤。丁未年春天，许才甫携带然明的《茶疏》来给我看，并且讲然明托梦给他。然明在世时写的东西很多，唯独将这件清雅之事托付给故人，难道是他精神情感所关注，也想自己的书写得像《茶经》一样不朽吗？过去巩义市的人烧造陆羽陶瓷像，卖茶的人一定以水浇像而祈祀。我也想在文章开头描绘出然明的答貌，以便读他书的人可以感受到他的风貌神情。

万历丁未年（1607）春天，吴兴友弟姚绍宪作于明月峡中。

【点评】

有明一代，茶饮普遍存在于人们的日常生活之中，茶叶种植产地扩大，技术精进，名茶辈出。爱茶文人多深入山间茶园种茶、制茶、品茶，私人茶园兴起，《茶疏》作者许次纾的老师姚绍宪于顾渚明月峡所辟茶园便是其中之一。也正是由于他将多年研习茶事的实践经验悉以相授予许次纾，才有了《茶疏》的诞生。

明代的饮茶方式也迥异于前，改明前的煎点法为瀹饮法。沈德符《野获编补遗》中对此记述："今人惟取初萌之精者，汲泉置鼎，一瀹便啜，遂开千古茗饮之宗。"《茶疏》正是全面反映叶茶瀹泡法的杰作。《茶疏》蕴含了明代精致文化下对原始的质朴状态的追求。

中华传世藏书

茶经

《茶经》与其他茶典

小引①

【原文】

吾邑许然明②，擅声词场旧矣③。丙申之岁④，余与然明游龙泓⑤，假宿僧舍者浃旬⑥。日品茶尝水，抵掌道古⑦。僧人以春茗相佐⑧，竹炉沸声，时与空山松涛响答⑨，致足乐也。然明喟然曰⑩："阮嗣宗以步兵厨贮酒三百斛⑪，求为步兵校尉，余当削发为龙泓僧人矣。"嗣此经年⑫，然明以所著《茶疏》视余，余读一过，香生齿颊，宛然龙泓品茶尝水之致也。余谓然明曰："鸿渐《茶经》，寥寥千古⑬，此流堪为鸿渐益友，吾文词则在汉魏间，鸿渐当北面矣⑭。"然明曰："聊以志吾嗜痂之癖⑮，宁欲为鸿渐功匠也⑯。"越十年，而然明修文地下⑰，余慨其著述零落，不胜人琴俱亡之感⑱。一夕梦然明谓余曰："欲以《茶疏》灾木⑲，业以累子。"余蘧然觉而思龙泓品茶尝水时⑳，遂绝千古，山阳在念㉑，泪淫淫湿枕席也㉒。夫然明著述富矣，《茶疏》其九鼎一脔耳㉓，何独以此见梦？岂然明生平所癖，精爽成厉㉔，又以余为臭味也㉕，遂从九京相托耶㉖？因授剞劂以谢然明㉗。其所撰有《小品室》《荡栉斋》集，发人若贞父诸君方谋锓之㉘。

丁未夏日，社弟许世奇才甫撰㉙。

【注释】

①小引：底本无，据《丛书集成》本补。

②邑：县，邑里，同乡。

③擅声：享有名声。词场：文坛。旧：长久。

④丙申：1596 年。

⑤龙泓：龙井，原名龙泓，晋代葛洪曾在此炼丹。位于西湖西南的风篁岭山，为西湖群山南、北两大支的交接点，这里泉源茂盛，大旱不竭，古人以为龙之所居，三国东吴时即来这里祷雨，"龙井"之名因此而定。五代此地建有龙井寺，北宋时龙井已成为旅游胜地。诗人苏东坡常品茗吟诗于此。龙井泉水清澈甘冽，与虎跑、玉泉合称西湖三大名泉。龙井茶自元末时即已为文人所赞，至明，即成为名茶。

⑥假宿：借宿。浃（jiā）旬：一旬，十天。《资治通鉴·后汉隐帝乾祐三年》："比皇帝到阙，动涉浃旬，请太后临朝听政。"胡三省注："十日为浃旬。"

⑦抵掌：击掌，指人在谈话中的高兴神情，亦因指快谈。道古：称道古代，谈论过去。

⑧佐：辅助，帮助，相伴。

⑨响答：响应，应答。

杭州龙井

⑩喟然：形容叹气的样子。

⑪阮嗣宗：阮籍（210—263），字嗣宗，陈留尉氏（今河南尉氏）人，晋竹林七贤之一。阮籍好酒，他听说步兵厨营人善酿，于是要求去那里当步兵校尉，遂得"阮步兵"雅号。

⑫嗣：接着，随后。经年：经过一年。

⑬寥寥：形容数量少。千古：久远的年代。

⑭北面：面向北。古礼，臣拜君，卑幼拜尊长，皆面向北行礼，因而居臣下、晚辈之位曰"北面"。这是指许世奇认为许次纾的文辞比陆羽好。

⑮志：记录，叙述，写下。嗜痂之癖：原指爱吃疮痂的癖性，后形容怪癖的嗜好。典出《宋书·刘邕传》："邕所至嗜食疮痂，以为味似鳆鱼。尝诣孟灵休，灵休先患灸疮，疮痂落床上，因取食之。灵休大惊。答曰：'性之所嗜。'"后因称怪僻的嗜好为"嗜痂"。嗜，喜爱。痂，疮口结的硬壳。癖，积久的嗜好。

⑯宁（nìng）：宁可，宁愿。全句意为许次纾表示宁愿做对陆羽有贡献的懂茶之人。

⑰修文地下：旧指有才文人早死。典出《太平御览》卷八八三引王隐《晋书》："韶言天上及地下事，亦不能悉知也。颜渊、卜商今见在为修文郎。"后因以"地下修

文"为文士死亡的典故。

⑱人琴俱亡：典出南朝宋刘义庆《世说新语·伤逝》："王子猷、子敬俱病笃，而子敬先亡……子敬素好琴，（子猷）便径入坐灵床上，取子敬琴弹。弦既不调，掷地云：'子敬子敬，人琴俱亡！'恸绝良久，月余亦卒。"后因以"人琴俱亡"为睹物思人、痛悼亡友之典。常用来比喻对知己、亲友去世的悼念之情。

明仇英《松溪论画图》

⑲灾木：义同"灾梨"，谓刻印无用的书，灾及作版的梨木。常用作刻印己书的谦辞。

⑳蘧（qù）然：惊觉。

㉑山阳在念：怀念故友。山阳，一为县名，一为山阳笛的省称。魏晋之际，嵇康、向秀等尝居山阳县（在今河南修武境）为竹林之游，后因以代指高雅人士聚会之地。南朝齐陆厥《奉答内兄希叔》诗："愧兹山阳燕，空此河阳别。"晋向秀经山阳旧居，听到邻人吹笛，不禁追念亡友嵇康、吕安，因作《思旧赋》。后因以"山阳笛"为怀念故友的典实。

㉒泪淫淫：形容痛哭，泪流满面。

㉓九鼎一脔（luàn）：九鼎里的一小块肉。这里形容许然明著作颇多，《茶疏》只是其中很微小的一部分。九鼎，古代象征国家政权的传国之宝，相传为夏禹所铸。脔，小块肉。

㉔精爽：魂魄。厉：无人祭祀之鬼。

㉕臭（xiù）味：比喻同类。《左传·襄公八年》："季武子曰：'谁敢哉！今譬于草

木，寡君在君，君之臭味也。'"杜预注："言同类。"

㉖九京：犹九泉，指地下。

㉗剞劂：刻刀，引申为刻印书籍。

㉘锓：刻。

㉙社弟：同社之弟。社，古代地区单位之一。方六里为社。元代五十家为社。《元史·食货志一》："县邑所属村疃，凡五十家立一社，择高年晓事者一人为之长。"

【译文】

我的同乡许然明，过去一直享有文坛的声名。丙申年，我和然明去龙泓游玩，借宿在僧人的房舍有十日之久。我们每天都品尝茶水，融洽地谈论古今。僧人以春茶相伴，竹炉烧水时发出的沸声，时而和空荡寂寥松林的飒飒声交相呼应，得到了充足的乐趣。然明感叹地说："阮嗣宗因为步兵厨贮藏了三百斛酒，请求当步兵校尉，我应当削发为龙泓的僧人了。"此后过了一年，然明把他写的《茶疏》拿给我看，我读了一遍，感觉茶香顿时充斥在唇齿之间，就好像曾经在龙泓品尝茶水的感觉一样。我对然明说："陆羽的《茶经》，千百年间寥寥无几，你的《茶疏》可以成为他的好朋友啊。你的辞采风流是汉魏的风格，陆羽也该自愧不如了。"然明说："《茶疏》只是写下我一些个人癖好，宁愿以之成为对陆羽有贡献的懂茶之人。"经过了十年，然明已经去世，我感慨他的著述散乱，忍不住产生人琴俱亡之感。一天晚上我梦到然明对我说："我想要把《茶疏》刻印成书，这个事情就有劳于你。"我突然醒来，回忆着曾经在龙泓品尝茶水的日子，千古难觅，我怀念着曾经和然明一起的日子，不自觉泪流满面，浸湿了枕席。然明一生著述很多，《茶疏》只是其中很小的一部分而已，为什么仅仅梦到了与它有关的呢？难道是然明平生的癖好，魂魄成精入梦，也因为我和他一样对茶有同好，所以他才从九京地下托梦给我吗？于是我将《茶疏》刊刻成书来缅怀然明。还有他的《小品室》《荡栉斋》集等，他的朋友若贞父等人也正在谋划刊刻。

丁未年夏天，社弟许世奇才甫撰。

产茶①

【原文】

天下名山，必产灵草②。江南地暖③，故独宜茶④。大江以北，则称六安⑤。然六安乃其郡名，其实产霍山县之大蜀山也⑥。茶生最多，名品亦振⑦，河南、山、陕人皆用之⑧。南方谓其能消垢腻、去积滞⑨，亦共宝爱。顾彼山中不善制造⑩，就于食铛大薪炒焙⑪，未及出釜⑫，业已焦枯⑬，讵堪用哉⑭。兼以竹造巨笥⑮，乘热便贮，虽有绿枝紫笋[16]，辄就萎黄，仅供下食[17]，奚堪品斗[18]。

　　江南之茶，唐人首称阳羡[19]，宋人最重建州[20]，于今贡茶，两地独多。阳羡仅有其名，建茶亦非最上，惟有武夷雨前最胜[21]。近日所尚者，为长兴之罗芥[22]，疑即古人顾渚紫笋也。介于山中，谓之芥，罗氏隐焉，故名罗。然芥故有数处，今惟洞山最佳[23]。姚伯道云[24]：明月之峡，厥有佳茗[25]，是名上乘[26]。要之[27]，采之以时[28]，制之尽法[29]，无不佳者。其韵致清远，滋味甘香，清肺除烦，足称仙品[30]。此自一种也。若在顾渚，亦有佳者，人但以水口茶名之，全与芥别矣。若歙之松萝[31]、吴之虎丘[32]、钱塘之龙井[33]，香气秾郁，并可雁行[34]，与芥颉颃[35]。往郭次甫亟称黄山[36]，黄山亦在歙中，然去松萝远甚。往时士人皆贵天池[37]，天池产者，饮之略多，令人胀满。自余始下其品[38]，向多非之[39]。近来赏音者[40]，始信余言矣。浙之产，又曰天台之雁宕、括苍之大盘、东阳之金华、绍兴之日铸[41]，皆与武夷相为伯仲[42]。然虽有名茶，当晓藏制。制造不精，收藏无法，一行出山，香味色俱减。钱塘诸山，产茶甚多。南山尽佳，北山稍劣。北山勤于用粪，茶虽易茁，气韵反薄。往时颇称睦之鸠坑、四明之朱溪[43]，今皆不得入品[44]。武夷之外，有泉州之清源[45]，倘以好手制之，亦是武夷亚匹[46]，惜多焦枯，令人意尽。楚之产曰宝庆[47]，滇之产曰五华[48]，此皆表表有名[49]，犹在雁茶之上。其它名山所产，当不止此，或余未知，或名未著，故不及论。

明唐寅七言律诗《谷雨初来阳羡茶》

【注释】

　　①茶：植物名，山茶科，多年生深根常绿植物。有乔木型、半乔木型和灌木型之分。叶子长椭圆形，边缘有锯齿。秋末开花。种子棕褐色，有硬壳。嫩叶加工后即为可以饮用的茶叶。

　　②灵草：有灵性的植物，这里指茶。元代王祯《农书·百谷谱十·杂类·茶》：

"夫茶，灵草也。种之则利博，饮之则神清，上而王公贵人之所尚，下而小夫贱隶之所不可阙。诚生民日用之所资，国家课利之一助也。"

③江南：长江以南地区。唐贞观年间分天下为十道，江南道为其中之一，因在长江之南而名。其辖境相当于今浙江、福建、江西、湖南等省，江苏、安徽的长江以南地区，以及湖北、四川长江以南一部分和贵州东北部地区。狭义的江南，则是指长江中下游江苏、安徽的长江以南地区。

④独：独特，特别。

⑤六（lù）安：六安州，位于安徽省西部，长江与淮河之间，大别山北麓。此处指六安茶。

⑥霍山县：霍山县位于安徽省西部，大别山北麓。大蜀山：霍山县境内的大蜀山不详，有人以为当是"大别山"。

⑦振：同"震"，名声振动。

⑧河南：今河南省，位于中国中东部，因大部地区在黄河以南，故名河南。河南是古代中国九州中的豫州，所以简称"豫"。山：今山西省。陕：今陕西省。

⑨垢腻：犹污垢，多指黏附于人体或物体上的不洁之物。积滞：食积不化所致的一种脾胃病症。

⑩顾：但是。

⑪铛：古代的锅，有耳和足，用于烧煮饭食等，以金属或陶瓷制成。《太平御览》卷七五七引汉服虔《通俗文》："鬴有足曰铛。"薪：柴火。焙：用微火烘。

⑫釜：古炊器，敛口圜底，或有二耳。有铁制、铜制或陶制。

⑬业：既，已经。

⑭讵（jù）：表反问，相当于"怎么"，"难道"。堪：胜任。

⑮笱（gǒu）：竹制的捕鱼器具，鱼笼。

⑯紫笋：紫笋茶，产于今浙江长兴县水口乡顾渚村。唐代为贡茶，每年分五批急程贡往长安。陆羽在《茶经》中言茶叶"紫者上，笋者上，野者上"，就是对紫笋茶的评价。

⑰下食：低档次的饮食。

⑱奚：疑问词，犹何。品斗：品评斗茶。品，衡量，评论。斗，斗茶。

⑲阳羡：江苏宜兴的古称。宜兴铜棺山，即古阳羡。所产茶被茶神陆羽评为"芳香甘辣，冠于他境"，建议地方官员上贡，为唐代最早的官制贡茶，极为时重。此后因产量不敷入贡，始有湖州顾渚分山析造。

⑳建州：福建建州，明洪武元年（1368 年）为建宁府，属福建布政使司。首府建州在今福建建瓯。其地产茶，号建茶，北宋初期的太平兴国二年（977 年），宋太宗下

子禾子铜釜

诏令建安北苑造茶进贡，此后即成定制，由福建路转运使专门负责每年督造贡茶进贡。

㉑武夷雨前：武夷山雨前茶。武夷，武夷山，位处中国福建西北部，江西东部，福建与江西交界处。所产茶在宋代即已著名，至元代成为官焙御茶园所在。明以后至今，武夷山一直是中国的名茶产区。雨前，谷雨前，指雨前茶。

㉒罗岕（jiè）：茶名。产于浙江长兴，又称岕茶，是明清时的贡茶。

㉓洞山：位于长兴县城西北9公里的白岘乡罗岕村。

㉔姚伯道：姚绍科，字伯道，姚一元长子，姚绍宪哥哥。据冯梦祯《快雪堂日记》载：庚子（1600）九月二十四日，"晚到长兴进西门，泊舟姚氏水次"，二十五日，"晴。早起，早姚伯道之丧，诸姚皆来迎，饭于伯道临云阁"。

㉕厥：助词，位于句首。

㉖上乘：上品，上等。

㉗要之：总之。

㉘以时：按一定的时间，及时。

㉙尽法：完全依照法式。

㉚仙品：稀有罕见的非凡之品。

㉛歙（shè）：歙县，位于安徽省东南部。松萝：松萝茶，产于松萝山，明清以来的名茶。松萝山位于休宁城北约15公里，与琅源山、天宝山、金佛山相望。明代袁宏道《龙井》有"近日徽人有送松萝茶者，味在龙井之上，天池之下"的记述。明代谢肇淛《五杂俎》云："今茶品之上者，松萝也，虎丘也，罗岕也，龙井也，阳羡也，天池也。"清代冒襄《岕茶汇钞》云："计可与罗岕敌者，唯松萝耳。"清代江登云《素壶便录》中亦云："茶以松萝为胜，亦缘松萝山秀异之故。山在休宁之北，高百六十

明仇英《竹林品古》

仞，峰峦攒簇，山半石壁且百仞，茶柯皆生土石交错之间，故清而不瘠，清则气香，不瘠则味腴。而制法复精，故胜若地处产也。"又云："徽茶首推休宁之松萝，谓出诸茶之上，夫松萝妙矣。"

㉜吴：吴郡，苏州，春秋时为吴国都。虎丘：虎丘茶。

㉝钱塘：钱塘县，南朝时改钱塘县置，隋开皇十年（590 年）为杭州治，大业初为余杭郡治，唐初复为杭州治，在今浙江杭州。龙井：龙井茶。

㉞雁行：同列，同等。

㉟颉颃（xié hàng）：不相上下，相抗衡。

㊱郭次甫：明穆宗隆庆年间著名隐士，五游山人。亟：副词，屡次，一再。称：扬也，颂扬。黄山：黄山茶。

㊲天池：天池茶，产于苏州天池山，天池山位于苏州西南15公里藏书镇境内，与姑苏名山天平山、灵岩山一脉相连，是浙江天目山的余脉。

㊳下其品：降低它的品级。

㊴向多非之：向来人们大多否定我的看法。

㊵赏音：知音。

㊶天台：天台山位于浙江天台城北，属仙霞岭分支，景色古、清、奇、幽。天台是中国较早产茶地之一。雁宕：雁荡山，位于浙江温州东北部海滨。括苍：括苍山，在浙江省东南部，东北一西南走向，绵延瓯江、灵江间，由花岗岩及流纹岩构成。大盘：大盘山，位于盘安县城与大盘镇之间，南接仙霞岭，北连天台山、四明山。东阳：位于浙江省中部。金华：金华山，位于金华城北。绍兴：绍兴市，旧称会稽、山阴，简称越，是浙江的文化中心之一。日铸：山名，在浙江绍兴，以产茶著称，所产之茶即以"日铸"为名。据北宋杨彦龄《杨公笔录》中说："会稽日铸山，茶品冠江浙。世传越王铸剑，他处皆不成，至此一日铸成，故谓之日铸。"

㊷伯仲：不相上下的事物。王羲之《与谢安书》："蜀中山水，如峨眉山夏含霜雹，昆仑之伯仲也。"

㊸睦：睦州，隋置，在今浙江淳安西。鸠坑：鸠坑茶，产于浙江淳安鸠坑源。五代毛文锡《茶谱》记其"睦州之鸠坑极妙"。四明：浙江宁波的别称，以境内有四明山得名。朱溪：朱溪茶。

㊹入品：列入等级，多指达到一定的标准规格。

㊺泉州：又称鲤城、刺桐城、温陵，在今福建泉州。清源：清源山，位于泉州北郊，故俗称北山。

㊻亚匹：同一流。

㊼楚：初为春秋时楚地，湖北和湖南都曾在其辖境之内，因而皆以其为别称，湖北称荆楚，湖南称湘楚。宝庆：宝庆府，湖南邵阳旧称，南宋宝庆元年（1225年），理宗赵昀登极，升其曾领防御使的封地邵州为宝庆府。

㊽滇：古族名，在今云南省东部滇池附近地区，也作云南省的简称。五华：五华山，在云南昆明市区北部，为昆明市区最高峰，为云南昆明主山蛇山余脉。蛇山从昆明东北方向南下，九起九伏，至螺峰山顿开玉屏，再前则脉分五支，吐出五华秀气，因称"五华"。

㊾表表：卓异，特出。唐韩愈《祭柳子厚文》："子之自著，表表愈伟。"

【译文】

　　天下名山，必产名茶。江南地区气候温暖，所以特别适宜产茶。而长江以北以产茶出名的地方则是六安。但六安是郡的名称，真正产地在霍山县的大蜀山。产茶最多，名气大，河南、山西、陕西的人们都喜爱喝六安茶。南方的人们认为六安茶能消除垢腻、去积滞，也都很喜爱六安茶。只是大蜀山中人们不善于制茶，把茶放在食铛中用大火炒焙，还没到出锅，就已经焦枯了，还怎么能食用呢？加上炒完的茶乘着热气尚未消散就在竹造的巨筍贮藏，即使绿枝紫笋质地上乘的茶，也因为制造不善、贮藏不当而变质萎黄，仅能作为低档次的饮食之用，又怎么能够用来品赏斗茶呢？

　　江南所产的茶，唐代人首称阳羡茶，宋代人最看重建州的茶，到现在的贡茶，阳羡和建州两地特别多。阳羡茶只是有其名气，建州茶也不是最上品的，只有武夷的谷雨前采的茶最好。现在所推崇的，是长兴的罗芥茶，疑是古人所说的顾渚紫笋。两山之间的地块，称为芥，罗氏在那儿隐居，所以命名为罗。但产芥茶的地方有好几处，现在只有洞山所产的最好。姚伯道说：明月峡里产的好茶，称得上是上乘好茶。总之，只要按时采摘，用最好的方法制茶，就没有不是好茶的。茶味清香悠远，滋味芬芳回甘，清肺除烦，完全称得上是仙品。这自然算得上是一种。如果在顾渚，也有好茶，但人们仅仅用水口茶命名它，完全与罗芥所产之茶不一样了。如歙县的松萝茶、吴地的虎丘茶、钱塘的龙井茶，香气浓郁，都可以与芥茶并驾齐驱了。过去郭次甫一再称扬黄山所产之茶，黄山也在歙中，但与松萝茶相差很远。过去士人都崇尚天池茶，天池所产之茶，略多饮一点，便让人产生饱胀的感觉。从我开始看低这种茶的品级，过去人们大多否定我的看法。近来有知音同好开始认同我的看法了。浙江所产的茶，还有天台的雁宕、括苍的大盘、东阳的金华、绍兴的日铸，都与武夷茶不相上下。但虽有名茶，还应该通晓如何收藏制作。制作方法不精良，收藏不得法，一旦出山，香味颜色都减损了。钱塘诸山，产茶特别多。南面的山产的茶都很好，而北面的山的品质就稍差。北山用粪多，茶虽然容易苗壮生长，但气韵反而淡了。过去颇为称颂的睦州鸠坑、四明朱溪，现在都不入流。武夷之外，还有泉州的清源茶，若以好的方法制作，也能成为武夷茶同一流的茶，可惜的是这种茶大多制作焦枯了，令人失望。楚地所产叫宝庆茶，云南所产为五华茶，这些茶都名声卓异，名声还在雁荡茶之上。其他名山所产之茶，应当不止这些，或者是我不知道，或者名声不显赫，所以没有谈论到。

【点评】

　　明人专注于茶的内在品质，对茶色、香、味、形永无止境的追求，促使明人不断去找寻更多的茶叶种类来满足饮品的要求。本节中记载的散茶名目大约有三十种。许次纾尤其推崇芥茶和武夷茶。尤其是芥茶，"其韵致清远，滋味甘香，清肺除烦，足称仙品"。芥茶在明代大放异彩，今日可见之芥茶专著就有熊明遇著《罗芥茶记》、周高起著《洞山芥茶系》、冯可宾著《芥茶笺》、冒辟疆著《芥茶汇钞》四部。"箬叶数筐书五尺，芥茶新寄自吴侬。"（袁宏道《和江进之杂咏》）在明代茶书中推崇芥茶的就有二十九种之多。芥茶引起明人重视，《茶疏》也对它采制工艺与品饮方法的特殊性专门加以论述。

许次纾清楚地意识到：有了好茶，要维持茶叶的色香味品质，收藏有法尤其重要。"然虽有名茶，当晓藏制。制造不精，收藏无法，一行出山，香味色俱减。"旗帜鲜明地将茶叶的收藏提高到与制造同等重要的地位。

今古制法

【原文】

古人制茶，尚龙团凤饼[1]，杂以香药。蔡君谟诸公[2]，皆精于茶理[3]，居恒斗茶[4]，亦仅取上方珍品碾之[5]，未闻新制。若漕司所进第一纲名北苑试新者[6]，乃雀舌、冰芽所造[7]。一銙之直至四十万钱[8]，仅供数盂之啜[9]，何其贵也。然冰芽先以水浸，已失真味，又和以名香，益夺其气[10]，不知何以能佳。不若近时制法，旋摘旋焙[11]，香色俱全，尤蕴真味[12]。

【注释】

①尚：尊崇，崇尚，爱好。龙团凤饼：北宋贡茶。在北宋初期的太平兴国二年（977年），宋太宗遣使至建安北苑（今福建建瓯东峰镇），监督制造皇家专用茶，因专用楼模上有龙凤图案，即称为龙凤茶。

②蔡君谟：蔡襄（1012—1067年），字君谟，原籍福建仙游枫亭，后迁居莆田，天圣八年（1030年）进士，先后在宋朝中央政府担任过馆阁校勘、知谏院、直史馆、知制诰、龙图阁直学士、枢密院直学士、翰林学士、三司使、端明殿学士等职，并出任福建路转运使，知泉州、福州、开封和杭州府事。卒赠礼部侍郎，谥号忠。学识渊博，书艺高深，为宋"苏、黄、米、蔡"四家之一。蔡襄在福建路转运使任上精心创制了小龙团茶，所作《茶录》为记录宋代点茶法的重要茶书之一，并亲自多次小楷书写。《茶录》与蔡襄的书法一起流传，为宋代茶业与茶文化的发展奠定了深厚的基础。

③茶理：茶的道理和学问。

④斗茶：又称"茗战"，始于唐末五代建州地区，唐冯贽《记事珠》记"建人谓茗战为斗茶"。宋代的斗茶分两类，一是建州地区制茶人品评竞赛所制茶品的高下，二

宋刘松年《斗茶图》

是饮茶人的雅玩；斗茶的内容包括斗色斗浮、斗味斗香。

⑤上方：同"尚方"，泛指宫廷中主管膳食、方药的官署。《明史·徐阶传》："帝察阶勤……召直无逸殿，与大学士张治、李本俱赐飞鱼服及上方珍馔。"

⑥漕司：宋代转运使司的简称，又称"漕台"，此处指福建路转运使。宋初设随军转运使供办军需，太宗以后，转运使渐成各路长官，掌管一路财赋，并监察各州官吏、兼理民生疾苦等。宋代督造北苑贡茶并上供，是福建路转运使的特别职责之一。第一纲：指宋代建州北苑官焙茶园每年第一批的贡茶。纲，宋代官府水陆运输，以一定数额的同类物资，组成一纲，进行运输，称为纲运。据南宋赵汝砺《北苑别录》，北苑贡茶每年分十批次进贡。其中第一纲、第二纲因为早而少，每纲都只有一款贡茶。北苑试新：即龙焙试新，又称试新銙，北宋徽宗大观二年诏造。据宋姚宽《西溪丛语》卷上记曰："茶有十纲，第一、第二纲太嫩，第三纲最妙，自六纲至十纲，小团至大团而

止。第一名曰试新，第二名曰贡新。"第一纲唯一一款茶为龙焙试新。不过至南宋后期赵汝砺撰《北苑别录》时，龙焙试新又变为第二纲唯一的一款贡茶。

⑦雀舌：如雀舌般细嫩的茶芽。宋沈括《梦溪笔谈·杂志一》："茶芽，古人谓之'雀舌'、'麦颗'，言其至嫩也。"亦为以嫩芽焙制的上等茶茶名。唐刘禹锡《病中一二禅客见问因以谢之》诗："添炉烹雀舌，洒水净龙须。"冰芽：实为"水芽"之误，是宋代北苑官焙制茶时所选用的最细嫩的茶芽。据熊蕃《宣和北苑贡茶录》水芽由宣和二年时任福建路转运使的郑可简所创："将已拣熟芽再剔去，只取其心一缕，用珍器贮清泉渍之，光明莹洁，若银线然"，所造称银线水芽，此后第一纲龙焙贡新，第二纲龙焙试新，第三纲龙园胜雪、白茶，共四款最上品贡茶皆用水芽制造。姚宽《西溪丛语》卷上记："龙园胜雪、白茶二种，谓之水芽。先蒸后拣，每一芽先去外两小叶，谓之乌带；又次取两嫩叶，谓之白合；留小心芽，置于水中，呼为水芽。"

⑧銙：古代附于腰带上的扣版，作方、椭圆等形，宋代用以作计量团茶的量词；又用以指称片茶、团茶、饼茶。

⑨盂：一种盛汤浆或饭食的圆口器皿。《说文》："盂，饮器也。"

⑩夺：使失去，使丧失。

⑪旋：立即。

⑫蕴：积聚，蓄藏。真味：本真之味。

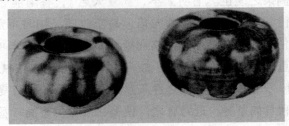

三彩小盂

【译文】

古时候的人制作茶叶，崇尚龙团、凤饼，在其中掺杂香料。蔡君谟等君子都精通茶的道理和学问，平日经常品茗斗茶，不过也只是选取上等的珍品把它碾碎，没听说过新的制法。至于转运司进献的第一纲贡茶名叫北苑试新的，是用雀舌和水芽制造出来的。一銙能值四十万钱，但仅仅能供人喝几盂，这是多么昂贵啊。然而水芽先用水浸泡，已经失去了茶本真的味道，又再次用名香混合，更加使茶失去原来的香气，不知道怎么能够说是好茶呢。不像近来的制作方法，茶叶一摘下来就马上焙炒，香气、色泽俱全，特别蕴含了茶本真的醇香韵味。

【点评】

从表面上看，推动明代饮茶方式变化的直接动力，源于洪武二十四年（1391 年）九月明太祖朱元璋的一道诏令："诏建宁岁贡上供茶，听茶户采进，有司勿与……帝以重劳民力，罢造龙团，惟采茶芽以进。"自此团茶废除，改贡叶茶。然而更深层次的原因则是茶饼的制作不仅损伤了茶叶的自然之性，而且工艺和饮用时的烦琐使饮茶日渐脱离人们的日常生活，成了一种人为的桎梏。所以许次纾在第一次指出了古人"先以水浸，已失真味，又和以名香，益夺其气，不知何以能佳。不若近时制法，旋摘旋焙，香色俱全，尤蕴真味"。散茶经炒青、烘焙后不添加其他的佐料而直接冲泡饮用，茶自身的口感、香气就可以免受外来添加物质的侵扰，使其本性、真味得到充分发挥。这种回归茶性的自然的需求与帝王的倡导，使明代茶叶走上了一条豁然开朗的道路：即对茶内在品质上的不懈追求。

采摘

【原文】

清明、谷雨①，摘茶之候也。清明太早，立夏太迟②，谷雨前后，其时适中。若肯再迟一、二日期③，待其气力完足，香烈尤倍，易于收藏。梅时不蒸④，虽稍长大，故是嫩枝柔叶也⑤。杭俗喜于盂中撮点⑥，故贵极细。理烦散郁，未可遽非⑦。吴淞人极贵吾乡龙井⑧，肯以重价购雨前细者，狃于故常⑨，未解妙理。芥中之人，非夏前不摘。初试摘者，谓之开园。采自正夏⑩，谓之春茶。其地稍寒，故须待夏，此又不当以太迟病之⑪。往日无有于秋日摘茶者，近乃有之。秋七、八月，重摘一番，谓之早春。其品甚佳，不嫌少薄⑫。他山射利⑬，多摘梅茶。梅茶涩苦，止堪作下食⑭，且伤秋摘，佳产戒之。

【注释】

①清明：二十四节气之一，每年公历 4 月 5 日或 6 日。《月令七十二候集解》说："三月节……物至此时，皆以洁齐而清明矣。"故"清明"有冰雪消融，草木青青，天气清澈明朗，万物欣欣向荣之意。谷雨：二十四节气之一，每年公历 4 月 20 日前后。谷雨源自古人"雨生百谷"之说，指雨水增多，同时因为"清明断雪，谷雨断霜"，谷雨节气的到来意味着寒潮天气基本结束，气温回升加快，大大有利于谷类等农作物生长。

②立夏：二十四节气之一，每年 5 月 5 日或 6 日。立夏表示夏天的开始，炎暑将

临，雷雨增多，农作物进入旺季生长。

③期：疑为衍字。

④梅时：梅雨时节。指中国长江中下游地区、江淮流域，每年6月中下旬至7月上半月之间持续天阴有雨的气候现象，此时正是江南梅子的成熟期，所谓"黄梅时节家家雨"，故称其为"梅雨"。蒸：热。

⑤故：副词，还是，仍然。

⑥撮点：即"撮泡"法，明代杭州的一种泡茶方法。《通俗编·饮食》引《禅寄笔谈》："杭俗用细茗置瓯，以沸汤点之，名为撮泡。"

⑦遽：急速，仓促。非：否定。

⑧吴淞：在上海市北部，黄浦江注入长江口（即吴淞口）的西侧。

⑨狃（niǔ）于故常：因袭了过去的做法。狃，因袭，拘泥。

⑩正夏：农历四月的一种叫法。

⑪病：以……为诟病。

⑫嫌：厌恶，不满意。少薄：产量微薄。

⑬他山：其他的茶山。射：谋求，逐取。

⑭止：通"只"，只是，仅仅。

【译文】

清明、谷雨时节，都是采摘茶叶的时候。清明节太早，立夏又太迟，谷雨前后的这段时间，刚好合适。如果愿意再晚一两天，等到茶叶茶力十足韵味饱满，香气特别浓烈，容易收集贮藏。梅雨时节天气不太热，即使叶片稍微长大些，仍然是柔嫩的枝叶。杭州旧俗用细茗置盂中，用沸汤点泡，所以茶叶以极细嫩为好。饮之清除烦闷发散郁结的气息，不能草率就否定它。吴淞人极其看重我自己家乡的龙井茶，愿意用高价购买下谷雨之前采摘的细叶，这是受传统习惯的影响，不能理解其中奥妙的道理。芥中的人们，不是立夏之前就不采摘茶叶。第一次尝试采摘茶叶，称作开园茶。正夏四月采摘的茶，称作春茶。因为芥中气候稍微有些寒冷，所以须要等到夏天才采摘，这就不能认为摘得太迟。以前是没有人在秋天采茶的，近来刚刚才有。在秋天的七、八月份，重新采摘一番，称它为早春茶。由于它的品质非常好，就不介意它的产量微薄。其他的茶山为了谋利，多在梅雨季节就提前采摘。梅茶苦涩，只能充当低档的饮食，况且不利于秋天的采摘，若想要有良好的收成就不能这么做。

【点评】

直接饮用叶茶使明人更注重对茶叶滋味的保全，生长发育成熟的芽叶不仅味道丰满而且便于收藏，这就需要给予茶树足够的生长时间。一般认为茶叶在春天清明到谷雨这个阶段采摘为主，尤其在宋代采茶攀早竞先，明前茶倍受追捧。而许次纾却认为应该在谷雨后一两天再摘，这样茶的香气才充足。而芥茶则"非夏前不摘"，而且采茶季节逐渐延长，不但有春夏茶也有秋茶，品质都非常好。

炒茶

【原文】

生茶初摘，香气未透，必借火力，以发其香。然性不耐劳①，炒不宜久。多取入铛②，则手力不匀，久于铛中，过熟而香散矣。甚且枯焦③，尚堪烹点④。炒茶之器，最嫌新铁⑤。铁腥一入，不复有香。尤忌脂腻⑥，害甚于铁，须豫取一铛⑦，专用炊饭，无得别作他用。炒茶之薪，仅可树枝，不用干叶。干则火力猛炽⑧，叶则易焰易灭。铛必磨莹⑨，旋摘旋炒。一铛之内，仅容四两⑩。先用文火焙软，次加武火催之。手加木指⑪，急急钞转⑫，以半熟为度。微俟香发，是其候矣。急用小扇钞置被笼⑬，纯绵大纸衬底燥焙⑭，积多候冷，入罐收藏。人力若多，数铛数笼。人力即少⑮，仅一铛二铛，亦须四五竹笼。盖炒速而焙迟⑯，燥湿不可相混，混则大减香力。一叶稍焦，全铛无用。然火虽忌猛，尤嫌铛冷，则枝叶不柔。以意消息⑰，最难最难。

【注释】

①劳：烦多，此处指多炒而受热时间太长。

②铛（chēng）：古代的锅，有耳和足，用于烧煮饭食等，以金属或陶瓷制成。《太平御览》卷七五七引汉服虔《通俗文》："鬴有足曰铛。"

③甚且：甚至。

④尚：尚且，还。烹点：煮茶或沏茶。

⑤嫌：避忌。《公羊传》："贵贱不嫌同号，美恶不嫌同辞。"

⑥脂腻：油腻，油脂。晋左思《娇女诗》："脂腻漫白袖，烟熏染阿锡。"

⑦豫：预先，事先做准备。《尔雅·释言》："豫，早也。"

⑧猛炽：炽盛猛烈。

⑨莹：光洁明亮。

⑩两：重量单位。古制二十四铢为一两，十六两为一斤。今市制折合国际单位制0.05千克，十钱一两，十两一斤。亦有以十六两为斤。

⑪木指：用竹木制作的指套。

⑫钞：同"抄"，抄起。

炒茶锅

⑬被笼：放置被物的竹箱。疑当为"焙笼"，焙茶笼。

⑭焙：用微火烘烤。

⑮即：假若。

⑯盖：连词，承接上文，表示原因。

⑰意：料想，猜想。消息：变化。

【译文】

新鲜的茶叶刚摘下来，香气还没有显露出来，一定要借用火力焙炒，来催发它的香气。然而茶叶本性不耐热，不适宜炒的时间过长。铛中茶叶放入多了，那么用手的力气就不容易翻炒均匀，长时间放在铛中，炒得过熟茶就会香味散失，甚至接近干枯变黄变脆，还怎么能再经受冲泡。炒茶所用的器具，最忌讳的是新铁。铁腥味一旦进入茶叶，茶香就不会再有了。尤其忌讳的是油脂，对茶味的伤害比铁还要严重。必须事先准备一铛，专门用来做饭，不能做其他的用途。炒茶所用的薪柴，只可用树枝，不能用树干、树叶。树干的火力强烈，树叶容易燃烧也容易熄灭。铛一定要磨得光洁明亮，茶叶摘下就立即炒制。一个铛里面，只能放入四两茶叶。先用小火将茶叶炒软，然后加到大火催熟。手戴上木指，快速地进行翻炒，以达到半熟为度：等到香气微微散发出来，就是合适的时候了。赶快地用小扇子将茶抄取到焙茶笼中，用纯棉大纸做衬垫垫在底部，用微火烘烤干燥，逐渐积累增多，等到冷却，放入罐子来收藏。人手如果足够，就用数铛数笼同时炒焙。人手少的话，只是一二铛炒茶，也需要四五个竹笼来焙茶。因为炒得快而烘烤得慢，干燥的和湿润的茶叶不可以相互混合，混合了就会大大减损茶叶的香气。一片茶叶稍稍焦枯，整铛的茶叶就都不能用了。虽然炒制的时候火禁忌猛烈，但铛的温度也不能不够高，那样茶叶就不会变柔软。这样估计温度的变化，才是最难的。

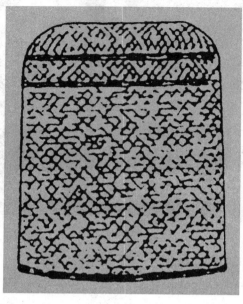

茶焙笼

【点评】

"旋摘旋焙"的炒青绿茶最能满足明人保求茶的真味的需求。而"生茶初摘，香气未透，必借火力，以发其香"，这就对炒青技艺提出了较高的要求。如何使茶中含有的芳香物质得到不同程度的转换，获得层次多样且富于变幻的香气？许次纾从茶叶、锅、火、炒制手法入手，为炒青工艺技艺的成熟提供了宝贵的经验。本节详细地记载了炒青茶的步骤和要领，对技术细节做了说明和规范：尤其是认识到茶叶对油腥味的吸附作用，为了避免杂入异味，强调炒茶锅要专用，久用的熟锅才能保障茶叶的原香；投茶的数量较之张源的"一斤半"减少，"一铛之内，仅容四两"，这样能使茶受热均匀，便于翻炒；此外火候是最难把握的，为便于调节火温高低，控制加热的稳定性，"仅可树枝，不用干叶"；炒制过程中"先用文火焙软，次加武火催之"，通过温度控制进行高温杀青，才能够保证绿茶的色、香、味。

岕中制法[①]

【原文】

岕之茶不炒，甑中蒸熟[②]，然后烘焙。缘其摘迟，枝叶微老，炒亦不能使软，徒枯碎耳。亦有一种极细炒芥，乃采之他山炒焙，以欺好奇者③。彼中甚爱惜茶，决不忍乘嫩摘采④，以伤树本。余意他山所产，亦稍迟采之，待其长大，如芥中之法蒸之，似无不可。但未试尝，不敢漫作⑤。

【注释】

①芥（jiè）：这里指浙江长兴罗芥。

②甑（zèng）：蒸食炊器。古代的甑，底部有许多透蒸气的小孔，置于鬲或鍑上蒸煮，有如现代的蒸锅。古用陶制，殷周时代有以青铜制，后多用木制。

③欺：欺骗。《说文》："欺，诈欺也。"

④决：副词，表示肯定，相当于"必定"，"一定"。

⑤漫：随便，随意。唐杜甫《闻官军收河南河北》："漫卷诗书喜欲狂。"

【译文】

芥中这个地方的茶叶不用炒，放到甑中蒸熟后，然后在焙中烘烤。因为茶叶摘得时间迟，枝叶稍微有些老，炒也不能使它变软，只使它干枯破碎而已。又有一种很细的炒制茶，是采摘其他山间的茶叶炒制而成，用来欺骗那些喜好奇异事物的人。芥中的人特别爱惜茶叶，一定不愿意乘着茶叶还嫩的时候采摘，认为那样会伤害茶树根本。我猜想其他茶山出产的茶叶，也可以稍微延迟摘采，等到它们长大，用类似于芥中的方法来蒸，似乎也不是不可以的。但我没有尝试过，不敢随意乱写。

【点评】

芥茶独步于明，制法别于一般茶品。"芥之茶不炒，甑中蒸熟，然后烘焙"。在"炒青"盛行的明代，却偏偏采用"蒸青"制法的原因是："缘其摘迟，枝叶微老，炒亦不能使软，徒枯碎耳。"根据原料的适制性而采用合适的制造方法，体现了明代制茶理论的科学和技术的进步。

收藏

【原文】

收藏宜用瓷瓮①，大容一二十斤，四围厚箬②，中则贮茶。须极燥极新，专供此事，久乃愈佳，不必岁易。茶须筑实③，仍用厚箬填紧，瓮口再加以箬，以真皮纸包之，以苎麻紧扎④，压以大新砖，勿令微风得入，可以接新⑤。

【注释】

①瓮：一种盛水或酒等的陶器。

②箬（ruò）：一种竹子，叶大而宽，此处指箬叶。

③筑：塞，装填。

④苎（zhù）麻：多年生宿根性草本植物，原产于中国西南地区，是重要的纺织纤维作物。也称白叶苎麻。其单纤维长，强度最大，吸湿和散湿快，是中国古代重要的纤维作物之一。

⑤接：近，靠近。新：新茶。

【译文】

茶叶的收藏适宜用瓷瓮，较大的可以装下一二十斤，四周围上厚厚的箬叶，中间就贮藏茶叶。必须是非常干燥非常崭新的瓷瓮，专门用来藏茶，用的时间越久越好，不用每年更换。茶叶必须填塞坚

北宋定窑盖罐

实，仍旧用厚厚的箬叶填紧，瓮口再加上一层箬叶，再用真皮纸包裹起来，用苎麻绳紧紧扎住，再把大块的新砖压在上面，不要让一点空气进入，这样储藏的茶叶就跟新茶很接近了。

【点评】

明人所饮条形散茶，容易接触空气受潮。要保持茶原有味道，不发霉变质，茶叶的贮藏就显得尤为重要。茶叶的密封保存成为明茶事重中之重，方法也层出不穷。明代贮茶，采用的是贮焙结合的方法，各类茶书多有论及。相应的明代贮茶焙茶的器具比唐、宋更为发达。当时的贮茶器多是由瓷或陶制做成的罂，也有用竹等编制成的篓。

置顿①

【原文】

茶恶湿而喜燥②，畏寒而喜温，忌蒸郁而喜清凉③。置顿之所，须在时时坐卧之处④，逼近人气，则常温不寒。必在板房，不宜土室。板房则燥，土室则蒸。又要透风，勿置幽隐⑤。幽隐之处，尤易蒸湿，兼恐有失点检⑥。其阁庋之方⑦，宜砖底数层，四围砖砌，形若火炉，愈大愈善，勿近土墙。顿瓮其上，随时取灶下火灰，候冷，簇

于瓮傍⑧。半尺以外，仍随时取灰火簇之，令裹灰常燥，一以避风，一以避湿。却忌火气入瓮，则能黄茶。世人多用竹器贮茶，虽复多用箬护，然箬性峭劲⑨，不甚伏帖⑩，最难紧实，能无渗罅⑪？风湿易侵，多故无益也。且不堪地炉中顿，万万不可。人有以竹器盛茶，置被笼中，用火即黄，除火即润。忌之忌之！

【注释】

①置顿：设置安顿的处所。顿，放置。

②恶（wù）：讨厌，憎恨。《广韵·暮韵》："恶，憎恶也。"

③蒸郁：闷热。苏轼《次韵孔毅甫久旱已而甚雨》之一："风从南来非雨候，且为疲人洗蒸郁。"

④坐卧：坐和卧，指日常起居。

⑤幽隐：指隐蔽之处。《韩非子·六反》："夫陈轻货于幽隐，虽曾史可疑也；悬百金于市，虽大盗不取也。"

⑥点检：一个一个地查检。

⑦庋（guǐ）：置放器物的架子。

⑧簇：紧紧围拢着。

⑨峭劲：挺拔坚劲，刚健。

⑩伏帖：平伏而紧贴在上面。

⑪罅（xiá）：同"罅"，缝隙，裂缝。

明紫砂茶叶盖罐

【译文】

茶叶厌恶潮湿而喜欢干燥，害怕寒冷而喜欢温暖，忌讳熏蒸、闷热而喜欢洁净、薄寒。茶叶放置的位置，必须在日常起居的地方，迫近人的气息，就可以保持恒定的温度不会寒凉。放置之处必须在木板房内，不适合在泥土房中。置于木板房就能够保持干燥，置于泥土房就会因潮湿而被熏蒸。放置的地方还要透风，不要安放在隐蔽的地方。隐蔽的地方，尤其容易闷热潮湿，并且担心可能会忘掉对茶进行检核查看。置放器物架子的方法，适宜用几层砖作为基底，并且用砖将四周砌起来，形状像火炉，并且规模越大越好，但是不要靠近土墙。将陶瓮安放在上面，随时取来灶炉下的火灰，等它变冷后，就将火灰堆集在瓮的旁边。瓮半尺之外的地方，依然需要随时取用灰火堆积在那里，使其包裹火灰而经常保持干燥。一方面可以避风，另一方面用来祛湿。一定要避免火的热气进入瓮中，否则会让茶叶变黄。世人大多用竹器来储藏茶叶，虽然使用多重箬叶来包裹保护，但箬叶天性坚劲有力，不十分容易依附顺贴，极难使它变得紧凑充实，怎么会没有透露的缝隙呢？这使得寒风和湿气容易侵入，即便用更多的箬叶依然没有用。并且茶叶也经不住在地炉中久置，这是万万不可以的。有的人用竹器来盛放茶叶，将其放在焙茶笼中，用火烘烤就会变黄、枯萎，撤除烘焙的火茶叶就会变回湿润。一定要忌讳和戒除啊！

【点评】

箬叶藏茶，宋已见用，在明代则成为一种普遍的方法，明代茶书中屡见记载。许次纾却认为箬叶不便于密封，指出"收藏宜用瓷瓮"，密封性更好，更能减少气体交换，有利于保持茶叶品质。

取用

【原文】

茶之所忌，上条备矣。然则阴雨之日，岂宜擅开①。如欲取用，必候天气晴明，融和高朗②，然后开缶③，庶无风侵④。先用热水濯手⑤，麻帨拭燥⑥。缶口内箬，别置燥处。另取小罂贮所取茶⑦，量日几何，以十日为限。去茶盈寸，则以寸箬补之，仍须碎剪。茶日渐少，箬日渐多，此其节也⑧。焙燥筑实，包扎如前。

栾书缶

【注释】

①擅：副词，自作主张，擅自，随意。

②融和：和煦，暖和。高朗：高而明净，高而明亮。汉王逸《九思·伤时》："旻天兮清凉，玄气兮高朗。"

③缶（fǒu）：古代一种大腹小口的盛酒器，茶人则用以盛茶。《说文解字》："缶，瓦器，所以盛酒浆，秦人鼓之以节歌。"

④庶：但愿，或许。

⑤濯：洗，洗涤。《诗经·大雅·泂酌》："泂酌彼行潦，挹彼注兹，可以濯罍。"毛传："濯，涤也。"

⑥麻帨（shuì）：麻巾。帨，佩巾，古代女子出嫁时，母亲所授，用以擦拭不洁，

宣化辽墓 M1 后室西壁《备茶图》

在家时挂在门右，外出时系在身左。

　　⑦罂（yīng）：大腹小口的瓦器。《说文》："罂，缶也。"

　　⑧节：关键。

【译文】

　　茶忌讳的东西，上面一条已经叙述完备。然而在阴雨的日子，怎么适合任意开盖取用呢。如果想要取用，必须等到天气放晴明朗、温暖明亮的时候，这样才打开缶盖，或许可以没有风湿之气的侵扰。首先用热水洗手，用麻巾擦拭干。缶内部的箬叶，暂且放置在其他干燥的地方。另外拿一个小罂把取用的茶叶放在里面，估算下取出几天的茶量，以十天作为期限。拿走茶叶满一寸，就用足量的箬叶来填补，箬叶依然需要被剪得很碎。茶叶一天天渐渐变少，箬叶一天天渐渐变多，这是关键。用微火烘烤保持干燥，装填紧实，跟之前一样包裹扎紧。

【点评】

日常取用茶叶时，如果将贮藏大量茶叶的容器频繁打开，就容易导致湿气入内，影响贮藏效果。所以平时少量日用茶，应用小瓶存放。这与熊明遇《罗岕茶记》"须于晴明，取少许别贮小瓶"观点一致。

包裹

【原文】

茶性畏纸，纸于水中成，受水气多也。纸裹一夕[①]，随纸作气尽矣[②]。虽火中焙出，少顷即润。雁宕诸山[③]，首坐此病[④]。每以纸帖寄远，安得复佳[⑤]。

【注释】

①夕：夜，晚上。《诗经·唐风·绸缪》："今夕何夕？见此良人！"

②作：兴起，发生。气：水气。尽矣：达到极限。

③雁宕（dàng）：山名，又名雁荡。位于浙江东南部，分南北二山：南雁荡山在平阳西部，北雁荡山在乐清东北部。一般所谓雁荡山指北雁荡山，一名雁山。明弘治《温州府志》："茶，五县俱有之，惟乐清县雁山者最佳，入贡。"

④首：首先，最早。《洪武正韵·有韵》："首，先也。"坐：由……而获罪，定罪。《一切经音义》卷二："坐，罪也。"这里引申为犯错。病：毛病，缺点。《庄子·让王》："学而不能行谓之病。"

⑤复：又，更，再。表示反问或加强语气。《世说新语·政事》："池鱼复何足惜。"

【译文】

茶叶天性害怕纸，因为纸是在水中生成的，接受的水汽十分多。用纸包裹一晚上，茶叶就会全都随纸产生水汽。即使用火将茶中水汽烘烤出来，短时间内就又潮湿了。雁宕等茶山，首先犯了这个毛病。往往用纸帖包裹茶叶寄住远处，怎么能保持好的品质呢。

【点评】

陆羽《茶经·五之煮》："既而承热用纸囊贮藏之，精华之气无所散越。"用纸囊贮茶，看似与许次纾的观点大相径庭，其实不然。因为陆羽这里是用纸囊临时贮存刚烤炙好以备碾罗的茶，其作用是为了烤炙催散出来的香气不会白白地流失，而不是许氏所说的较长时间的贮放。

日用顿置

【原文】

日用所需，贮小罂中，箬包苎扎，亦勿见风。宜即置之案头[1]，勿顿巾箱、书籯[2]，尤忌与食器同处。并香药则染香药[3]，并海味则染海味，其它以类而推。不过一夕，黄矣变矣。

【注释】

①即：就，靠近。《诗经·卫风·氓》："来即我谋。"

②巾箱：古时装头巾或手巾的小箱子，后亦用以存放书卷、文件等物品。《太平御览》卷七一一引《汉武内传》："武帝见西王母巾箱中有一卷书。"书籯（lù）：藏书用的竹箱子。唐皮日休《醉中即席赠润卿博士》诗："茅山顶上携书籯，笠泽心中漾酒船。"籯，竹箱，竹编的盛物器，形状不一。

③并：一起，一并。这里作动词，指与……放在一起。

白瓷茶瓶

【译文】

日常取用的茶，应储存到小口大肚的小罂里，用竹叶包好，并用苎麻扎紧，也不能见风。应该就在靠近案边的地方放置，不要放在巾箱或书箱里，尤其禁忌和餐具放在一起。如果和香药放在一起就会染上香药的味道，和海味放在一起就会染上海味的味道，其他可由此类推。这样仅仅一夜，茶就会变黄变味。

择水

【原文】

精茗蕴香，借水而发，无水不可与论茶也。古人品水，以金山中泠为第一泉[1]，第二②，或曰庐山康王谷第一③。庐山余未之到，金山顶上井，亦恐非中泠古泉。陵谷变迁④，已当湮没⑤，不然，何其漓薄不堪酌也⑥？今时品水，必首惠泉⑦，甘鲜膏腴⑧，致足贵也⑨。往三渡黄河，始忧其浊，舟人以法澄过⑩，饮而甘之，尤宜煮茶，不下惠泉。黄河之水，来自天上⑪，浊者，土色也。澄之既净，香味自发。余尝言有名山则有佳茶，兹又言有名山必有佳泉⑫。相提而论，恐非臆说⑬。余所经行，吾两浙、两都、齐鲁、楚粤、豫章、滇黔⑭，皆尝稍涉其山川⑮，味其水泉，发源长远而潭泚澄澈者⑯，水必甘美。即江河溪涧之水⑰，遇澄潭大泽⑱，味咸甘冽⑲。唯波涛湍急，瀑布飞泉，或舟楫多处，则苦浊不堪。盖云伤劳⑳，岂其恒性。凡春夏水长则减，秋冬水落则美。

清金廷标《品泉图》

【注释】

①金山：位于今江苏镇江西北。中泠：中泠泉，初在金山下的长江中，今江岸沙涨，泉已在沙岸以内，在金山以西一里之遥。中泠，与北泠、南泠合称"三泠"，唐张又新《煎茶水记》记中名士刘伯刍评扬子江南泠泉为第一，茶神陆羽评为天下第七，

唐以后人多称道中泠，而宋人皆称道中泠泉，从此中泠泉被誉为"天下第一泉"。

②第二：当为衍字。

③庐山：在江西北部，位于九江以南，星子以西，耸峙于长江中下游平原与鄱阳湖畔。传周代有匡氏兄弟七人上山修道，结庐为舍，因名声山。又称匡山、匡庐。康王谷：位于庐山最高峰汉阳峰西，是全山最长的峡谷，谷中水帘水据张又新《煎茶水记》被陆羽《煮茶记》中品评为天下第一水，传今存陆羽诗句"泻从千仞石，寄逐九江船"即为该泉所题。苏轼在咏茶词中称赞："谷帘自古珍泉。"陆游在《入蜀记》写道："谷帘水……真绝品也。甘腴清冷，具备众美。非惠山所及。"

④陵谷：丘陵和山谷。

⑤湮（yān）：埋没，淹没。《国语·周语下》："绝后无主，湮替隶圉。"韦昭注："湮，没也。"

⑥漓薄（lí báo）：谓酒不浓。明陈霆《两山墨谈》卷六："今人名酰之漓薄者为鲁酒。"堪：能承受。

⑦惠泉：惠山寺石泉水，在今江苏无锡西五里处惠山第一峰白石坞惠山寺南庑，源出若冰洞。张又新《煎茶水记》记陆羽定天下水品二十种，以惠山石泉水为第二，故又名"陆子泉"，又称"二泉"。

⑧膏腴：谓食物肥美。

⑨致：尽，极。《左传·文公十五年》："兄弟致美。"

⑩澄（dèng）：让水中物沉淀，使清静，使清明。

⑪黄河之水，来自天上：本句出自唐李白诗《将进酒》："黄河之水天上来，奔流到海不复回。"

⑫兹：这里。

⑬臆：主观地推测、猜测。

⑭两浙：浙江。唐肃宗至德二载（757 年），置浙江西道、浙江东道两节度使方镇。宋代设两浙路，元代时浙江属江浙行中书省，明初改元制为浙江承宣布政使司。两都：指明代南北两都——南京和北京，明代自永乐以后实行两都制。两都始行于汉代，指西汉的西都长安、东都洛阳，东汉著名历史学家和辞赋家班固曾经著《两都赋》。齐鲁：山东。"齐鲁"一名，因于先秦齐、鲁两国。到战国末年，齐、鲁两国文化也逐渐融合形成一个统一的文化圈，从而形成"齐鲁"的地域概念。这一地域与后来的山东省范围大体相当，故成为山东省的代称。楚：指湖北省和湖南省，特指湖北省。粤：广东省的简称。豫章：古郡名，唐王勃《滕王阁序》写道："豫章故郡，洪都新府。星分翼轸，地接衡庐。"广义而言的豫章，即今江西省，狭义而言，豫章指今南昌地区一带。滇：云南省的简称。黔：贵州省的简称。

⑮涉：蹚水过河。

⑯潭：深，深邃。沚（cǐ）：清澈的样子。原本为"沚"，意为水中小块陆地。澄澈：清澈，水清见底。

⑰溪涧：指山间的水流。

⑱大泽：大湖沼，大薮泽。泽，水积聚的地方。

⑲咸：全。甘冽：甘美清澄。宋洪迈《夷坚丁志·刘道昌》："忽有泉涌于庭，极甘冽。"

⑳劳：操劳，劳动；疲劳，劳苦。

【译文】

好茶蕴藏着香味，只有凭借水才能让它散发出来，没有水就不能谈论茶的事。古人品鉴煮茶之水，把金山的中泠泉作为第一泉，也有将庐山康王谷水帘水列为第一。庐山我没有去过，金山顶上的井泉，也恐怕不是中泠古泉了。丘陵山谷变迁，古泉应当已经被埋没了，如果不是这样，为什么泉水这么浅淡而经不住饮酌呢？如今品鉴水，一定认为惠泉是第一，泉水甘甜鲜嫩，滋润肥美，极其值得珍藏宝贵。我过去多次渡过黄河，曾经担忧它会很浑浊，船家用一定的方法将水中的杂质沉淀过，喝起来甘甜味美，特别适合煮茶，不比惠泉差。黄河的水来自天上，浑浊因为是土的颜色。沉淀以后就变清澈，香味自然散发出来。我曾经说有名山就会有好茶，这里又说有名山就会有好的泉水。一并来讲，恐怕不是我的主观说法吧。我经过的地方，两浙、两都、齐鲁、楚粤、豫章、滇黔，都曾经过那里的山川，品味过那里的泉水，从很远的地方发源，而水潭洁净澄澈的，里面的水一定甘甜鲜美。即使是江河、小溪、山涧的水，流到澄澈深潭水泽中，它的味道全都甘甜清冽。只有湍急、瀑布飞泉或船只多的地方，水才苦涩浑浊，不能饮酌。大概是因为过度扰动而使水质受到损害，怎么会是它固有的性质呢？只有春夏水涨之时，水味就损减；秋冬水落之时，水味就甘美。

【点评】

水对于茶的作用不言而喻。"精茗蕴香，借水而发，无水不可与论茶也"，高度概括了水对品茶的重要性，非常精辟地道出了茶与水的密不可分。许次纾没有拘泥于古人强调排列的水品次第，而是基于自己的实地考察来对不同水品进行品鉴。作者足迹所至，江河溪涧之水，皆可汲煮，提出"有名山必有佳泉"的说法。作者还特别强调了水品的"澄"的特质，"澄之既净，香味自发"，净而清才是水的恒性。

贮水

【原文】

甘泉旋汲①，用之斯良②，丙舍在城③，夫岂易得。理宜多汲④，贮大瓮中。但忌新器，为其火气未退，易于败水⑤，亦易生虫。久用则善，最嫌他用⑥。水性忌木，松杉为甚。木桶贮水，其害滋甚⑦，挈瓶为佳耳⑧。贮水瓮口，厚箬泥固，用时旋开。泉水不易，以梅雨水代之。

【注释】

①旋：顷刻，不久。

②斯：乃，就。

③丙舍：此处指饮茶处所，茶室。初指后汉宫中正室两边的房屋，以甲乙丙为次，其第三等舍称丙舍。后泛指正室旁的别室，或简陋的房舍。《千字文》："丙舍傍启，甲帐对楹。"

④理：道理，事理。此处意为"按道理"。

⑤败：使毁坏，搞坏。

⑥嫌：避忌。

⑦滋：更加。《史记·魏其武安侯列传》："武安侯由此滋骄。"

⑧挈（qiè）：执，携带。

【译文】

甘甜的泉水取后马上就用它煮茶才好，但饮茶的地方在城里，泉水怎能容易得到？所以按道理每次应该多取一些，贮存到大瓮中。但禁忌用新的器具，因为它的火气还没有退除，容易损坏水质，也容易生虫。长期用来装水的器皿才好，最忌讳做别的用途。水性忌讳木，尤其忌讳松木和杉木。用木桶来盛水，对水的损害更加严重，拿瓶子盛水才好。盛水的瓮口要盖上厚厚的箬竹叶，用泥封好，用的时候再快速打开。如果泉水不容易得到，可以用梅雨水代替。

【点评】

既有甘露，如何保有水的清新，不使水质受损，这是许次纾尤其关注的问题。于是运水的瓶、贮水的水瓮成为首选。为使茶鲜水灵，不会变质，《茶疏》总结了一套"贮大瓮中，但忌新器"的贮水法，"舀水必用瓷瓯，轻轻出瓮"的舀水法，以及"沸

明崇祯金瓶梅《扫雪烹茶图》

速"的煮水法。这样使水"鲜嫩风逸",确保了水的质量。

舀水

【原文】

舀水必用瓷瓯①,轻轻出瓮,缓倾铫中②。勿令淋漓瓮内③,致败水味④,切须记之。

【注释】

①瓯(ōu):杯、碗之类的饮具。南唐李煜《渔父》词:"花满渚,酒满瓯。"

②铫（diào）：一种带柄有嘴的小锅。苏轼《试院煎茶》诗："且学公家作茗饮，砖炉石铫行相随。"

③淋漓：液体湿湿地淌下，即流滴的样子。

④败：损害，损伤。

【译文】

舀水一定要用瓷碗，轻轻地把水从瓮中取出，慢慢地把水倒入铫中。不要让水滴回瓮内，使水的味道受到损害，一定要记住。

煮水器

【原文】

金乃水母①，锡备柔刚②，味不咸涩，作铫最良。铫中必穿其心，令透火气。沸速则鲜嫩风逸③，沸迟则老熟昏钝④，兼有汤气⑤，慎之慎之。茶滋于水⑥，水藉乎器⑦，汤成于火⑧，四者相须⑨，缺一则废。

【注释】

①金乃水母：金生水。根据五行相生理论，木、火、土、金、水之间存在着递相资生、助长和促进的关系，即木生火，火生土，土生金，金生水，水生木。

②柔刚：柔和与刚强，阴阳的两种不同属性。

③风逸：谓洒脱奔放。

④昏钝：和缓，不强烈。钝，滞涩，不滑润。

⑤汤气：熟汤气，即馊味。

⑥滋：产生，润泽。

⑦藉：凭借，依靠。

⑧汤：沸水，热水。《论语·季氏》："见善如不及，见不善如探汤。"

⑨相须：互相依存，互相配合。亦作"相需"。

【译文】

水是从金产生的，锡兼具了柔和与刚强两种特性，煮出的水味道不咸涩，最适宜用来制作煮水的水铫。水铫的中间一定要有孔，这样使火的热气能够穿过。如果沸腾得快那么煮出的水将新鲜嫩滑并伴有随风飘散的水汽，如果沸腾得慢那么煮出的水就颜色昏暗积滞没有活力，同时还有馊味，一定要谨慎啊。茶靠水滋润，水借力于煮水的器皿，烧开水取决于火力。四者相辅相成，缺一样茶便煮不成。

火候

【原文】

火必以坚木炭为上。然木性未尽，尚有余烟，烟气入汤，汤必无用。故先烧令红，去其烟焰①，兼取性力猛炽②，水乃易沸。既红之后，乃授水器，仍急扇之③，愈速愈妙，毋令停手。停过之汤，宁弃而再烹。

【注释】

①烟焰：烟和火焰。

②炽（chì）：火旺盛。汉王充《论衡·论死》："火炽而釜沸，沸止而气歇，以火为主也。"

③仍：仍旧，还是。

明李士达《坐听松风图》（局部）

【译文】

烧火最好选择坚实的木炭。然而如果使用的木炭的木性没有去尽，烧了以后就还会有余烟，烟气进到热水中，热水就一定没用了。因此煮水前要把木炭烧红，去掉它的烟和火焰，再加上火力旺的木炭，水就容易沸腾。等木炭烧红后，再把煮水器皿放到火上去，仍旧快速地用扇子扇，速度越快越好，不要让扇扇子的人停手。如果中间停止过，煮出来的热水宁愿倒掉而重新煮。

烹点

【原文】

　　未曾汲水，先备茶具。必洁必燥，开口以待。盖或仰放，或置瓷盂，勿竟覆之①。案上漆气、食气，皆能败茶。先握茶手中，俟汤既入壶②，随手投茶汤，以盖覆定③。三呼吸时，次满倾盂内④，重投壶内，用以动荡香韵，兼色不沉滞⑤。更三呼吸顷⑥，以定其浮薄⑦。然后泻以供客，则乳嫩清滑，馥郁鼻端⑧。病可令起，疲可令爽，吟坛发其逸思⑨，谈席涤其玄襟⑩。

辽张世卿古墓《备茶图》

【注释】

　　①竟：直接，径直。

②俟：等。

③覆：覆盖，遮蔽。

④次：然后，接着。

⑤沉滞：深沉凝滞。

⑥更：表示动作行为的重复，相当于"再""又"。顷：左右，指时间。

⑦浮薄：漂浮轻薄。

⑧馥郁：指浓烈的香气。元陈樵《雨香亭》诗："氤氲入几席，馥郁侵衣裳。"

⑨吟坛：诗坛，诗人聚会之处。唐牟融《过蠡湖》诗："几度篝帘相对处，无边诗思到吟坛。"逸思：超逸的思想。南朝梁沈约《〈棋品〉序》："是以汉魏名贤，高品间出；晋宋盛士，逸思争流。"

⑩谈席：谈经论艺的场所。宋欧阳修《答梅圣俞寺丞见寄》诗："清风满谈席，明月临歌舫。"玄襟：深奥的情怀。襟，古代衣服的交领或前幅，这里指情怀、怀抱。

【译文】

在取水前先准备茶具。茶具一定要清洁干燥，并打开盖子待用。盖子或者向上摆放，或者放置在瓷盂上，不要把它直接盖放在桌子上。桌子上的油漆味和食物的气味都能破坏茶的味道。先把茶叶握在手中，等把热水倒入壶后，随即把茶叶投入水中，再把盖子盖严。等三次呼吸的时间，接着把茶水全倒到瓷盂中，再（将瓷盂中的茶水）倒入壶内，用此方法使茶的香气和韵味散发出来，同时茶汤颜色不会停滞下沉。再等呼吸三次的时间，就能将汤中轻薄漂浮的茶叶沉淀下来。然后把茶水倒出献给客人，这样的茶就能乳花嫩白清滑，香气萦绕鼻端。喝了这茶，可以使生病的人病愈，可以使疲惫的人神清气爽，可以引发诗人超逸的思想，可以涤荡谈经论艺者深奥的情怀。

【点评】

许次纾介绍的叶茶壶泡法比较独特，先汤后茶，但又不完全同于所谓上投法。泡"三呼吸"的时间，就将茶汤倾倒至一瓷盂内，随即将之再倒回壶中——这样做的目的是"用以动荡香韵，兼色不沉滞"；再泡"三呼吸"的时间，即可泡出"乳嫩清滑"、香气扑鼻的茶汤，分泻以待客。

秤量①

【原文】

茶注宜小②，不宜甚大。小则香气氤氲③，大则易散漫。大约及半升，是为适可。

独自斟酌④，愈小愈佳。容水半升者，量茶五分⑤，其余以是增减。

中华传世藏书

茶 经

《茶经》与其他茶典

【注释】

①秤量：衡量，估计。《后汉书·方术传下·华佗》："心识分铢，不假称量。"

②茶注：茶壶。注，注子，古代酒壶，金属或瓷制成，可坐入注碗中。始于晚唐，盛行于宋元时期。唐李匡义《资暇集·注子偏提》："元和初，酌酒犹用樽杓……居无何，稍用注子，其形若罂，而盖、觜、柄皆具。大和九年后，中贵人恶其名同郑注，乃去柄安系，若茗瓶而小异，目之曰偏提。"

③氤氲：形容烟或气很盛。唐张九龄

宜兴紫砂壶

《湖口望庐山瀑布泉》："灵山多秀色，空水共氤氲。"

④斟酌：斟，倒茶水。酌，小口地喝，诗文中多指喝酒，此处指小口品茶。

⑤量：称量。分：重量单位，一两的百分之一。

【译文】

茶壶应该小，不能太大。壶小泡茶则茶香很盛，壶大香味就容易发散掉。大约半升的壶，这是比较合适的。自己一个人倒茶喝茶，茶壶越小越好。半升水容量的茶壶，要称量五分重的茶，其他的可以以这个为标准增加或减少茶量。

【点评】

小壶能留住茶之原香，故明人用壶，以小为佳，许次纾明确提出了以半升小壶最为适宜的观点——这应当是此后影响时大彬听从陈继儒等文人的建议改大壶作小壶的先声。

汤候①

【原文】

水一入铫，便须急煮。候有松声②，即去盖，以消息其老嫩③。蟹眼之后④，水有微涛⑤，是为当时。大涛鼎沸⑥，旋至无声⑦，是为过时，过则汤老而香散⑧，决不堪用。

【注释】

①汤候：观察煮水程度。

②松声：松涛声，即松枝相互碰撞时发出的声音，此指煮水过程中水发出的类似松涛的声音。

③消息：此为动词，了解明白变化之意。

④蟹眼：螃蟹的眼睛。比喻水初沸时泛起的小气泡。古时称煮茶之水沸腾之前的状况，即水中出现小气泡如螃蟹眼大小。宋庞元英《谈薮》："俗以汤之未滚者为盲汤，初滚者曰蟹眼，渐大者曰鱼眼，其未滚者无眼，所语盲也。"苏轼《试院煎茶》："蟹眼已过鱼眼生，飕飕欲作松风鸣。"

⑤涛：波涛起伏，此为夸张，指水沸腾起来。

⑥鼎沸：水涌流翻腾的样子。

⑦旋：逐渐。

⑧老：过头而衰，指水煮的时间过长。

明王问《煮茶图》（局部）

【译文】

将水一倒入铫中，便需要大火快煮。等到发出松涛声一样的声音时，立刻拿开盖子，以便观察了解水的老嫩程度。煮水出现蟹眼一样的泡泡之后，水有微微的波涛，这就是水煮到正适当的时刻。等到有大波涛涌流翻腾，逐渐至没有声音，这就是煮过了头，煮过了头的水就不新鲜，香气散漫，一定不能用。

欲烹茶必先煮水。煮水过程对于明人来说，既是种技艺又是种享受。以至于张源在《茶录》中提出"汤有三辨"的说法。许氏则去烦从简，另辟蹊径，用炽火急煮令水迅速沸腾的方法，以松涛般的水声来判断最适宜的水温。这较之张源要更为精准。

瓯注①

【原文】

茶瓯，古取建窑兔毛花者②，亦斗碾茶用之宜耳③。其在今日，纯白为佳，兼贵于小。定窑最贵④，不易得矣。宣、成、嘉靖⑤，俱有名窑⑥，近日仿造，间亦可用。次用真正回青⑦，必拣圆整，勿用啙窳⑧。

茶注，以不受他气者为良，故首银次锡⑨。上品真锡，力大不减⑩，慎勿杂以黑铅⑪，虽可清水，却能夺味。其次内外有油瓷壶亦可⑫，必如柴、汝、宣、成之类⑬，然后为佳。然滚水骤浇，旧瓷易裂，可惜也。近日饶州所造⑭，极不堪用。往时龚春茶壶⑮，近日时彬所制⑯，大为时人宝惜。盖皆以粗砂制之，正取砂无土气耳。随手造作，颇极精工，顾烧时必须火力极足⑰，方可出窑。然火候少过，壶又多碎坏者，以是益加贵重。火力不到者，如以生砂注水，土气满鼻，不中用也。较之锡器，尚减三分。砂性微渗，又不用油⑱，香不窜发，易冷易馊，仅堪供玩耳。其余细砂，及造自他匠手者，质恶制劣，尤有土气，绝能败味，勿用勿用。

【注释】

①瓯（ōu）：指杯碗之类的饮具，此指茶瓯，即茶杯。注：茶注，即茶壶。此小节主要介绍各种不同窑口的茶具，以及许次纾自己对茶具的认识。

②建窑：窑址在今福建建阳水吉镇，宋代以烧制黑釉瓷并上贡闻名于世。兔毛花：指建窑烧制的"兔毫盏"，色黑或深紫，釉下有放射状的细纹，形似兔毛，故名。在斗茶之风盛行的宋代，建窑兔毫盏深得文人乃至帝王的喜爱。

③斗碾茶：指宋代斗茶。宋人斗茶用末茶冲点，通过比赛茶的汤花浮起的程度来评判竞胜，称斗色斗浮；也有斗味斗香的斗茶。碾茶，碾成末的茶。

④定窑：宋代五大名窑之一，以白瓷著称。在定州（今河北曲阳涧磁燕山村）境内，故名。定窑原为民窑，北宋中后期，由于瓷质精良，色泽淡雅，纹饰秀美，开始烧造宫廷用瓷。

⑤宣、成、嘉靖：明代年号，即明宣宗宣德（1426—1435 年）、宪宗成化

（1465—1487年）、世宗嘉靖（1522—1566年）。这一时期也是瓷器制造高度发展的时期。

⑥俱有名窑：宣窑为宣德年间在江西景德镇所设的官窑；成窑指成化年间的官窑；嘉靖官窑则是明代官窑产量最大的时期。

⑦回青：一称回回青，一种蓝色颜料，因明朝时从西域进口，故而得名。青，指蓝色颜料。回青一般需要和石子青混合运用，所呈现的颜色较霁蓝浅淡，多见于嘉靖和万历年间的瓷器。正德（1506—1521年）时已经见用，嘉靖时成为当时青花的标志。

⑧呰窳（zǐ yǔ）：指器物质量粗劣。呰，弱，劣。窳，指器物粗劣。《说文》："窳，污窬也。"《广韵》："窳，亦（器）病也。"

⑨首银次锡：银壶最好，锡壶其次。银制器皿具杀菌、消毒功效，用之煮水可软化水质，使水变细软，使茶更香醇。锡制茶器具有良好的密闭性和透气性，无味，可防潮，长久保持茶叶鲜美芳香，为储茶、泡茶之佳器。

⑩力：功效，功劳之意。减：衰弱，减少。

⑪黑铅：铅的一种，或称为青铅。《本草纲目》卷八："铅：黑锡。"

⑫油（yòu）：通"釉"。唐刘恂《岭表录异》卷上："广州陶家，皆作土锅镬。烧热以土油之，其洁净则愈于铁器。"原案："油与釉通。"

⑬柴、汝、宣、成：柴窑、汝窑、宣窑、成窑。柴，柴窑，是中国古代五大瓷窑之首，创建于五代后周显德初年河南郑州（一说开封），本是后周世宗柴荣的御窑，从北宋开始称为柴窑。汝，汝窑，中国古代著名瓷窑，北宋元祐初年继定窑之后专烧宫廷用瓷，因其窑址在汝州境内（今河南临汝、宝丰一带），故名。汝窑以烧制青瓷闻名，有天青、豆青、粉青诸品。汝窑与同期官窑、哥窑、钧窑、定窑合称宋代五大名窑。汝窑开窑烧造时间短暂，传世亦不多，珍贵非常。宣，宣窑，明宣德设于景德镇官窑的省称。成，明成化

南宋莲盖银注子注碗

窑，以小件和五彩的最为名贵。明沈德符《敝帚轩剩语·瓷器》："本朝窑器，用白地青花，间装五色，为今古之冠。如宣窑品最贵，近日又重成窑。"

⑭饶州：地处江西东北部景德镇，原为饶州府浮梁县下辖一镇。

⑮龚春茶壶：也称为"供春壶"，由紫砂名家供春（一名龚春）所制。供春，明

正德、嘉靖年间人，生卒不详。原为宜兴进士吴颐山的家僮，在伴随吴颐山读书宜兴金沙寺"给使之暇"，学习寺中老僧及当地人制陶法，仿自然形态制成紫砂壶，做工古朴精美，人称供春壶。吴梅鼎《阳羡瓷壶赋·序》："余从祖拳石公读书南山，携一童子名供春，见土人以泥为缸，即澄其泥以为壶，极古秀可爱，所谓供春壶也。"

⑯时彬：时大彬（1573—1648年），明万历至清顺治年间人，是著名的紫砂大家时朋的儿子。他确立了至今仍为紫砂业沿袭的用泥片和镶接那种凭空成型的高难度技术体系，在紫砂陶各方面极有研究，早期作品多模仿供春大壶。

⑰顾：句首发语词，无意义。

⑱油：通"釉"，此为动词，用釉涂饰。

【译文】

明供春小壶

茶瓯，古代取用建窑兔毛花的茶盏，也是适合用它来斗碾茶罢了。在今天，茶瓯最好是纯白的，而且小的更珍贵。定窑的茶瓯最珍贵，不容易得到。宣德、成化、嘉靖年间，都有名窑，近年有仿造的，有时也有可以用的。其次要用真正回青烧制的茶瓯，一定要挑圆形的、完整的，不能用质量粗劣的茶具。

茶壶，以不受到其他气味污染的为好，因此首选银制茶壶，次选锡制茶壶。上品真锡茶壶，功效好，不容易使壶中茶水的气味减弱，小心不要把黑铅混杂进去，混杂黑铅虽然能使水洁净清澈，但也能夺去水的气味。其次，内外涂过釉的瓷壶也可以，一定要像柴窑、汝窑、宣窑、成窑这类瓷窑生产的瓷壶，才是好的。然而，用滚烫的水突然浇灌，旧的瓷壶容易开裂，很可惜。最近饶州产的瓷制茶壶，很经不住使用。以前的龚春茶壶，近年来时大彬所烧制的茶壶，大多被当时的人当作宝贝一样珍惜。他们所制茶壶都是用粗砂制作的，正是取粗砂没有土气的特性罢了。随手制作，极尽精致的工艺，烧制时必须火力非常充足，才可以出窑。然而火候稍微过头，很多茶壶就碎裂烧坏，因此砂壶更加贵重。烧制时火力不够的茶壶，像用水注进生砂一样，闻起来满鼻都是土气，不能够用啊。与锡制茶壶相比，泡茶效果还要减去三分。砂本性微微渗水，又没有上釉，茶叶的香气不能窜出散发，茶水容易变冷变坏，这类砂茶壶只能够用来把玩罢了。其他细砂茶壶，以及出自其他工匠之手制造的茶壶，质量、做工都很劣质，还有土气，绝对会败坏茶水的味道，一定一定不要用。

【点评】

明代茶具，回归到陆羽倡导的简约之道上，总体表现为自然朴实。散茶的饮用，对茶具也提出了新的要求。旧时饮用末茶的茶器，如茶磨、茶碾、茶罗、茶筅、茶勺、茶盏等随着末茶的废置而消逝。改用茶壶容茶，水铫煮水冲泡，再注入茶杯饮用，器具的变化突出体现在两个方面：一为小茶壶的出现；二为盏的变化。

砂壶"盖皆以粗砂制之，正取砂无土气耳"，所以能保存茶本身的香气。砂壶的地位在明代便日渐凸显："往时龚春茶壶，近日时彬所制，大为时人宝惜。"精制的砂壶，逐渐替代唐宋时期金器、银器、锡器，渐成新宠。

宋代流行点茶法，茶色贵白，所以好用深色釉茶盏以衬其白。明代用叶茶直接冲泡，茶汤绿，故宣窑、成窑白瓷更能衬托其嫩绿色泽。冲泡之变导致汤色变化，进而影响茶盏颜色的选择变化，在小小的茶盏中演绎出明人对茶微妙的感受。

荡涤①

【原文】

汤铫瓯注，最宜燥洁。每日晨兴，必以沸汤荡涤，用极熟黄麻巾蜕向内拭干②，以竹编架，覆而庋之燥处③，烹时随意取用。修事既毕④，汤铫拭去余沥⑤，仍覆原处。每注茶甫尽⑥，随以竹筋尽去残叶，以需次用。瓯中残沉⑦，必倾去之，以俟再斟。如或存之，夺香败味。人必一杯，毋劳传递，再巡之后⑧，清水涤之为佳。

时大彬六方壶

【注释】

①荡涤：冲洗，清除。宋曾巩《延庆寺》诗："好风吹雨来，暑气一荡涤。"

②黄麻：一种长而柔软的、发出光泽的植物纤维，可以织成高强度的粗糙的细丝。

③覆：翻转。

④修事：实行，从事某种活动。又特指治馔之事。

⑤余沥：指茶的余滴，剩茶。

⑥甫：刚刚，才。

⑦渖（shěn）：汁。《新唐书·崔仁师传》："食饮汤渖。"

⑧再巡：第二遍。巡，遍，又指依次斟饮。

【译文】

　　茶铫和茶杯、茶壶，干燥、洁净最为适宜。每天早晨起来，一定要用开水洗涤，用熟透的软的黄麻巾布擦干器具内部，用竹子编制支架，将茶具扣在竹架上然后搁置在干燥处，烹煮茶的时候可随意取用。茶事活动结束后，擦去茶铫中余留的汁液，仍将茶铫扣在原处。每次茶壶倒茶刚尽的时候，随即用竹筷将残留的茶叶去尽，以备下次之使用。茶瓯中的残汁也要全部倒出去，以等待下次斟茶。如果还有些汁液残存，一定会毁损茶的香气味道。一人必须有一个茶杯，不需要传送，喝过两遍之后，最好用清水洗干净。

清代举行茶宴时用的"三清"茶具

饮啜

【原文】

一壶之茶，只堪再巡①。初巡鲜美，再则甘醇，三则意欲尽矣②。余尝与冯开之戏论茶候③，以初巡为婷婷袅袅十三余④，再巡为碧玉破瓜年⑤，三巡以来，绿叶成阴矣⑥。开之大以为然。所以茶注欲小，小则再巡已终，宁使余芬剩馥，尚留叶中，犹堪饭后供啜漱之用，未遂弃之可也⑦。若巨器屡巡，满中泻饮⑧，待停少温⑨，或求浓苦⑩，何异农匠作劳。但需涓滴⑪，何论品尝，何知风味乎。

【注释】

①堪：经得起，受得住。下文中的"堪"为"能"的意思。

②意欲：即指人对某种事物在思想上的欲望。

③冯开之：即冯梦桢（1546—1605年），浙江秀水（今浙江嘉兴）人，字开之，万历五年进士，官编修，因忤当权者免官。因藏有《快雪时晴帖》而名其堂为"快雪堂"。著有《历代贡举志》《快雪堂集》和《快雪堂漫录》。

④婷婷袅袅十三余：本句出自杜牧《赠别·其一》："娉娉袅袅十三余，豆蔻梢头二月初。春风十里扬州路，卷上珠帘总不如。"这里指少女的美好。

⑤破瓜：指女子十六岁时。清袁枚《随园诗话》卷十三有云："《古乐府》：'碧玉破瓜时'，或解以为月事初来，如破瓜则见红潮者，非也。盖将瓜纵横破之，成二'八'字，作十六岁解也。"

⑥绿叶成阴：指女子出嫁生了子女。宋计有功《唐诗纪事·杜牧》："自是寻春去较迟，不须惆怅怨芳时。狂风落尽深红色，绿叶成阴子满枝。"

清杨彭年曼生壶

⑦遂：全部。

⑧泻饮：指大口喝茶。泻，倾倒。

⑨待：等。

⑩求：追求，谋求。

⑪涓滴：水点，极少的水。唐杜甫《倦夜》诗："重露成涓滴，稀星乍有无。"

【译文】

一壶茶，只能泡两次。第一泡味道鲜美，第二泡味道甘醇，第三泡味道就将要尽了。我曾经和冯开之开玩笑谈论茶不同时候的状态，把第一泡比作婷婷袅袅十三岁的少女，第二泡比作十六岁刚刚嫁为人妇的小家碧玉，三泡以后，就好比绿叶成荫，已经生了一堆孩子的半老妇人了。开之认为非常正确。所以茶注要小，小的话喝第二泡已经结束，宁愿让余下的芳香馥郁，尚且留在茶叶中，还可以等到饭后供人啜饮漱口，不用全部丢弃也是可以的。如果用太大的容器泡茶且斟饮多次，杯子满了就大口喝茶，等停下来茶就会变凉，或者只追求浓苦的味道，这和农夫工匠劳作累了为了解渴而喝茶有什么区别呢？那只是需要几滴水，如何谈得上品尝，又怎么知道茶的风味呢？

【点评】

品饮之时，"一壶之茶，只堪再巡。初巡鲜美，再则甘醇，三巡意欲尽矣"。许次纾匠心独具地以妙龄女子喻茶，将每道茶的不同风味展示得摇曳多姿。一壶茶冲泡两次为宜，不仅是品饮规则，而且是茶由饮到品的一种艺术境界的升华。喝茶不只是为解渴，更是一种精神的艺术的享受。

论客

【原文】

宾朋杂沓①，止堪交错觥筹②；乍会泛交③，仅须常品酬酢④。惟素心同调⑤，彼此畅适，清言雄辩⑥，脱略形骸⑦，始可呼童篝火⑧，酌水点汤⑨。量客多少，为役之烦简。三人以下，止爇一炉⑩，如五六人，便当两鼎炉⑪，用一童，汤方调适。若还兼作，恐有参差。客若众多，姑且罢火，不妨中茶投果⑫，出自内局⑬。

【注释】

①杂沓：众多杂乱的样子。
②交错觥（gōng）筹：酒器和酒筹交互错杂，形容宴饮尽欢。欧阳修《醉翁亭记》："射者中，弈者胜，觥筹交错，起坐而喧哗者，众宾欢也。"觥，盛酒或饮酒器。筹，酒筹，用以计算饮酒的数量。交错，交叉，错杂。
③乍会泛交：交情一般的朋友。乍会，初次见面。泛交，泛泛之交，一般的友谊。
④酬酢：主客相互敬酒，主敬客称酬，客还敬称酢。因指应酬交往。
⑤素心：本心。同调：音调相同，比喻有相同的志趣或主张。杜甫《徒步归行》：

"人生交契无老少，论心何必先同调。"

⑥清言雄辩：高雅的言论，有力的辩论。

⑦脱略形骸：不拘形迹，不受礼法束缚。脱略，放任，不拘束。形骸，人的躯体，指外貌，容貌。

⑧篝（gōu）：燃火而以笼罩其上。

⑨酾水点汤：舀水泡茶。酾，舀。点，用开水冲泡茶叶。

⑩爇（ruò）：烧，焚烧。

宋无款《文会图》

⑪鼎炉：指古代制药炼丹及烹饪之三足火炉器具。

⑫中茶投果：终止饮茶，放下果品。中，停止。投，放下，投下。

⑬出自内局：从室内走出。内局，明朝时候是宫廷提供日用品的地方，此处应该是指一般饮茶的室内。

【译文】

宾客朋友纷至沓来，只能群集宴饮；第一次见面泛泛而交的一般朋友，只需要用普通的茶来应酬交往。只有本心相投，彼此舒适自在，或有高雅言论和激昂辩论，不受礼节拘束的人，才可让童子生火，舀水泡茶。计算客人的多少，来确定工作量的多少。三个人以下，只需要一个炉子；如果是五六个人，就应该用两个鼎炉，用一个童子专门来做，才能调出好茶。童子如果还兼做他事，恐怕就会出现差池。客人如果很多，可暂时熄火，不妨停止饮茶、放下果品，到室外来。

【点评】

唐宋时期也注重茶侣的选择，但一般只言及茶客的人品、修养，明人在此基础上对茶客人数的多寡、茶童等都有特殊要求，这无疑是艺术品饮路上发展进步的表现。而许氏则更强调"素心同调，彼此畅适"，心性修养、趣味相投之人方可成为茶侣，才能在"清言雄辩"中体味饮茶的乐趣。而且人数还不能太多，最多五六人。以茶会友的过程实际是惺惺相惜、心意相交的情感精神的互动。

茶所①

【原文】

小斋之外②，别置茶寮③。高燥明爽④，勿令闭塞⑤。壁边列置两炉，炉以小雪洞覆之⑥。止开一面，用省灰尘腾散⑦。寮前置一几⑧，以顿茶注、茶盂，为临时供具。别置一几，以顿他器。旁列一架，巾帨悬之，见用之时⑨，即置房中。斟酌之后，旋加以盖，毋受尘污，使损水力⑩。炭宜远置，勿令近炉，尤宜多办宿干易炽。炉少去壁⑪，灰宜频扫。总之，以慎火防热，此为最急。

【注释】

①茶所：饮茶的处所。

②斋：家居的房屋，学舍，因以为居室、书房的名称。常指书房、学舍。

③茶寮（liáo）：品茶小斋。寮，小屋、小室的通称。

④高燥：地势高而干燥。明爽：明亮，清朗。

⑤闭塞：壅阻，不畅通。

⑥小雪洞：小罩盖。

⑦省：废去，去掉。《国语·周语下》："夫天道尊可而省否。"章昭注："省，

去也。"

⑧几：古人坐时凭依或搁置物件的小桌。

⑨见用之时：被用到的时候。见，用在动词之后，表示被动。

⑩水力：水的功劳、功效。

⑪少：通"稍"，稍微，略微。

清钱慧安《烹茶洗砚图》

【译文】

在书斋以外，另外布置一间用来品茶的茶室。茶室要地势高而干燥，明亮干爽，不要闭塞使空气不流通。在茶室的墙壁边摆放两只茶炉，茶炉用小雪洞盖住。只让茶炉的一面敞开，用来省去灰尘升腾飞散的麻烦。在茶室中靠前的地方放置一张小桌，用来放置茶注和茶盂，这是临时的用具。再另外放置一张小桌，用来放置其他的器皿。小桌旁排列一个架子，把麻布手巾悬挂在上面，要用的时候，就放到茶室的中间。在舀取水之后，要立即将贮水瓮盖上，不要让它受到尘埃的污染，使水的效用减损。烧茶炉用的炭要放得远远的，不要靠近茶炉，炭尤其应该多置办一些干燥容易燃烧的。茶炉要稍微远离墙壁，灰尘要频繁清扫。总之，小心地照看火候，以防温度太高，这是最重要的。

【点评】

明人饮茶，不仅仅满足解渴、去腻和疗疾等生理需求，更注重精神上的愉悦和享受。通过日常的品饮，获得精神上的愉悦，因此营造适宜的品茶环境，选择合适的品茶对象就显得非常重要了。许次纾提出了茶寮的地点选择、寮内炉灶、茶几的布置和各种注意事项。"小斋之外，别置茶寮"，这种刻意为之的清静独幽的茶境，既自成一体又不脱离世俗。世俗中保持自性，雅致中寻求真味，恐怕是明人品到的最深切的茶味了吧。

洗茶

【原文】

芥茶摘自山麓①，山多浮沙，随雨辄下②，即着于叶中③。烹时不洗去沙土，最能败茶④。必先盥手令洁⑤，次用半沸水⑥，扇扬稍和⑦，洗之。水不沸，则水气不尽，反能败茶。毋得过劳以损其力。沙土既去，急于手中挤令极干，另以深口瓷合贮之，抖散待用。洗必躬亲，非可摄代⑧。凡汤之冷热，茶之燥湿，缓急之节，顿置之宜，以意消息，他人未必解事。

【注释】

①芥茶：指长兴罗芥所产的茶。

②辄：即，就。

③着：指接触别的事物或附在别的事物上。

④败：毁坏，败坏。

⑤盥（guàn）：洗手，以手承水冲洗。

⑥次：然后，接下来。按顺序叙事，居于前项之后的称为次。半沸水：指快要沸腾的水，差不多沸腾的水。半，不完全，几乎。

⑦和：适中，恰到好处。《广韵·戈韵》："和，不坚不柔也。"此处应指水温恰到

好处，刚刚合适。

⑧摄：代理，兼理。《广韵·叶韵》："摄，兼也。"

【译文】

芥茶从山脚的地方采摘得来，山上有许多浮沙，随着雨水而下，就附着在茶叶当中。如果烹茶的时候不洗净去除沙土，这样最容易毁败茶叶的味道。所以一定要先洗干净双手，然后用快要沸腾的水，用扇子扇凉到水温合适的时候，来清洗茶叶。如果

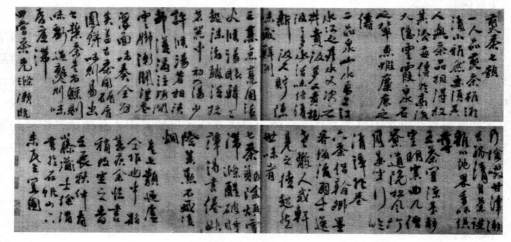

明徐渭《煎茶七类》

水不沸腾，那么水汽就不能除尽，反而会毁败茶叶。水也不要烧太开而损坏其效用。除去沙土之后，迅速将茶叶放在手中挤压，使它变得极其干燥，再另外用深口的瓷盒贮存起来，抖散开来以待取用。洗茶一定要亲自做，不能让人代做。但凡水的温度高低，茶叶的干湿程度，节奏的缓急快慢，器物摆放安置的合理与否，都是凭借自己的感觉来推测变化的，别人未必能理解通晓这些事理。

【点评】

一般茶叶直接烹饮，芥茶却先洗后烹。洗茶的目的是除去附着在茶叶上的沙土，"烹时不洗去沙土，最能败茶"。为使茶味不受土气侵染，故明代较之古人多了一道特殊的程序：洗茶。特殊的品饮方式将芥茶独有的气质重新展示出来，明人周高起《洞山芥茶系》中所说："惟芥既经洗控，神理绵绵，止须上投耳。"这个过程正是明代文人对茶的感觉和茶自身潜能的互相发掘。

童子

【原文】

煎茶烧香，总是清事①，不妨躬自执劳②。然对客谈谐③，岂能亲莅④，宜教两童司之⑤。器必晨涤，手令时盥，爪可净剔，火宜常宿⑥，量宜饮之时，为举火之候⑦。又当先白主人⑧，然后修事。酌过数行⑨，亦宜少辍。果饵间供⑩，别进浓渖⑪，不妨中品充之。盖食饮相须⑫，不可偏废，甘酘杂陈⑬，又谁能鉴赏也。举酒命觞，理宜停罢。或鼻中出火，耳后生风，亦宜以甘露浇之⑭。各取大盂，撮点雨前细玉，正自不俗⑮。

【注释】

①清事：清雅之事。宋赵师秀《送沈庄可》诗："清事贫人占，斯言恐是虚。"清，清闲，闲暇。此处应指不费劳力，很悠闲。《庄子·在宥》："必静必清，无劳女形，无摇女精，乃可以长生。"

②躬：亲身，亲自。执劳：犹操劳。《宋书·谢瞻传》："恐仆役营疾懈倦，躬自执劳。"

③谐：融洽。

④莅：参加，来到。

⑤司：掌管，主持，负责去做。

⑥宿：留，停留。此处应指使火保留。《广雅·释言》："宿，留也。"

⑦为举火之候：点火伺候。举，点燃。《庄子·让王》："三日不举火，十年不制衣。"候，服侍、伺候。

⑧白：告语，禀报，陈述。

⑨酌过数行：喝过几道茶之后。酌，斟酒。行，斟酒。此处皆言倒茶、饮茶。

⑩饵：食物。间：间或。

⑪渖（shěn）：汁。

⑫须：要求，寻求。也作"需"。

⑬酘（nóng）：味浓的酒，指酒味浓厚，浓烈。

⑭甘露：甘美的露水，此处指茶饮。

⑮正自：正是，恰好是。

【译文】

煎煮茶叶和熏香，都是十分清雅悠闲的事情，不妨自己亲自去做。然而和客人谈

清王树谷《煮茶图》

得正融洽的时候，怎么还能够自己去做呢，所以应该让两名童子来做这些事。器皿一定要在早晨清洗干净，手要时时洗干净，指甲全部都要剪除干净，火要随时保留着，估量适合饮茶的时候，就点燃火来伺候。还应该先禀告主人，然后再置备东西。斟了几次茶喝过之后，就应该休息一会儿了。不时地提供些果子食物，另外呈上浓烈些的茶水，这时不妨用一般品质的茶。吃的和喝的互相搭配，不可偏废任何一种，佳肴、美酒交杂放在那里，又有谁能鉴别品尝好茶呢。如果主人举着酒杯吆喝着喝酒，童子应当停止烹茶供饮。有时鼻中上火，耳后觉得有风的，也应该用饮茶泻火。各人自己拿一个大盂，慢慢喝些雨前的春茶，让自己气正神清而高雅不庸俗。

饮时

【原文】

心手闲适　披咏疲倦①　意绪棼乱②　听歌闻曲　歌罢曲终　杜门避事③
鼓琴看画④　夜深共语　明窗净几　洞房阿阁⑤　宾主款狎⑥　佳客小姬⑦
访友初归　风日晴和　轻阴微雨　小桥画舫⑧　茂林修竹⑨　课花责鸟⑩
荷亭避暑　小院焚香　酒阑人散⑪　儿辈斋馆⑫　清幽寺观　名泉怪石

【注释】

①披咏：读书作诗。披，打开，散开。此指读书。咏，此指吟诗。

②意绪：心意，情绪。犹思路。南朝齐王融《咏琵琶》："丝中传意绪，花里寄春情。"棼（fēn）乱：杂乱，混乱。明方孝孺《叶伯巨郑士利传》："夫图治于乱世之余，犹理丝于棼乱之后。"

③杜门避事：关起门来，远离世事。杜门，闭门，堵门。

④鼓琴：弹琴。《诗·小雅·鹿鸣》："我有嘉宾，鼓瑟鼓琴。"

⑤洞房：幽深的内室，多指卧室、闺房。阿（ē）阁：四面都有檐溜的楼阁。《尸子》卷下："泰山之中有神房阿阁帝王录。"

⑥款狎（xiá）：亲近，亲昵。北齐颜之推《颜氏家训·慕贤》："人在少年，神情未定，所与款狎，熏渍陶染，言笑举动，无心于学，潜移暗化，自然似之。"

⑦佳客：嘉宾，贵客。姬（jī）：古时女性的美称。亦指称美女。

⑧画舫（fǎng）：装饰华美的游船。唐刘希夷《江南曲》之二："画舫烟中浅，青阳日际微。"舫，泛指船。

⑨修竹：长长的竹子。王羲之《兰亭集序》："此地有崇山峻岭，茂林修竹。"

⑩课花责鸟：赏玩花鸟。课、责，本意为考课督责，这里指玩赏品评。

⑪酒阑（lán）：酒筵将尽。《史记·高祖本纪》："酒阑，吕公因目固留高祖。"裴骃集解引文颖曰："阑，言希也。谓饮酒者半罢半在，谓之阑。"

⑫斋：学舍。馆：旧时私塾。《警世通言·旌阳宫铁树镇妖》："时有一老者姓史名仁，家颇饶裕，有孙子十余人，正欲延师开馆。"

【译文】

　　心情比较闲适，不忙的时候；读书吟诗疲倦的时候；心烦意乱的时候；听歌曲和音乐的时候；唱歌或奏曲结束的时候；或是闭门读书远离世事的时候；弹琴看画的时

明崔子忠《杏园宴集图》（局部）

候；夜深人静和友人一起聊天的时候；窗明几净的时候；在内室楼阁之中的时候；主人款待客人，与客人亲近相处的时候；有绝佳的客人和美女相伴的时候；刚造访朋友回来的时候；风和日丽的时候；天阴有小雨的时候；在小桥边或在画船上的时候；在茂密的树林竹林里的时候；和朋友赏花看鸟的时候；在荷花亭里避暑的时候；在庭院里焚香的时候；和朋友喝完酒散场的时候；在儿辈们学舍、私塾的时候；到清幽的寺院里的时候；在欣赏名泉怪石的时候（都适合饮茶）。

【点评】

茶到明人那里，既是日常饮品，又是自身审美价值的实现。所以对茶饮环境的要求，已经完全超过了饮茶本身。将口腹之欲升华为一种清雅的精神享受，是明人的创新。所以雅与俗在生活中和审美方式中呈现出日渐融合的趋势：既有"鼓琴看画"的大雅亦有"佳客小姬"的大俗；既有"茂林修竹"的清幽，又有"儿辈斋馆"的家常。

宜辍[1]

【原文】

作字　观剧　发书柬[2]　大雨雪　长筵大席[3]　翻阅卷帙[4]　人事忙迫[5]　及与上宜饮时相反事

【注释】

①辍（chuò）：止，废止、停止之意。

②柬（jiǎn）：信札、名片、帖子等的统称。

③长筵：宽长的竹席。多指排成长列的宴饮席位。三国魏曹植《名都篇》："鸣俦啸匹侣，列坐竟长筵。"

④帙（zhì）：指书籍，可舒卷的叫卷，编次的叫帙（多就数量说）。

⑤人事：人情世理，人世间事。忙迫：仓皇迫促，忙碌紧张。

【译文】

在写字的时候，在观看戏剧的时候，在给朋友写信件的时候，在下大雨下大雪的时候，在大型宴席上的时候，在翻阅书籍的时候，或是人多事儿多紧迫忙碌的时候，以及与上述所说的适宜饮茶相反的事情、场合。

不宜用

【原文】

恶水[1]　敝器[2]　铜匙　铜铫　木桶　柴薪　麸炭[3]　粗童　恶婢不洁巾帨　各色果实香药

【注释】

①恶（è）：粗劣，不好。此处指品质不好的水。

②敝（bì）：破烂，破旧。

③麸（fū）炭：即木炭。宋陆游《老学庵笔记》卷六："浮炭者，谓投之水中而浮，今人谓之麸炭。"清顾张思《土风录》卷四："树柴炭曰麸炭。"麸，指碎而薄的片状物。

清杨彭年曼生壶

【译文】

质量粗劣的水，破旧的器具，铜制的茶匙，铜制的煮水锅，木制的小桶，烧火的木柴，细碎浮薄的木炭，粗鄙的奴仆婢女，不干净的茶布，各种树木所结的果实和香料（都不宜使用。）

不宜近

【原文】

阴室　厨房　市喧①　小儿啼　野性人②　童奴相哄③　酷热斋舍

【注释】

①市喧：街市喧嚣。杜甫《自瀼西荆扉且移居东屯茅屋》诗之二："市喧宜近利，林僻此无蹊。"此处指喧嚣的街市。

②野：粗鲁，粗野，野蛮，不文雅。《论语》："野哉由也！"

③哄：哄闹，众声并作。

【译文】

阴暗的房间，厨房，喧闹的街市，有小孩啼闹的地方，性格粗野的人，奴仆和婢女相互哄闹的地方，以及酷热的斋房里（都不宜邻近而饮茶。）

良友

【原文】

清风明月　纸帐楮衾①　竹床石枕　名花琪树②

【注释】

①楮（chǔ）：落叶乔木，叶似桑，皮可制纸。古时亦作纸的代称。
②琪树：仙境中的玉树。琪，美玉的一种。

【译文】

清风明月，纸质的床帐和被子，竹制的床和石质的枕头，以及名贵珍奇的花草树木（都是饮茶的好朋友）。

出游

【原文】

士人登山临水①，必命壶觞②。乃茗碗熏炉③，置而不问，是徒游于豪举④，未托素交也⑤。余欲特制游装⑥，备诸器具，精茗名香，同行异室⑦。茶罂一，注二，铫一，小瓯四，洗一，瓷合一，铜炉一，小面洗一⑧，巾副之⑨，附以香奁、小炉、香囊、匕箸⑩，此为半肩⑪。薄瓮贮水三十斤⑫，为半肩足矣。

【注释】

①士人：士大夫，儒生。亦泛称知识阶层。
②壶觞（shāng）：酒器。晋陶潜《归去来辞》："引壶觞以自酌，眄庭柯以怡颜。"壶，古代盛器，深腹，敛口，多为圆形，也有方形、椭圆形等形制。觞，古代盛酒器。
③乃：连词，表转折，然而，可是。熏炉：熏香及取暖用的器具。圆形，大腹，两侧有环，金属制。
④徒：白白地，徒然。豪举：举止行为豪放不羁。《史记·魏公子列传》："平原君之游，徒豪举耳，不求士也。"
⑤素交：真诚纯洁的友情，旧交。《文选·刘孝标〈广绝交论〉》："斯贤达之素交，历万古而一遇。"李善注："素，雅素也。"

元赵孟頫《松荫会琴图》

⑥装：行装，亦泛指物品。

⑦异室：住在不同居室，这里指旅行。

⑧洗：古代盥洗时接水用的金属器皿，形似浅盆。可作盆使用，亦可作釜使用。

⑨副：辅助，附带。

⑩附：另外加上。香奁（lián）：杂置香料的匣子。奁，泛指盛放物体的匣子。香囊：盛香料的小囊，佩于身或悬于帐以为饰物。匕筯：食具，羹匙和筷子。

⑪半肩：半担，一担为一百市斤。肩，担子。

⑫薄瓮：厚度小的盛水或酒的陶器。

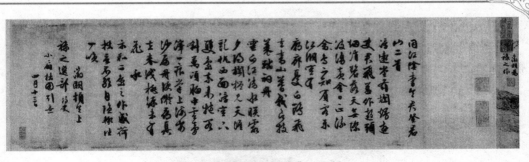

明文徵明《林榭煎茶图》（局部）

【译文】

士人游山玩水，一定会带壶觞喝酒。而茶碗和熏香的炉子却放在一旁不闻不问，这就是白白地举行盛大的出游，没有真正交到真诚淳朴的朋友。我想要特地制作出游的装备，准备齐各种器具，上好的茶叶和有名的熏香料，带着出行。需要茶罂一个，茶注两个，茶铫一个，小瓯四个，茶洗一个，瓷盒一个，铜炉一个，小面洗一个，拭布附带在面洗里，加上香奁、小炉、香囊、羹匙和筷子，这些就是半担东西了。再用薄瓷装水三十斤，足够作为另外半担了。

权宜①

【原文】

出游远地，茶不可少。恐地产不佳，而人鲜好事，不得不随身自将②。瓦器重难，又不得不寄贮竹箬③。茶甫出瓮，焙之。竹器晒干，以箬厚贴，实茶其中④。所到之处，即先焙新好瓦瓶，出茶焙燥，贮之瓶中。虽风味不无少减，而气力味尚存。若舟航出入，及非车马修途⑤，仍用瓦缶⑥，毋得但利轻赍⑦，致损灵质⑧。

【注释】

①权宜：谓暂时适宜的措施，变通。《后汉书·西羌传论》："计日用之权宜，忘经世之远略。"

②将：携带。

③箬：竹皮，即笋壳。清朱骏声《说文通训定声·颐部》："箬，竹箬也。从竹音声。"

④实：充满，这里是使动用法。

⑤修途：长途。修，长，远。

⑥瓦缶：小口大腹的瓦器。

⑦轻赍（jī）：便于携带。清冯桂芬《用钱不废银议》："银之利在轻赍，不废其轻赍之利也。"

⑧灵质：美好的品质。

法门寺出土的镏金银笼子，用于装放茶饼。

【译文】

到远处游玩，茶是必不可少的。担心远地出产的茶叶不好，而身边又少有喜欢喝茶的人，不得不自己随身携带。瓦器笨重难以携带，只好将茶叶寄放在竹箬中。茶刚从瓮中拿出，用小火烘干它。把竹器晒干，用箬竹的叶子厚厚地贴上，把茶放在其中。到了要去的地方，就先烘焙新好瓦瓶，把茶拿出烘干，贮存在瓦瓶中。虽然茶的风味有些减少，但是茶的香气、滋味还在。如果是乘船出入，以及不是乘车骑马的长途旅行，应该仍然用瓦缶，不要只是为了方便携带，而导致损伤了茶的美好品质。

虎林水①

【原文】

杭两山之水②，以虎跑泉为上③。芳洌甘腴④，极可贵重，佳者乃在香积厨中上泉⑤，故有土气⑥，人不能辨。其次若龙井、珍珠、锡杖、韬光、幽淙、灵峰⑦，皆有佳泉，堪供汲煮。及诸山溪涧澄流，并可斟酌，独水乐一洞⑧，跌荡过劳⑨，味遂漓薄⑩。玉泉往时颇佳⑪，近以纸局坏之矣⑫。

【注释】

①虎林水：杭州的水。虎林，即武林，杭州的旧称，相传杭州城外有虎林山，因而称为虎林，后来一说因为吴音讹转虎为武，一说因为避唐讳而改为武林。而武林山即灵隐山。宋叶绍翁《四朝闻见录》："旧经有武林山又名灵隐山矣……武林避唐讳也。"

虎跑泉

②杭两山：杭州南高峰、北高峰，又称南山、北山。

③虎跑泉：位于今浙江杭州西南大慈山白鹤峰下慧禅寺（俗称虎跑寺）侧院内。相传唐元和十四年（819）高僧寰中（亦名性空）来居大慈山，因为附近没有水源，准备迁往别处。一天忽然梦见神人告诉他说明日就会有水，当夜有两只老虎跑（刨）地作地穴，清澈的泉水随即涌出，故名为虎跑泉。

④芳冽（liè）甘腴（yú）：香甜清澈肥美。冽，清澄。腴，肥美。

⑤香积厨：寺庙厨房，是寺僧的斋堂。

⑥故：时常，常常。

⑦龙井：寺庙名，在浙江杭州西湖西南山地中，寺内有井，称为龙井，寺因以得名。珍珠：珍珠泉。杭州集庆寺内有真珠泉，未知是否即是此泉。锡杖：僧人所持的禅杖，这里指锡杖泉，在杭州慧因寺内。韬光：唐代名僧，蜀人，能诗，住杭州灵隐

寺，与郡守白居易为诗友。穆宗长庆年间，于灵隐山西北巢枸坞筑寺，后人名之韬光寺，亦省称韬光。幽淙：在杭州上天竺寺南有幽淙岭。灵峰：山名，在浙江杭州西湖边。

⑧水乐：水乐洞，在杭州南山烟霞岭，旧为钱氏西关净化院。洞口有清泉流出，有水声如金石音，南宋时尚称此泉"泉味清甘，与龙井埒"。

⑨跌荡：起伏，上下。

⑩漓薄：谓酒不浓，浮薄。

⑪玉泉：在杭州九里松北净空院，与虎跑泉、龙井泉并列为杭州三大名泉。

⑫纸局：古代纸张的生产场所。杭州玉泉曾于明宣德年间置白纸局，使泉水大为污染，废罢纸局后，泉水复清。明田汝成《西湖游览志》卷九："仙姑山之西为青芝坞玉泉讲寺……皇明宣德间置白纸局就池造纸，淆浊久之。局废而泉复清矣。"

【译文】

杭州南北两山之间的泉水，以虎跑泉的最好。芳香清醇，味道甘美，非常珍贵，好的水是在香积厨中的上泉水，有时有泥土的气味，人们不能辨别出来。除了虎跑泉之外，像龙井、珍珠、锡杖、韬光、幽淙、灵峰等地方都有上好的泉水，可以供给人们汲取烧煮。至于群山之间澄澈的山泉溪水洞水，都可以饮用，只有水乐洞的急流，上下起伏过度，损耗过多，因此味道浮薄。玉泉的水以前很好，近来却因为设置造纸局的缘故破坏了水的味道。

宜节

【原文】

茶宜常饮，不宜多饮。常饮则心肺清凉，烦郁顿释。多饮则微伤脾肾，或泄或寒。盖脾土原润①，肾又水乡②，宜燥宜温，多或非利也。古人饮水饮汤③，后人始易以茶，即饮汤之意。但令色香味备④，意已独至，何必过多，反失清冽乎⑤。且茶叶过多，亦损脾肾，与过饮同病。俗人知戒多饮，而不知慎多费，余故备论之⑥。

【注释】

①脾土：指脾。脾在五行合土。故名。由于脾属太阴，喜燥而恶湿，其病易为湿困，故又有脾为湿土、太阴湿土之称。

②肾又水乡：中医认为肾主水，以阳开阴合来维持人体水液平衡。

③汤：沸水，热水。

④但：只，仅仅。

⑤清冽：清醇，清淡。明李时珍《本草纲目·水一·露水》："秋露造酒最清冽。"

⑥备：完备。

【译文】

茶适宜经常饮用，但不应该过多饮用。经常饮用茶可以使心肺感觉到凉爽，心中的烦郁顿时就消逝了。过多饮用的话会对脾、肾造成一些伤害，可能会导致腹泻或者受寒。本来人的脾脏和肾内的水分就很充足，适合干燥和温暖，水过多或许不太好。古时人们饮用水和食物汤汁，后来的人们才开始变成饮茶，也就是喝汤的意思。只要使它的色香味具备，已经能满足自己的意想，何必喝得太多，反而失去茶的清新醇冽。并且如果放的茶叶过多的话，也会损伤脾肾，跟过度饮茶是一样的错误。平常人都知道不要多喝茶，却不知道也不要喝浓茶，所以我写这节来详尽论述一下。

【点评】

茶有养生之效，然而须有节制，不可过多过浓，能如此辩证地看待茶之功效，这在其他茶书中极为鲜见。许次纾从中医的角度提出了淡茶少量的原则，言之有据而又颇有见地。

辨讹①

【原文】

古人论茶，必首蒙顶②。蒙顶山，蜀雅州山也③，往常产，今不复有。即有之，彼中夷人专之④，不复出山。蜀中尚不得，何能至中原、江南也⑤。今人囊盛如石耳⑥，来自山东者，乃蒙阴山石苔⑦，全无茶气，但微甜耳，妄谓蒙山茶。茶必木生，石衣得为茶乎⑧。

【注释】

①讹（é）：错误。

②蒙顶：蒙顶茶，产于地跨四川名山、雅安两县的蒙山，唐代成为贡茶，是中国较著名的名茶之一。

③蜀：四川，秦代置蜀郡，汉属益州，汉末三国时为蜀国地。后为四川省的简称。雅州：今四川雅安，隋代置州，因境内雅安山得名。

④夷人：古代指少数民族的一种。专：独自掌握和占有。

蒙顶山茶园

⑤中原：中土、中州，以别于边疆地区而言。狭义的中原指今河南省一带，广义的中原指黄河中、下游地区。此处当指广义的中原。江南：即长江以南。

⑥囊：用口袋装。石耳：为地衣植物门植物，因其形似耳，并生长在悬崖峭壁阴湿石缝中而得名，体扁平，呈不规则圆形，上面褐色，背面被黑色绒毛。

⑦蒙阴山：位于山东蒙阴城南，因在蒙阴城而得名。石苔：石上滋生的苔藓。

⑧石衣：苔藻。

【译文】

古人谈论茶，都认为蒙顶山的茶是最好的。蒙顶山是四川雅州的一座山，以前产过茶，现在已经没有了。即便有，也被山中的少数民族独自占有，不会让茶出山的。就连蜀中人都得不到，哪能到达中原和江南呢？现在人们用袋子装着像石耳一样的东西，从山东那面运过来，是蒙阴山石头上所滋生的苔藓，一点茶气都没有，只有一点甜甜的口感而已，假冒是蒙山茶。茶必定生长在树木上，石衣苔藻哪能作为茶呢？

考本

【原文】

茶不移本①，植必子生。古人结婚，必以茶为礼，取其不移植子之意也。今人犹名其礼曰下茶。南中夷人定亲②，必不可无，但有多寡。礼失而求诸野③，今求之夷矣。

【注释】

①茶不移本：茶不能移植茶树茶苗。本，根本，事物的根源，与"末"相对。

②南中：指今天的云南、贵州和四川西南部。

③野：郊外，离城市较远的地方，偏远的地方。

【译文】

茶叶不能移动树根，一定要通过种子直播来种植。古人结婚，必定将茶作为礼物，取的就是它根不能移植而必须种子直播的寓意。现在的人还把这种礼数叫作"下茶"。南中地区的少数民族定亲，一定不能没有茶，只是有用的多少之分。如果礼制沦丧，就要到民间去访求，现在只能向偏远地方的人民求教了。

【点评】

囿于种植水平，长期以来，植茶皆以种子直播，不能移栽。宋代饮茶大盛，茶也开始为婚姻礼仪所用。明代此风继行。郎瑛在《七修类稿》中说："种茶下籽，不可移植，移植则不复生也；故女子受聘，谓之吃茶。又聘以茶为礼者，见其从一之义也。"许次纾在此说以茶为礼，是"取其不移植子之义也"，其意皆在于取茶不可移植之性，表明了在传统的社会文化中，男性中心的观念对婚姻中女性的要求。在南方许多地区甚至形成了以茶称名即俗称"三茶"的婚姻仪礼，即相亲时的"吃茶"，定亲时的"下茶"或"定茶"，成亲洞房时的"合茶"。即便是退亲，亦被称为"退茶"。《仪礼·士昏礼》中记昏礼有六礼，自茶进入婚礼后，"三茶六礼"则成为举行了完整婚礼明媒正娶婚姻的代名词。所以李渔《蜃中楼·姻阻》中有"他又不曾三茶六礼行到我家来"之语。虽然在明晚期已经出现茶树苗移栽的事实，但是在很多地区的习俗中茶作为聘礼之一却一直保留了下来。

【原文】

余斋居无事①，颇有鸿渐之癖②。又桑苎翁所至③，必以笔床、茶灶自随④。而友人有同好者，数谓余宜有论著，以备一家，贻之好事⑤，故次而论之⑥。倘有同心，尚箴余之阙⑦，茸而补之⑧，用告成书⑨，甚所望也。次纾再识。

【注释】

①斋居：家居，闲居。宋王安石《送郓州知府宋谏议》诗："坐镇均劳逸，斋居养

智恬。"

②鸿渐：陆羽字。

③桑苎翁：陆羽的别号。唐李肇《唐国史补》卷中："羽有文学，多意思，耻一物不尽其妙，茶术尤著……羽于江湖称竟陵子，于南越称桑苎翁。"

④笔床：搁放毛笔的专用器物。南朝徐陵《玉台新咏序》："琉璃砚盒，终日随身；翡翠笔床，无时离手。"

⑤贻（yí）：遗留。

⑥次：编次，编纂。

⑦尚：副词，庶几，犹言也许可以，常带有祈使语气。箴余之阙：指出并纠正我的错误。箴，规劝、告诫之义。阙，缺点，错误。

⑧葺：修补，整理，整治。

⑨告：表明，宣告。

【译文】

我闲居家中无事，颇有陆羽的癖好。而且陆羽所到的地方，必定随身带着笔床、茶灶。而朋友们有与我相同爱好的人，多次告诉我应该写一本茶的论述，来成一家之言，留给喜欢茶的人看，所以编纂论述而成此书。若有与我同样爱好的人，希望能够指出书中的缺漏并把它加以修补以致完整，来宣告它成书，我是十分期望的。次纾再记。

第五节　《茶说》释译

[明] 黄龙德

黄龙德，字骧溟，号大城山樵。生平事迹不详，大致为晚明至清初人。

《茶说》撰编于明万历乙卯（四十三年，1615年），凡一卷，见明代《徐氏家藏书目》。前有胡之衍为序，分为"总论"和"之产""之造""之色""之香""之味""之汤""之具""之侣""之饮""之藏"共11则。作者总结了明代颇具代表性的散茶审评的经验，通过嗅觉、味觉、视觉、触觉等方式，从色、香、味、形诸角度来鉴别茶叶的品质，奠定了现代茶叶感官审评的理论基础。《茶说》序言中指出了论茶之目的在于"寓事而论其理"，借小小的茶叶展示明代广阔的思想文化，传载明人茶饮所具有的清淡、质朴而隽永的文化意蕴。以茶明志，以茶喻世，这才是创作的要旨所在。

在胡序后书名标题下，署名曰："明大城山樵黄龙德著，天都逸叟胡之衍订，瓦全道人程口舆校"，可见是书很可能即专为程百二《程氏丛刻》所作。

该书仅见《程氏丛刻》本。

序

【原文】

茶为清赏①，其来尚矣②，自陆羽著《茶经》③，文字遂繁④。为谱为录⑤，以及诗歌咏赞，云连霞举，奚啻五车⑥。眉山氏有言，穷一物之理，则可尽南山之竹⑦，其斯之谓欤⑧。黄予骧滇著《茶说》十章，论国朝茶政⑨；程幼舆搜补逸典⑩，以艳其传⑪。斗雅试奇，各臻其选，文葩句丽，秀如春烟。读之神爽，俨若吸风露而羽化清凉矣⑫。书成，属予忝订⑬，付之剞劂⑭。夫鸿渐之《经》也以唐，道辅之《品》也以宋⑮，骧滇之《说》、幼舆之《补》也以明。三代异冶，茶政亦差，譬寅丑殊建⑯，乌得无文⑰。噫！君子之立言也，寓事而论其理，后人法之，是谓不朽，岂可以一物而小之哉。

岁乙卯⑱，天都逸叟胡之衍题于栖霞之试茶亭⑲。

【注释】

①清赏：指幽雅的景致或清雅的赏玩事物。

②尚：久，远。《小尔雅·广诂一》："尚，久也。"

③陆羽：字鸿渐，一名疾，字季疵，号竟陵子、桑苎翁，唐代复州竟陵（今湖北天门）人。幼年为僧收养于佛寺，好学用功，学问渊博，诗文亦佳，且为人清高，淡泊功名。曾诏拜太子太学、太常寺太祝，皆不就。760年隐居浙江苕溪（今浙江湖州），在亲自调查和实践的基础上，认真总结、悉心研究前人和当时茶叶的生产经验，完成创始之作《茶经》，被尊为"茶神"。

④繁：众多。《小尔雅·广诂》："繁，多也。"

⑤谱：按照事物类别或系统编成的表册、书籍。唐刘知几《史通·表历》："盖谱之建名，起于周代，表之所作，因谱象形。"宋陆游《会稽行》："茶荈可作经，杨梅亦著谱。"录：文体名，古代一种应用文。南朝梁刘勰《文心雕龙·书记》："是以总领黎庶，则有谱、籍、簿、录……录者，领也。古史《世本》，编以简策，领其名数，故曰录也。"

⑥云连霞举，奚啻（chì）五车：形容做茶谱和茶录，诗歌咏赞的数量之多，像云霞一样连绵万里，何止五车。"连"和"举"此处都用为动词。奚啻，何止，岂止。啻，但，仅，止。常用在表示疑问或否定的字后，组成"不啻""匪啻""何啻""奚啻"等词，在句中起连接或比况作用。车，量词，计算一车所载的容量单位。

明文微明《品茶图》

⑦穷一物之理，则可尽南山之竹：本句出自苏轼《书黄道辅（品茶要录）后》："物有畛而理无方，天下之辩，不足以尽一物之理。达者寓物以发其辩，则一物之变，可以罄南山之竹。"这里指知道一物之理后，万物之理就会多得写不完。穷，尽。

⑧其斯之谓欤：大概就是讲的这个意思吧。其，语气副词，表示推测，可以解释为"大概"。

⑨国朝：本朝，指作者所在的明朝。茶政：茶事。

⑩程幼舆：程百二，字幼舆，号瓦全道人。明万历时刻书家。事迹不详。1615年前后辑《品茶要录补》，有《程氏丛刻》本。他将宋代黄儒《品茶要录》珍本收入丛

刻时，自己又从一些茶书中，杂抄了些故事、传说，编作一卷，附在《品茶要录》之后，故名。逸：散失的，亡失的。《说文解字》："逸，失也。"

⑪艳：此处为使动用法，使文辞华美。

⑫羽化：古代修道士修炼到极致跳出生死轮回、生老病死，是谓羽化成仙。这里指思想达到一定境界以后的状态，达到了物我两忘。

⑬忝订：改正修订。忝，通"添"。

⑭剞劂（jī jué）：刻刀。引申为刻印书籍。

⑮道辅：即黄儒，字道辅，生卒年未详，宋代文学家，建安（今福建建瓯）人，神宗熙宁年间进士。著有《品茶要录》，对茶叶采制与烹试以及鉴别审评茶的品质提出十说，为中国早期系统论述茶叶审评之作。

⑯譬寅丑殊建：这里喻茶政在各朝有不同的指向。寅丑殊建，夏、商、周三代各以不同月份为岁首。夏以寅月（即正月）为岁首，称为建寅，商以丑月（即十二月）为岁首，称为建丑。古代制历受时是朝廷大事。

⑰乌：疑问词，哪，何。

⑱乙卯：指 1615 年，万历四十三年。

⑲天都：帝王的都城，此处当指南京。逸叟：遁世隐居的老人。胡之衍：生卒不详，明时刊刻家。栖霞：栖霞山。即江苏南京的摄山，其麓有栖霞寺，南朝隐士栖霞在这里修道，所以名栖霞，后以寺名山。

【译文】

茶作为清雅玩赏的事物，由来已久了，自从陆羽著了《茶经》后，有关这方面的文章就越来越多。做茶谱茶录和写诗歌来歌咏赞叹茶的，多得如同云霞一样连绵不断，哪里是区区五车就能够装下的。眉山苏轼曾说过，明白了一物之理，就可以推及万物之理，大概就是讲的这个意思吧。黄骧溟著《茶说》十章来论述本朝的茶事，程幼舆搜罗资料，补全佚失的典籍，以此来使它的记叙更加丰富完美。荟萃了各式各样雅致新奇的事物，文辞绮丽华美，如同春日轻烟般秀丽可人。读这些文字令人感觉神清气爽，就像吸呢了清风和雨露，令人飘飘欲仙。书稿完成后，他就嘱托我替他修订、刻印。唐代有陆羽的《茶经》，宋代有黄儒的《品茶要录》，明代则有黄骧溟的《茶说》和程幼舆的《品茶要录补》。这三个朝代的政治不同，茶事也有差别，就好像夏朝建寅、商朝建丑一样差别重大，这怎么能够没有文字来记录呢。唉，以往君子著书立说，通过某个事情来讲述道理，让后来的人效法学习，这样才能叫作永垂不朽，怎么能够因为一样东西太过细微就轻视它呢？

乙卯年（1615），天都逸叟胡之衍写于栖霞试茶亭。

【点评】

　　《茶说》篇幅不长，却以洗练而优美的文字，为我们描绘了独步于明的茶饮特质，是明代茶事的精准概论和总结。其中不仅反映了明代丰富的制茶实践经验，而且形成了一定高度的制茶技术理论和茶叶品评标准，其概括性和理论高度都是其他茶书无以比拟的。因此在《序》中胡之衍将其与唐代陆羽《茶经》、宋代黄儒的《品茶要录》相提并论，堪为明代茶书之圭臬。通读《茶说》，含英咀华。作者没有纠结于技术细节的探讨，而是萃取了"采制""烹点"中最精要的部分加以阐释，将自己的哲学思想与美学思想熨帖于那片片绿叶之中，缕缕茶香飘逸出的是那一个时代文人品茶的情趣追求。

总论

【原文】

　　茶事之兴①，始于唐，而盛于宋。读陆羽《茶经》及黄儒《品茶要录》，其中时代递迁②，制各有异。唐则熟碾细罗③，宋为龙团金饼④。斗巧炫华，穷其制而求耀于世，茶性之真⑤，不无为之穿凿矣⑥。若夫明兴⑦，骚人词客，贤士大夫，莫不以此相为玄赏⑧。至于曰采造⑨，曰烹点⑩，较之唐、宋，大相径庭。彼以繁难胜，此以简易胜；昔以蒸碾为工，今以炒制为工。然其色之鲜白，味之隽永，无假于穿凿⑪。是其制不法唐宋之法，而法更精奇，有古人思虑所不到。而今始精备茶事，至此即陆羽复起，视其巧制，啜其清英⑫，未有不爽然为之舞蹈者⑬。故述国朝《茶说》十章，以补宋黄儒《茶录》之后。

【注释】

　　①茶事：与茶有关的事务。
　　②递迁：更易变化。
　　③熟碾细罗：碾茶罗茶，唐宋时烹茶、点茶的程序之一。饮用时先将茶饼敲碎，再用茶碾、茶磨碾细。熟碾，仔细地碾。宋蔡襄《茶录》："碾茶，先以净纸密裹捶碎，然后熟碾。其大要，旋碾则色白，或经宿则色已昏矣。"细罗，细细地罗筛茶末。茶罗以绢作底，以绝细为佳。蔡襄《茶录》："茶罗以绝细为佳，罗底用蜀东川鹅溪画绢之密者，投汤中揉洗以幕之。"宋徽宗赵佶《大观茶论》："罗欲细而面紧，则绢不泥而常透……罗必轻而平，不厌数，庶几细者不耗。惟再罗，则入汤轻泛，粥面光凝，尽茶色。"

④龙团金饼：指龙凤团茶，是北宋的贡茶。在北宋初期的太平兴国二年（977），宋太宗遣使至建安北苑（今福建建瓯东峰镇），监督制造皇家专用茶，因茶饼上印有龙

越窑"成茶汤"茶碾

凤形的纹饰，就叫"龙凤团茶"。金饼，指龙团凤饼茶的珍贵、贵重。欧阳修《龙茶录后序》记："庆历中，蔡君谟为福建路转运使，始造小片龙茶以进。其品绝精，谓之小团，凡二十饼重一斤，其价值金二两。然金可有，而茶不可得。每因南郊致斋，中书、枢密院各赐一饼，四人分之。宫人往往缕金花于其上，盖其贵重如此。"

⑤真：自然，本性，本质。《庄子·齐物论》："无益损乎其真。"

⑥穿凿：犹牵强附会，这里指偏离本真。

⑦若夫：句首语气词。用以引起下文，有"至于说到……"的意思。范仲淹《岳阳楼记》："若夫淫雨霏霏，连月不开。"

⑧玄：通"炫"，炫耀。《正字通·玄部》："玄，与炫同。"

⑨采造：采摘制作。

⑩烹点：煮茶点茶，煮水点茶。唐代主要使用煮茶法，其法，是在锅中将水烧开到适宜程度时，将茶末放入，用茶筅搅拌，等到煮出汤花沫饽，再分盛到茶碗中饮用。宋代主要使用点茶法，其法，将碾好罗细的适量茶末直接放在茶碗中，用汤瓶烧开水，先放少量开水入茶碗将茶末调成膏糊状，再用汤瓶边冲入开水边用茶筅击拂，至茶汤表面形成汤花，即可直接饮用。

⑪假：凭借，依托。

⑫清：干净，洁净。《诗经·大雅·凫鹥》："尔酒既清，尔殽既馨。"英：精华。韩愈《进学解》："含英咀华。"

⑬爽：舒适，畅快。

【译文】

茶事的兴起，始于唐代，兴盛于宋代。读陆羽的《茶经》和黄儒写的《品茶要录》，那里面可以看到随着时代变迁，茶叶的制作工艺各有差异。唐时讲究仔细地碾茶罗茶，宋朝时将茶叶做成龙团凤饼。攀比精巧炫耀华丽，各种茶叶制作工艺极尽细致与工时繁多之能事，以求能够在世上显耀，而茶的真实的本性，却没有不被歪曲的。到了明朝建立之后，文人词客，贤士官员，无不将茶作为相互炫耀欣赏的东西。但是所说的采茶制茶、煮茶点茶的工艺，和唐、宋时相比差异很大。唐、宋制茶凭借烦琐的工艺取胜，如今凭借简便易行取胜；过去蒸茶、碾茶是主要工艺，如今炒制为主要工艺。然而茶颜色新鲜嫩白，味道回味深长，一点也不比古人那些繁复加工出来的茶差。这是如今的制茶工艺虽不效法唐宋的做法，但工艺更加精湛神奇，有古人思虑不及的地方。如今才算是让茶事精致完备了，此刻即便是陆羽再生，看到精巧的制茶工艺，品味茶叶清纯洁净的精华，不可能不感到畅快而手舞足蹈的。所以我记述本朝《茶说》十章，以此来填补宋朝黄儒《茶录》之后的空白。

【点评】

茶之于明，风尚为之一变：叶茶瀹饮之法，日渐替代唐宋饼茶碾煎之法。也就是说茶叶不再被捣烂加工成茶饼，而是经做青，主要是炒青之后，直接保存备用。饮用之时将茶叶放到壶中或茶碗中，用开水冲泡。瀹饮法"简便异常，天趣悉备，可谓尽茶之真味矣"（文震亨《长物志》）。"彼以繁难胜，此以简易胜；昔以蒸碾为工，今以炒制为工。"制作程序化繁为简直接导致了明代茶风转向简约清淡。这种简约清淡体现"真味"的茶风正与明代追求"真性""真情"的时代精神风云际会，演化成了独具特色的茶道思想和品饮规范。

《茶说》形成了明代颇具代表性的散茶审评的经验总结，通过嗅觉、味觉、视觉、触觉等方式，从色、香、味、形诸角度来鉴别茶叶的品质，是现代茶叶感官审评的理论基础。传载了中国茶饮所具有的清淡、质朴而隽永的文化意蕴。

一之产

【原文】

茶之所产，无处不有，而品之高下，鸿渐载之甚详。然所详者，为昔日之佳品矣，而今则更有佳者焉。若吴中虎丘者上[①]，罗岕者次之[②]，而天池、龙井、伏龙则又次之[③]。新安松萝者上[④]，朗源沧溪次之[⑤]，而黄山磻溪则又次之[⑥]。彼武夷、云雾、雁荡、灵山诸茗[⑦]，悉为今时之佳品。至金陵摄山所产[⑧]，其品甚佳，仅仅数株，然不能多得。其余杭浙等产，皆冒虎丘、天池之名，宣、池等产[⑨]，尽假松萝之号。此乱真之品，不足珍赏者也。其真虎丘，色犹玉露，而泛时香味若将放之橙花。此茶之所以为美。真松萝出自僧大方所制[⑩]，烹之色若绿筠[⑪]，香若兰蕙，味若甘露，虽经日而色香味竟如初烹而终不易。若泛时少顷而昏黑者，即为宣、池伪品矣，试者不可不辨。又有六安之品[⑫]，尽为僧房道院所珍赏，而文人墨士则绝口不谈矣。

【注释】

①吴中：吴郡中部。古时吴郡治吴县（今江苏苏州），辖今苏南浙北，包括杭州在内。虎丘：即虎丘山。在江苏苏州西北阊门外，一名海涌山。相传春秋时吴王阖闾葬于此，三日有虎踞其上，故名。《越绝书·外传记吴地》："阖庐冢在阊门外，名虎丘。"虎丘山产茶，顾湄在康熙十五年（1676年）修的《虎丘山志》中具体描述虎丘茶的特点是："叶微带黑，不甚苍翠，点之色白如玉，而作豌豆香，宋人呼为白云花。"清代陈鉴在《虎丘茶经注补》中也记载了虎丘茶，他说虎丘茶树开的花"比白蔷薇而小，茶子如小弹"。

②罗芥（jiè）：茶名，产于浙江长兴，又称芥茶，是明清时的名茶。许次纾《茶疏》："近日所尚者，为长兴之罗芥，疑即古人顾渚紫笋也。介于山中谓之芥，罗氏隐焉故名罗。然芥故有数处，今惟洞山最佳。"

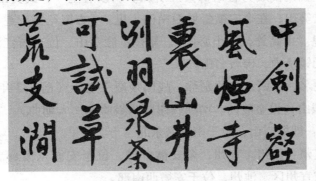

明文徵明《游虎丘诗》

③天池：天池山，位于苏州西南十五公里藏书镇境内，与姑苏名山天平山、灵岩山一脉相连，是浙江天目山的余脉。因半山坳中有天池，故而得名。龙井：在浙江杭州风篁岭，本名龙泓，亦名龙泉。其地产茶名龙井茶，有雨前明前之别，世多珍之。伏龙：伏龙山，位于浙江慈溪龙山镇境内，北临杭州湾，南为锦屏丘陵，因为像巨龙赴海而得名，山有上伏龙寺。

④新安：指安徽徽州一带，位于新安江上游，古称新安，宋徽宗宣和三年（1121

年），改歙州为徽州，从此历宋、元、明、清四代，统一府六县（歙县、黟县、休宁、婺源、绩溪、祁门），辖境为今安徽黄山、绩溪及江西婺源。松萝：松萝山，位于安徽休宁城北约十五公里，所产松萝茶是明清最著名的名茶。明代袁宏道有"近日徽人有送松萝茶者，味在龙井之上，天池之下"的记述。明代谢肇淛云："今茶品之上者，松萝也，虎丘也，罗岕也，龙井也，阳羡也，天池也。"清代冒襄《岕茶汇钞》云："计可与罗岕敌者，唯松萝耳。"清代江登云《素壶便录》中亦云："茶以松萝为胜，亦缘松萝山秀异之故。山在休宁之北，高百六十仞，峰峦攒簇，山半石壁且百仞，茶柯皆生土石交错之间，故清而不瘠，清则气香，不瘠则味腴。而制法复精，故胜若地处产也。"

⑤朗源：朗源山，位于安徽休宁万安镇。东与今徽州区、歙县接界，北与黄山相望，南临新安江上游，西与松萝山同脉。

⑥黄山：原名黟山，古代别名岗山。唐天宝六载（747年），唐玄宗根据轩辕黄帝在这里采药炼丹得道升天的传说，改其名为黄山。黄山位于安徽省南部，处在歙县、黟县、太平县、休宁县之间，是长江与钱塘江两大水系的分水岭。磻（pán）溪：溪名，在今安徽歙县境内，相传是姜太公钓鱼的地方。郦道元《水经注·清水》："城西北有石夹水，飞湍浚急，人亦谓之磻溪，言太公尝钓于此也。"

⑦武夷：武夷山，位处中国福建西北部，江西东部，福建与江西交界处。所产茶在宋代既已著名，至元代成为官焙御茶园所在。明以后至今，武夷山一直是中国的名茶产区。云雾：云雾山，在今安徽舒城西南四十里。《方舆纪要》卷26舒城县：云雾山在"县南四十里。山高耸，云出必雨"。雁荡：雁荡山，位于浙江温州东北部海滨。灵山：位于江苏无锡境内，佛教名山。

⑧金陵：古邑名，今南京市的别称。战国楚威王七年（前333年）灭越后在今南京市清凉山（石城山）设金陵邑。南朝齐谢朓《鼓吹曲·入朝曲》："江南佳丽地，金陵帝王州。"摄山：即栖霞山，位于南京城东北二十二公里。

⑨宣、池：宣州、池州。宣州，今安徽宣城，位于安徽东南部。古代州郡名称，治所在今安徽宣城宣州区。池州，位于安徽西南部。

⑩真松萝出自僧大方所制：指大方和尚创制的松萝茶。据明代冯时可《茶录》记述："徽郡向无茶，近出松萝茶，最为时尚。是茶，始比丘大方，大方居虎丘最久，得采造法，其后于徽之松萝结庵，采诸山茶于庵焙制，远迩争市，价倏翔涌。人因称松萝茶，实非松萝所出也。是茶，比天池茶稍粗，而气甚香，味更清，然于虎丘，能称仲，不能伯也。"

⑪筠（yùn）：竹子的青皮，竹皮。《广韵》："筠，竹皮之美质也。"

⑫六（lù）安：位于安徽西部，长江与淮河之间，大别山北麓。

【译文】

茶的产地全国到处都有，然而茶的品质有高下的区分，陆羽对此做过详细记载。但是他详细记载的也只是过去的好茶，现在又有品质更好的茶。像吴中地区产的虎丘茶就是上等好茶，罗芥茶差一等，而天池、龙井、伏龙就是又次一等的茶了。新安松萝茶为上品，朗源沧溪茶次一等，黄山的磻溪茶就更次些。那些产于武夷、云雾、雁荡、灵山的茶，都是当今的上等茶。至于金陵摄山产的茶，品质极好，但仅有几株，产量很少，不能多得。其余杭州及浙江其他地区产的茶，都假冒虎丘茶和天池茶，宣州、池州等地产的茶都假冒松萝茶。这些以假乱真的茶，是不值得人们珍惜、品赏的。真正的虎丘茶，颜色像玉露般透亮，冲泡时散发出橙花初绽的香味。这就是茶之所以美好的地方。真正的松萝茶由茶艺精湛的僧人大方制作，冲泡后的茶色碧绿如竹，香气如兰蕙，味醇像甘露，即使经过数天，它的颜色、香气、味道居然也能像刚开始冲泡时那样而始终不会改变。如果冲泡没多久就变成暗黑色，便是宣、池地区产的假松萝茶，品尝者不能不加以区分。还有六安产的茶，都被僧人和道家珍藏起来品赏，因此文人墨客对此就闭口不谈了。

【点评】

明代流行芽茶、叶茶等散茶，团茶、饼茶日趋式微，炒青绿茶迅速发展，各种散茶名品崛起。其中值得注意的是徽茶的崛起。明中期，冯时可《茶录》中感慨"徽郡向无茶，近出松萝茶，最为时尚"。而詹景风《明辨类函》记载："吾新安六邑，并有佳茶。出茶之地不一。而黄山榔源步郎者胜。茶之品不一，而名雀舌者优。"明代徽州六县均生产茶叶，而且名优茶迭出，《茶说》所列名品中，徽茶差不多占了一半。明中叶以后，徽州茶叶崛起，不仅品种繁多，而且质量优良，为徽商提供了充足而优质的货源。著名的松萝茶问世，更使徽茶盛名远播，畅销四方，大大刺激了徽州的茶叶生产。明中后期茶业之盛，由此可见一斑。

二之造

【原文】

采茶，应于清明之后，谷雨之前，俟其曙色将开①，雾露未散之顷，每株视其中枝颖秀者取之②。采至盈篚即归③，将芽薄铺于地，命多工挑其筋脉④，去其蒂杪⑤。盖存杪则易焦，留蒂则色赤故也。先将釜烧热⑥，每芽四两作一次下釜，炒去草气，以手急拨不停。睹其将熟，就釜内轻手揉卷，取起铺于箕上⑦，用扇扇冷。俟炒至十余釜，总覆炒之。旋炒旋冷⑧，如此五次。其茶碧绿，形如蚕钩，斯成佳品。若出釜时而不以扇，其色未有不变者。又秋后所采之茶，名曰"秋露白"；初冬所采，名曰"小阳春"。其名既佳，其味亦美，制精不亚于春茗。若待日午阴雨之候，采不以时，造不如法，籯中热气相蒸，工力不遍，经宿后制⑨，其叶会黄，品斯下矣。是茶之为物，一草木耳。其制作精微，火候之妙，有毫厘千里之差⑩，非纸笔所能载者。故羽云："茶之臧否，存乎口诀。"⑪斯言信矣。

【注释】

①曙：天刚亮。

②视其中枝颖秀者取之：语出陆羽《茶经》卷上《三之造》："选其中枝颖拔者采焉。"颖秀，挺拔苗壮。

③籯（yíng）：筐笼一类的盛物竹器。陆羽《茶经》记载的一种采茶用具。用竹编织而成，采茶时背在身后，容量为五升到三斗之间。

④筋脉：指茶叶梗。

⑤蒂杪（miǎo）：茶的蒂头和尖杪。蒂，花或瓜果跟枝茎相连接的部分。这里指茶的蒂头，宋时称"乌蒂"。杪，树木末端，树梢。此处指茶芽叶的叶尖部分。

⑥釜（fǔ）：古炊器，敛口圆底，或有二耳。有铁制、铜制或陶制。

⑦箕（jī）：簸箕，扬米去糠的竹编器具。《说文》："箕，簸也。"

⑧旋：立即。

⑨宿：隔夜的。

⑩毫厘千里之差：开始时虽然相差很微小，结果会造成很大的错误。《周易经传集解》："差之毫厘，则缪以千里。"毫、厘，量词。两种极小的长度单位。厘，一市尺（33.33厘米）的千分之一为一厘。

红木茶蔬

十毫为一厘。汉贾谊《新书·六术》："数度之始，始于微细，有形之物，莫细于毫，是故立一毫以为度始。"

⑪茶之臧否（zāng pǐ），存乎口诀：此句出自陆羽《茶经》卷上《三之造》，唯前句原文为"茶之否臧"。臧否，与"否臧"义同，成败，善恶，优劣。否，恶。臧，

善。黄宗羲《陈令升先生传》："当世文章家，指摘其臧否，咸中要害。"

【译文】

采茶的时间，应该是在清明之后，谷雨之前，等到天刚亮，雾气、露珠还未消散的时候，选每株茶树上枝叶茁壮的采摘。竹筐采满了马上回去，将芽叶摊薄铺在地上，让众多工人挑出茶叶梗，摘去茶叶蒂头和梢尖。这是因为梢尖如果没有除掉容易炒焦，保留着蒂头茶色就会变红。炒茶时，先将锅烧热，每次放四两芽叶下锅，用手快速不断地翻动，将茶叶的草气炒掉。看到茶快要炒熟的时候，就在锅中用手轻轻地揉，将茶叶揉卷成条状，然后把茶叶取出来铺在簸箕上，用扇子扇凉。等炒了十多锅，把之前炒过的茶叶又都倒进锅里再一起炒。快速炒完马上扇凉，这样反复操作五次。炒出来的茶，颜色碧绿，形状像蚕钩，这样就制成了上等茶。如果出锅时不用扇扇凉，那么以后茶的颜色没有不改变的。立秋后采制的茶，名叫"秋露白"；初冬时采制的茶，名叫"小阳春"。不仅名字好听，也很美味，制作的精细程度不亚于春茶。如果等到中午或阴天下雨的时候采摘，不按适宜的时间采摘，制作的方法不合乎要求，竹笼中芽叶的热气互相蒸腾，人工拣择不干净，过了一夜制作的茶叶，叶子就会变黄，茶的品质就差了。茶只是一种植物，但制作过程中的精细程度和火候控制的微妙只要稍有不同，茶的品质就有巨大的差别，这就不是纸笔所能记录下来的。因此陆羽曾说："鉴别茶的品质好坏，存有口诀。"这话确实如此。

【点评】

基于对茶叶生物学特性的认识加强，黄龙德提出要"采以时""造以法"的观点。

"采以时"体现在采茶的季节和时间上，春茶采摘不再刻意求早，谷雨前后为春茶采摘适宜期。秋、冬季不同时间采制的茶叶，茶品质不同。当日具体的采摘时间，唐代陆羽《茶经》提出"凌露"采茶原则，黄德龙承继了这一观点，认为应该在"曙色将开，雾露未散"的时候采摘。

"造以法"则体现在制作的每一道工序。茶叶采摘后必须摊放、拣择。将鲜叶薄摊于地，既便于拣择，同时又使茶不堆积，免致因积压而产生高温导致茶叶轻度发酵而制不成好的绿茶。摊放可以散发部分水分，使茶叶变得相对柔软，更利于后续的茶叶加工，此后鲜叶摊放已经成为茶叶生产的一个基本工序。精心拣择，"命多工挑其筋脉，去其蒂杪"是获得茶叶气味俱佳的必要条件。这个方法最初当为虎丘茶所用，而据冯时可《茶录》，僧大方学得虎丘茶法制作松萝茶，而闻龙《茶笺》即已将拣择之法称为松萝法，"茶初摘时，须拣去枝梗老叶，惟取嫩叶。又须去尖与柄，恐其易焦，此松萝法也"。可见松萝茶对拣择之法特别重视。而六安瓜片的制法，或许就是对这一制茶法的继承与发展。

炒制时则要边炒边揉、旋炒旋冷。边炒边揉，一则可以将茶叶揉成条索状，二则在烹点时茶汁容易浸出。罗廪《茶解》："茶炒熟后，必须揉揉，揉揉则脂膏镕液，少许入汤，味无不全。"旋炒旋冷，通过扇风扇掉热气和水汽，以免破坏叶绿素而使茶变黄。相当于现代的透气炒法。

黄龙德以顺应茶叶物性、保全茶叶真味不受损害为原则，总结出边炒边揉、旋炒旋冷的办法，堪称明代绿茶炒制法的最佳总结。

三之色

【原文】

茶色以白、以绿为佳，或黄或黑失其神韵者①，芽叶受奄之病也②。善别茶者，若相士之视人气色③，轻清者上，重浊者下④，瞭然在目⑤，无容逃匿⑥。若唐宋之茶，既经碾罗，复经蒸模⑦，其色虽佳，决无今时之美。

【注释】

①或：有的。神韵：风度韵致。这里指茶叶色泽的自然。

②受奄（yǎn）之病：指茶叶杀青后未及时摊凉及时揉捻，或揉捻后未及时烘干、炒干，堆积过久，会使茶叶变黄。闻龙《茶笺》："散所炒茶于筛上，阖户而焙。上面不可覆盖，以茶叶尚润，一覆则气闷罨黄。"奄，覆盖。病，缺点，错误。

③若相士之视人气色：本句出自宋蔡襄《茶录》："善别茶者，正如相工之视人气色也。"相士，相师，旧时以谈命相为职业的人。

④轻清者上，重浊者下：本句出自《周易述》引《广雅·释天》："太初，气之始也，生于酉仲，清浊未分也。太始，形之始也，生于戌仲，清者为精，浊者为形也。太素，质之始也，生于亥仲，已有素朴而未散也。三气相接，至于子仲，剖判分离，轻清者上为天，重浊者下为地，中和为万物。"

⑤瞭然在目：一眼就看得很清楚。瞭然，即"了然"，清楚，明白。

⑥无容：不允许，不让。匿（nì）：隐藏，隐瞒。

⑦既经碾罗，复经蒸模：此二句黄氏叙述前后倒置，当为"既经蒸模，复经碾罗"，说的是唐宋时代以蒸青法制饼茶，饮用时用经过碾磨筛细的末茶煮饮、点饮法。蒸模，指唐宋时代蒸茶和用棬模压制饼茶。碾罗，用茶碾茶磨碾茶，用茶罗筛茶。

【译文】

茶叶色泽以白色、绿色为佳，有的发黄发黑，失去了茶叶色泽的自然韵致，这是芽叶未能及时制作堆积过久而产生的问题。擅长鉴别茶叶的人，就像相面的人会看人的气色一样，轻清透彻的浮在上面，沉重浑浊的沉到下面，清清楚楚，一点也逃不过他的眼睛。像唐宋的茶叶，制时经过蒸茶和压制，饮时再经过碾磨和筛细，茶色即使好，也绝对没有现在茶的色泽美好。

【点评】

蔡襄《茶录》记宋人评茶以"茶色贵白"，所以宋代采茶争先摘早，一取春茶幼嫩芽叶色白，二以榨茶等法使茶尽量去绿色。明代采摘不再贵早，以适时为宜，故"以白、以绿为佳"。成品干茶绿色而带白毫，茶汤浅绿，已经接近了近现代名优茶品质的要求。

四之香

【原文】

茶有真香，无容矫揉①。炒造时草气既去，香气方全，在炒造得法耳。烹点之时，

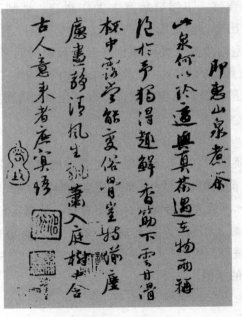

宋蔡襄《即惠山泉煮茶》

所谓"坐久不知香在室，开窗时有蝶飞来"②。如是光景，此茶之真香也。少加造作③，便失本真④。遐想龙团金饼，虽极靡丽⑤，安有如是清美？

【注释】

①矫揉：故意做作。此处指宋代建安北苑贡茶曾经添加龙脑等香料以增加茶的香气。此法在北宋中期即为蔡襄《茶录》所批评："茶有真香，而入贡者微以龙脑和膏，欲助其香，建安民间试茶皆不入香，恐夺其真……正当不用。"但直到宋徽宗《大观茶论》中的不认可，这种做法才告停止。

②坐久不知香在室，开窗时有蝶飞来：出自元余同麓《咏兰》："手培兰蕊两三栽，日暖风和次第天。坐久不知香在室，推窗时有蝶飞来。"

③少：通"稍"，稍微。

④本真：犹天性，本性。明宋濂《报恩说》："爱如魑魅，幻化不一，能迷惑一切修善之士，颠倒错缪，丧其本真。"

⑤靡丽：精美华丽。《孔子家语·刑政》："文锦珠玉之器，雕饰靡丽，不粥于市。"靡，浪费，奢侈。

【译文】

茶叶有自身真实的香气，不需要故意去做作制造。炒制茶叶时，将草味去掉后，茶的香气才会全部散发出来，这是用了适合的方法炒制茶叶罢了。烹水冲泡饮茶之时，就会如诗人所说："在室内坐久了便闻不到香味，开窗的时候却有蝴蝶寻香飞进来。"这样的景象，才是茶最真实的香味。稍微添加人为的东西，便失去了茶本真的味道。想想过去的龙团金饼，虽然极其精美华丽，怎么会有如此清新美好呢？

【点评】

"茶有真香，无容矫揉"，这是诉诸嗅觉对茶香的审评标准。那么什么是真香呢？也就是茶本身的香味。黄龙德将之譬为如同兰蕙的幽芳，清新淡雅："坐久不知香在室，开窗时有蝶飞来。"不管人能否闻到，喜不喜欢，都真实地存在在那里。不同品质的茶，香味不同，如张源《茶录》"茶有真香，有兰香，有清香，有纯香"，罗廪《茶解》"香如兰为上，如蚕豆花次之"，都不约而同地将拥有"兰香"之茶视为上品，逐渐形成了审评茶叶香气的术语。

五之味

【原文】

茶贵甘润①，不贵苦涩，惟松萝、虎丘所产者极佳，他产皆不及也。亦须烹点得应②。若初烹辄饮，其味未出，而有水气。泛久后尝，其味失鲜，而有汤气。试者先以水半注器中，次投茶入，然后沟注③。视其茶汤相合，云脚渐开④，乳花沟面⑤。少啜则清香芬美，稍益润滑而味长，不觉甘露顿生于华池⑥。或水火失候⑦，器具不洁，真味因之而损，虽松萝诸佳品，既遭此厄，亦不能独全其天。至若一饮而尽，不可与言味矣。

【注释】

①甘润：甘甜滋润。北魏贾思勰《齐民要术·枣》："熟赤如朱，干之不缩，气味甘润，殊于常枣，食之，可以安躯益气力。"

②得应：适合。

③先以水半注器中，次投茶入，然后沟注：此为泡茶之中投法。明张源《茶录》："投茶有序，毋失其宜。先茶后汤曰下投；汤半下茶，复以汤满，曰中投；先汤后茶曰上投。春秋中投，夏上投，冬下投。"沟注，将水注入杯中。沟，水注入山谷里。《尔雅》："水注谷曰沟。"

④云脚：宋人点茶专用术语。指茶少水多时，茶汤表面的茶沫有的浮漂在水面，有的沉在水中，如同云脚一样散乱。宋梅尧臣《宋著作寄凤茶》："云脚俗所珍，鸟觜夸仍众。"

⑤乳花：烹茶点茶时茶汤表面形成的乳白色茶沫饽。唐李德裕《故人寄茶》诗："碧流霞脚碎，香泛乳花轻。"宋梅尧臣《得雷太简自制蒙顶茶》诗："汤嫩乳花浮，香新舌甘永。"

⑥甘露：甜美的雨露。《老子》："天地相合，以降甘露。"华池：口的舌下部位，泛指口。《太平御览》卷三六七引《养生经》："口为华池。"

⑦失候：错过适当的时刻。北魏贾思勰《齐民要术·造神麹并酒》："但候麹香沫起，便下酿。过久，麹生衣，则为失候；失候，则酒重钝，不复轻香。"

【译文】

茶叶的味道贵在甘甜滋润，而不是又苦又涩，只有松萝、虎丘出产的茶叶味道最好，其他地方产的茶都比不上。但也必须烹点拿捏得恰到好处。如果茶刚刚泡就喝，茶的味道还没出来，就会有水的味道。泡的时间很长了再喝，茶叶就失去新鲜的味道，且味道太重。泡茶的人先在茶杯中倒入一半的开水，再放茶叶进去，然后再将水注满杯中。看到茶叶和水相融合，茶叶渐渐展开，乳白色泡沫漂浮在杯中之水的表面。喝一小口就感到唇齿间有清鲜芳香美味，多喝点就感到润滑而且滋味深长，不知不觉那甜美的甘露马上就在口中滋生出来。假如煮茶的水温与火候不恰当，器物茶具不洁净，茶本身的味道就会因此受到损害，即使是松萝这样的好茶，遭受这样的灾难，也不能单独保全它的天然味道。至于像那种一口气就喝完的，不可能跟他谈什么味道了。

【点评】

"茶贵甘润，不贵苦涩"，这是诉诸味觉对茶味的审评标准。与张源《茶录》"味以甘润为上，苦涩为下"，程用宾《茶录》"甘润为至味，清淡为常味，苦涩味斯下矣"评审茶汤滋味的标准基本一致。要得到甘润之茶味，候汤、投茶、冲泡、品饮每个过程都要细致入微，尤其重视品茶过程的愉悦：先啜后饮，让舌头和味蕾充分接触茶汤，满口生津，细细品尝。作者调动了所有感官细致入微地感受茶的滋味，既是对口腹之欲的满足，又是一种精神上的享受，是人与茶的物我合一。

六之汤

【原文】

汤者，茶之司命①，故候汤最难②。未熟，茶浮于上，谓之婴儿汤③，而香则不能出。过熟，则茶沉于下，谓之百寿汤④，而味则多滞⑤。善候汤者，必活火急扇⑥，水面若乳珠，其声若松涛，此正汤候也。余友吴润卿，隐居秦淮⑦，适情茶政⑧，品泉有又新之奇⑨，候汤得鸿渐之妙，可谓当今之绝技者也。

【注释】

①汤者，茶之司命：语出唐苏廙《十六汤品》。汤，热水，开水。这里指泡茶时用的热水。司命，神名，掌管生命的神。此喻指开水掌控茶味道的好与坏。司，掌管，控制。命，命运。

②候汤最难：语出宋蔡襄《茶录》上篇《论茶·候汤》。候汤，掌握煎水的适宜程度。古人对于煮泡茶水烧开程度的重视，始自陆羽《茶经·五之煮》，此后历代茶人都相当看重。

③婴儿汤：嫩汤，指未沸之水。《十六汤品》："第二品，婴汤。薪火方交，水釜才炽，急取旋倾，若婴儿之未孩，欲责以壮夫之事，难矣哉！"

建盏

④百寿汤：老汤。指沸腾时间过长的水，沏茶无味。《十六汤品》："第三品，百寿汤（一名白发汤）。人过百息，水逾十沸，或以话阻，或以事废，始取用之，汤已失性矣。"

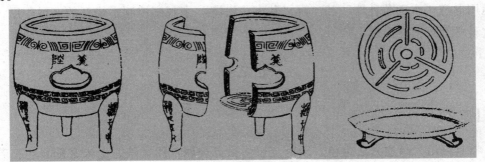

陆羽风炉示意图

⑤滞：凝积，不流通。《说文》："滞，凝也。"

⑥活火：明火，有火苗的火。这里为使动用法，意为使火焰明烈。

⑦秦淮：河名，南京第一大河。是长江下游右岸的一条支流，位于江苏西南部。秦淮河分内河和外河，内河在南京城中，素为"六朝烟月之区，金粉荟萃之所"，更兼十代繁华，是南京城最繁华之地，被称为"十里秦淮"。

⑧适情：顺适性情。宋梅尧臣《永叔内翰作五言以叙之》："我辈唯适情，一叶未尝摘。"明谢榛《四溟诗话》卷二："诗，适情之具。"茶政：茶事。

⑨又新：唐张又新，著有《煎茶水记》。

【译文】

泡茶用的热水是茶味道好坏的关键，所以说掌握水烧开的程度最难。如果水没有烧到足够开，茶叶就会漂浮在水面上，叫作"婴儿汤"，那么茶香就无法散发出来。如果水烧得过开，茶叶就会沉到水下，叫作"百寿汤"，那么茶味就凝滞。善于烧水的人，一定会快速地扇动扇子使火焰明烈，使水的表面像乳白色的珍珠滚动，发出像松涛一般沸腾的水声，这才是水烧到了合适的时候。我的朋友吴润卿，在秦淮一带隐居，喜欢研习茶事，品评泉水有张又新般新奇的见解，烧水候汤领悟到了陆羽的妙法，可以说是现在有煮水烹茶绝技的人了。

【点评】

"汤者，茶之司命，故候汤最难"，这是对"候汤"重要性的高度概括。明代泡饮法成为品饮的主要方式，因用叶茶简化了点茶法的许多程序，如炙茶、碾茶、过罗等步骤，煮水便成了重要一环，泡茶的水煮得如何，对茶汤的质量影响很大，所以烧火候汤的重要性不亚于茶品、水品和茶具。因此明代非常讲究煮水火候，田艺蘅《煮泉小品》说后世人说："汤嫩则茶力不出，过沸则水老而茶乏。"冯时可《茶录》提出"三辨法"来判断水是否煮得恰到好处："汤有三辨，形辨，声辨，气辨。"黄龙德提出运用形辨"水面若乳珠"和声辨"其声若松涛"来观察控制水烧开的老嫩程度，明人之科学细致精神毕现。

七之具

【原文】

器具精洁，茶愈为之生色。用以金银，虽云美丽，然贫贱之士未必能具也。若今时姑苏之锡注①，时大彬之砂壶②，汴梁之汤铫③，湘妃竹之茶灶④，宣、成窑之茶盏⑤，高人词客⑥，贤士大夫，莫不为之珍重。即唐宋以来，茶具之精，未必有如斯之雅致。

明时大彬壶

①姑苏：即苏州，古代又称吴郡、平江府。位于今江苏东南太湖之滨，长江三角洲中部。锡注：锡制的小壶。

②时大彬（1573—1648年）：明万历至清顺治年间人，是著名的紫砂"四大家"之一时朋的儿子，是供春之后影响最大的壶艺家。他总结了整套制壶工艺，对紫砂陶的泥料配制、成型技法、造型设计与铭刻，都极有研究，改进了泥片拍打、镶接成形的艺术，至今仍为紫砂业遵循。他的早期作品多模仿供春大壶，后听从陈继儒等文人的建议，改作大壶为小壶，使紫砂壶更适合文人的饮茶习惯，把文人情趣引入壶艺，使壶艺与茶道相结合，把壶艺推进到了一个新的高度。

③汴梁：指北宋东京汴梁，现河南开封。铫（diào）：一种带柄有嘴的小锅。

④湘妃竹之茶灶：以斑竹制成的方形煎茶风炉，盛行于明代，以耐高温的泥土搪其内，用以防其炙燃。也称作"苦节君"，取其虽每日经受火焰炼炙，仍能够保持其操守之意。首见于明顾元庆《茶谱》引录"惠麓茶仙"锡山盛颙"竹炉并分封六事"。惠山竹炉在明清两代享有盛名，明代王绂曾为作《竹炉煮茶图》，清代遭毁后，董诰于乾隆庚子（1780年）仲春，奉乾隆皇帝之命，复绘一幅，因此称"复竹炉煮茶图"。今存明王问《煮茶图》，可见竹炉形象。湘妃竹，表面有紫褐色斑点的竹子，又名斑竹，产于湖南、河南、江西、浙江等地。竹竿和分枝布满紫褐色云纹斑点。茶灶，烹茶的小炉灶。

⑤宣、成窑之茶盏：宣窑、成窑的茶盏。宣窑为明宣宗宣德（1426—1435年）年间在江西景德镇所设的官窑；成窑指宪宗成化（1465—1487年）年间的官窑。

⑥高人：指才识超人的人。宋苏轼《净因院画记》："世之工人，或能曲尽其形，而至于其理，非高人逸才不能办。"词客：擅长文辞的人。

【译文】

煮茶的器具越精致洁净，越能衬托出茶色之美。用金银来制作茶具，虽然华丽，但是贫寒低下的人未必能够拥有。像当今苏州的锡制小壶，时大彬的紫砂壶，开封的汤铫，湘妃竹的茶灶，宣窑、成窑的茶盏，高士和词人，贤士和官员，没有人不认为它们十分珍贵重要。从唐宋至今，茶具的精致程度，还没有像现在这样雅致的。

【点评】

"器具精洁，茶愈为之生色。"茶具的作用不仅在于煮水盛汤，更能使茶锦上添花。这是对茶具实用价值与美学价值的概括。唐宋多尚金银茶具，明人却追求简朴自然，

明永乐凤凰三系把壶

砂壶竹灶，锡注瓷盏，古朴自然之物性与文人精致细腻的审美追求浑然一体，一派天然而又不流于粗鄙。一壶一器之中蕴含了明人平朴、自然、坚韧而灵逸的境界。

八之侣

【原文】

茶灶疏烟，松涛盈耳，独烹独啜①，故自有一种乐趣。又不若与高人论道，词客聊诗，黄冠谈玄②，缁衣讲禅③，知己论心，散人说鬼之为愈也④。对此佳宾，躬为茗事⑤，七碗下咽而两腋清风顿起矣⑥。较之独啜，更觉神怡。

【注释】

①啜：尝，喝。

②黄冠：道士所戴束发之冠。用金属或木类制成，其色尚黄，故曰黄冠，因此也作为道士的别称。唐求《题青山范贤观》诗："数里缘山不厌难，为寻真诀问黄冠。"玄：玄学，中国魏晋时期出现的一种崇尚老庄的思潮，一般特指魏晋玄学。"玄"这一概念，最早见于《老子》："玄之又玄，众妙之门。"王弼《老子指略》说："玄，谓之深者也。"玄学即研究幽深玄远问题的学说。

③缁（zī）衣讲禅：与僧人探究禅理。缁衣，本意为黑色的衣物，这里借指僧人。禅，佛教语，梵语"禅那"之略。原指静坐默念，引申为禅理、禅法、禅学。清梁章钜《归田琐记·庆城寺碑》："暇日，至庆城寺，与僧滋亭谈禅。"禅，又专指佛教禅宗。

④散人：不为世用的人，闲散自在的人。唐陆龟蒙《江湖散人传》："散人者，散诞之人也。心散、意散、形散、神散，既无羁限，为时之怪民，束于礼乐者外之曰：

明仇英《写经换茶图》

此散人也。"

⑤躬：整个身体。《说文》："躬，身也。"引申为亲自。

⑥七碗下咽而两腋清风顿起：本句出自唐代诗人卢仝的七言古诗《走笔谢孟谏议寄新茶》："一碗喉吻润，两碗破孤闷。三碗搜枯肠，唯有文字五千卷。四碗发轻汗，平生不平事，尽向毛孔散。五碗肌骨清，六碗通仙灵。七碗吃不得也，唯觉两腋习习清风生。"

【译文】

茶灶袅袅升起轻烟，松涛般的水声耳边萦绕着，自己一个人煮茶，啜饮，自有一种独到的乐趣。但比不上与高明的人谈论道理，与文人墨客谈论诗词，与道士谈论玄学，与僧人探讨禅理，与知己谈论心情，与闲散的人谈论鬼神更为有趣。面对这么好的宾客，亲自为他们煮茶，七碗喝下后顿时两腋生风，清新舒爽。与独自啜饮相比，更觉得心旷神怡。

【点评】

虽然独自饮茶有清静之幽，但是作者更看重以茶会友，与雅士清谈之趣。这不单单是对茶味的品评，还有品饮过程中精神的交流。而这种交流是以趣味相投为指向的，所以在人数上就不可能太多。张源《茶录》说："饮茶以客少为贵，客众则喧，喧则雅趣乏矣，独啜曰神，二客曰胜，三四曰趣，五六曰泛，七八曰施。"只有在清幽的环境

九之饮

【原文】

饮不以时为废兴①，亦不以候为可否②，无往而不得其应③。若明窗净几，花喷柳舒，饮于春也。凉亭水阁，松风萝月④，饮于夏也。金风玉露⑤，蕉畔桐阴，饮于秋也。暖阁红垆⑥，梅开雪积，饮于冬也。僧房道院，饮何清也。山林泉石，饮何幽也。焚香鼓琴，饮何雅也。试水斗茗⑦，饮何雄也。梦回卷把⑧，饮何美也。古鼎金瓯⑨，饮之富贵者也。瓷瓶窑盏，饮之清高者也。较之呼卢浮白之饮⑩，更胜一筹。即有"瓮中百斛金陵春"⑪，当不易吾炉头七碗松萝茗。若夏兴冬废⑫，醒弃醉索，此不知茗事者，不可与言饮也。

【注释】

①时：季节，天时。

②候：节候，时令，时节。可否：可以不可以，能不能。宋欧阳修《为君难论上》："是不审事之可否，不计功之成败也。"

③无往：犹言无论到哪里。常与"不""非"连用，表示肯定。晋孙绰《喻道论》："意之所指，无往不通。"应：应当，应该。

④松风：松林之风。萝月：藤萝间的明月。南朝宋鲍照《月下登楼连句》："仿佛萝月光，缤纷篁雾阴。"

⑤金风玉露：秋风和白露，泛指秋天的景物，亦借指秋天。北宋秦观《鹊桥仙》："金风玉露一相逢，便胜却人间无数。"

⑥暖阁：与大屋子隔开而又相通连的小房间，可设炉取暖。亦泛指设炉取暖的小阁。垆（lú）：旧时酒店里安放酒瓮的炉形土台子。

⑦试水：尝试品味茶水。宋王安石《寄茶与平甫》诗："石楼试水宜频啜，金谷看花莫漫煎。"斗茗：犹斗茶，品评茶。清唐孙华《仲春鸿雪堂燕集》诗："战棋斗茗各有适，脱冠露紒无讥诃。"

⑧梦回：从梦中醒来。南唐李璟《摊破浣溪沙》词之二："细雨梦回鸡塞远，小楼吹彻玉笙寒。多少泪珠无限恨，依阑干。"卷把：指书籍的册本或篇章。卷，古代写在帛或纸上的书册。把，束，册。

⑨金瓯：金质的杯盂之属。酒杯的美称。元本高明《琵琶记·蔡宅祝寿》："春花明彩袖，春酒泛金瓯。"

明仇英《松亭试泉图》

⑩呼卢浮白：高声呼喊，开怀畅饮。呼卢，古代一种赌博游戏，借代为赌博时的呼喊。唐李白《少年行》之三："呼卢百万终不惜，报仇千里如咫尺。"浮白，原指酒宴上的罚饮，中古以后用此语，纯指畅饮、满饮而已。浮，罚人饮酒。白，指专用来罚酒的大杯。

⑪瓮中百斛金陵春：本句出自李白《寄韦南陵冰余江上乘兴访之遇寻颜尚书笑有此赠》诗："堂上三千珠履客，瓮中百斛金陵春。"王琦注："金陵春，酒名也。唐人名酒多以春。"斛，中国旧量器名，亦是容量单位，一斛本为十斗，后来改为五斗。

⑫夏兴冬废：语出陆羽《茶经·六之饮》："夏兴冬废，非饮也。"

【译文】

饮茶不因季节天时的变化而进行或停止，也不因时令节候来决定可不可以，任何时候饮茶都是合适的。像明窗净几，花喷柳舒，是在春日饮茶之美。若是有凉亭水阁，松风萝月相伴，那便是在夏天饮茶之妙。若是逢金风玉露，蕉畔桐阴，则是在秋日饮茶之韵。倘若有暖阁红垆，梅开雪积的美景，那便是在冬日饮茶之乐。在僧房道院饮茶，是多么清闲啊。处于山林泉石之中的饮茶，是多么幽静啊。焚香鼓琴，品味饮茶的优雅。试水斗茗，体会饮茶的豪情。梦回卷把，在书香中一品香茗，感受饮茶的美好。用古鼎金瓯饮茶，是多么富贵啊。用瓷瓶窑盏饮茶，是多么清高啊。饮茶比喝酒畅饮，更胜一筹。就算有瓮中百斛的金陵春，也换不走我炉中头七碗松萝茶。如果有人在夏天饮茶冬天废止，醒的时候舍弃而醉的时候索要，这人定不是懂得茶的人，不值得与他探讨饮茶之道。

【点评】

品茶的目的重在精神享受而非解渴，所以"饮不以时为废兴，亦不以候为可否，无往而不得其应"，只有一年到头饮茶不断才算是真正的饮茶。这一观点之机杼出于陆羽"夏兴冬废，非饮也"。至于为何长年饮茶，《茶经》中没有说明，而黄龙德却将不同季节、不同环境品饮茶叶之美之感展示得淋漓尽致，美不胜收。或春夏秋冬、或清幽雄美、或富贵清高，斟饮之间，享受到的是超然绝尘的离世之美。饮茶不再仅仅满足解渴的生理需求，而是精神享受的盛宴，正如朱权在《茶谱》中论述："予尝举白眼而望青天，汲清泉而烹活火，自谓与天语以扩心志之大，符水火以副内炼之功，得非游心于茶灶，又将有裨于修养之道矣。其惟清哉。"饮茶使明代文人既不脱离世俗，又能超然物外，成为不可或缺的精神生活。

十之藏

【原文】

茶性喜燥而恶湿，最难收藏。藏茶之家，每遇梅时①，即以箬裹之②，其色未有不变者，由湿气入于内，而藏之不得法也。虽用火时时温焙③，而免于失色者鲜矣④。是善藏者，亦茶之急务，不可忽也。今藏茶当于未入梅时，将瓶预先烘暖，贮茶于中，加箬于上，仍用厚纸封固于外。次将大瓮一只⑤，下铺谷灰一层，将瓶倒列于上，再用谷灰埋之。层灰层瓶，瓮口封固，贮于楼阁，湿气不能入内。虽经黄梅，取出泛之⑥，其色、香、味犹如新茗而色不变。藏茶之法，无愈于此⑦。

【注释】

①梅时：梅雨时节。指中国长江中下游地区、江淮流域，每年六月中下旬至七月上半月之间持续天阴有雨的气候现象，此时正是江南梅子的成熟期，所谓"黄梅时节家家雨"，故称其为"梅雨"。

②箬（ruò）：一种竹子，叶大而宽。又指箬竹叶。

③焙（bèi）：微火烘烤。

④鲜（xiǎn）：少。

⑤瓮（wèng）：一种盛水或酒等的陶器。

⑥泛：指饮酒。宋王安石《九日随家游东山遂游东园》诗："采采黄金花，持杯为君泛。"此处指饮茶。

⑦愈：较好，胜过。

明成化盖罐

【译文】

茶性喜欢干燥不喜潮湿，最难被收藏好。收藏茶叶的人家，每到梅雨时节，即将茶叶用竹叶包起来，茶叶的颜色没有不变化的，因为湿气进入了茶叶里面，这样的贮藏方法不合适。就算经常用微火烘烤，不会变色的茶叶也非常少见。所以好的贮藏茶叶的办法，也是茶事的紧急要务，不能够忽视。现在贮藏茶应在梅雨季节之前，先将茶瓶预先烘烤温热，把茶叶贮藏进去，在茶叶上加一层箬竹叶，然后用厚纸把瓶子外部密封结实。再拿一只大瓮，在瓮底铺一层谷灰，将茶瓶倒扣在谷灰上，再用谷灰把茶瓶埋好。这样一层谷灰一层茶瓶层层罗列，最后封固好大瓮瓮口，把大瓮贮藏在楼阁里，湿气就不能进去了。即使经过黄梅时节，取出茶叶冲泡，茶的色、香、味就像新茶一样，色泽也不会发生变化。贮藏茶叶的方法，没有比这个更好的了。

【点评】

茶叶中含有大量亲水性的化学成分，具有很强的吸附作用，能将水分和异味吸附到茶叶上，导致茶叶品质下降。"茶性喜燥而恶湿，最难收藏"，明代对茶叶的物性认识更加深入，从"茶性"的理论高度概括出茶叶包装与贮藏的科学依据。罗廪《茶解》中说："茶性淫，易于染著，无论腥秽及有气之物，不得与之近，即名香亦不宜相杂。"

同时对茶叶贮藏的认识已经从技术层面上升到文化层面。张源在《茶录》中说："造时精，藏时燥，泡时洁；精、燥、洁，茶道尽矣。"品饮的艺术化，引发了对茶叶贮藏保鲜的更高需求。只有色、香、味、形等品质俱佳的茶叶，才能使人进入艺术品饮的美妙境界。明代品茶方式和技术的不断演进变化，茶叶的藏养特性逐渐被人们认识，黄龙德所述的藏茶方式是明代茶叶贮藏技术日渐精细和科学化的体现。包装与贮藏的功能更重在维护茶叶内在品质，而非宋人贡茶时，层层封的富的华贵。

第六节　《茶谱》释译

[明] 朱权

朱权（1378—1448 年），号臞仙、涵虚子、丹丘先生。《明史》记载"宁献王权，太祖第十七子，洪武二十四年封。逾二年就藩大宁"，此时，朱权被封为大宁王。后于"永乐元年二月，改封南昌"。卒谥献，又称宁献王。

明代史料中对朱权的评价大都集中于其好学博古。《藩献记》记载其"好学博古，诸书无所不窥，旁通释老，尤深于史"。《医统》也记载"宁献王天性颖敏，有过人之资，经史百家诸子之书，无不该览。过门辄解奥旨而各造其妙"。

朱权所著《茶谱》是其改封南昌之后，《明史》记载此时的朱权，韬光养晦，在南昌郊外构造精舍，终日鼓琴读书。"栖神物外，不伍于世流，不污于时俗。或会于泉石之间，工处于松竹之下，或对皓月清风，或坐明窗静牖，乃与客清谈款话，探虚玄而参造化，清心神而出尘表。"这一段正是朱权将其清虚的道家思想贯穿于茶道的表露。朱权"取烹茶之法，末茶之具"，重视茶的自然天性，认为自己能"崇新改易，自成一家"。

《茶谱》一书，清代黄虞稷《千顷堂书目》载有"宁献王臞仙茶谱一卷"。南京图书馆有清代杭大宗《艺海汇函》，其中有茶谱一种，序题涵虚子臞仙书。现存最早版本即《艺海汇函》本。后有张宏庸《茶学大典》收录该书，并略做校勘。

原文据张宏庸《茶学大典》本收录。

【原文】

挺然而秀①，郁然而茂②，森然而列者③，北园之茶也。泠然而清、锵然而声④，涓然而流者，南涧之水也。块然而立⑤，晬然而温⑥，铿然而鸣者，东山之石也。癯然而酸⑦，兀然而傲⑧，扩然而狂者，渠也⑨。以东山之石，击灼然之火。以南涧之水，烹北园之茶。自非吃茶汉，则当握拳布袖，莫敢伸也！本是林下一家生活，傲物玩世之事，岂白丁可共语哉？予法举白眼而望青天，汲清泉而烹活火⑩，自谓与天语以扩心志之大，符水以副内练之功，得非游心于茶灶，又将有裨于修养之道矣⑪，岂惟清哉？涵虚子臞仙书。

茶园图

【注释】

①挺然：挺拔特立貌。杜甫《课伐木》诗序："维条伊枚，正直挺然。"

②郁然：繁盛貌，兴盛貌。王谠《唐语林·补遗一》："骊山华清宫天宝中植松柏，遍满岩谷，望之郁然。"

③森然：丰厚茂密貌。陈鸿《东城父老传》："颍川陈鸿祖携友人出春明门，见竹柏森然。"

④泠（líng）然：寒凉貌，清凉貌。

⑤块然：孤独貌，独处貌。李德裕《题奇石》诗："块然天地间，自是孤生者。"

⑥晬（zuì）然：温润貌。

⑦癯（qú）：清瘦。酸：贫寒，孤寒。

⑧兀然：突兀的样子。

⑨渠：他，代指茶道中人。

⑩汲（jí）：打水。活火：有焰的火，烈火。赵璘《因话录·商上》："茶须缓火炙，活火煎。活火谓炭火之焰者也。"

⑪裨（bì）：益处。

【译文】

北园的茶树，秀丽挺拔，浓密葱郁，一行行茶树层叠排列，茂密丰厚。南涧的溪水，清澈寒凉，涓涓的溪水，发出珠玉般清脆的声音。东山的奇石，虽独然而立，却温润如玉，发出金石般透亮的鸣响。而那烹茶之人，清瘦贫寒，兀然孤傲，狂然伟岸。就以东山的奇石生火，以南涧的溪水，沏北园的茶。若不是懂茶的喝茶人，就应当把手缩在袖子里，不要贸然伸手。因为茶道那是山林间一个人的事，傲然于物外，游离出世间，怎么能和那些俗人一起谈论呢？我曾经仰首望天，以灵动之火烹煮清澈的泉水，我这样做，正是与天共语来开拓我的心怀，以如此之水来增养我的内在之气，这样不仅仅能让我游玩忘情于茶灶之间，更能对我的修养之道有所裨益，这哪里是一个"清"字就能表述的呢？涵虚子臞仙撰写。

【点评】

这是朱权的自序。

挺然而秀，郁然而茂，森然而列者，北园之茶也。冷然而清、锵然而声，涓然而流者，南涧之水也。块然而立，晬然而温，铿然而鸣者，东山之石也。癯然而酸，兀然而傲。扩然而狂者，渠也。

借物喻志，是古代文人常用的方法。朱权一气用了四句排比，既把自己茶道的环境说了个明白，又借着环境中的茶、水、石、人的特点来说明自己清高的品性、爱好，一举两得，惜字如金。

从《茶谱》的全文记述，看不出朱权的"北园之茶"究竟是哪一种茶树。所谓茶树，并不是生物学上的种属名称，而是泛指一切可以采叶制茶的树种，既包括枝条簇拥的灌木茶树，也包括主干笔直的乔木茶树。可惜的是，原属于乔木的茶树，为了便于台面种植和采叶，大多已经过世代择选，又在生长过程中不断剪枝，变得像冬青树一般矮小了。朱权种植的茶树既然可以称挺然、郁然、森然，想来不会太过矮小。试

云南邦威千年大茶树

想，一群茶娘在不及腰高的茶林间穿梭采叶，这茶树还能称得上挺然吗？

我国古代南方的茶树，尤其是云南一带有不少属于乔木茶树，朱权所在地南昌，种植乔木茶树也有可能。即便是灌木类茶树，年久也可以长到两三米高，依朱权尊崇道家，崇尚真性的思想，大约宁可其生长得自在烂漫，枝高叶繁。他是宁王，不必在意那些商品经济下斤斤计较的产量、效益之说。他的茶道，也不像现代茶艺那般，急于在人前表现优雅高贵的品位。

茶树需挺然、郁然、森然，山涧之水需泠然、锵然、涓然，东山之石需块然、崒然、铿然，朱权心中所想，已直出笔端，不假修饰。至于茶人，更是"癯然而酸，兀然而傲，扩然而狂"，这真是笔走龙蛇，简直在大喊了，分明是朱权自己的写照。

说完了茶道的环境，就对参与茶道的人提出要求，朱权说，这吃茶之人，须能"傲物玩世"，体会得"林下一家生活"，不能是白丁。

"傲物玩世"是个妙语。《淮南子·齐俗训》有云："傲世轻物，不污于俗"，说的是坚持高洁的品行，轻视社会环境；而朱权却自辟蹊径，以"傲物玩世"的方式来明志。他出身皇家正统，要故作清高，摆出一副枯索的样子自然可以，但他以为太过落俗、浪费了自己的天赋和资源。虽然一生笼罩在其兄朱棣的阴影之下，但他在压力下谋求转机，全心投向文化，勘评戏剧，阔论修道，指点农耕，开江西一代文风。这一番作为，蕴含着道家深刻的损益之道，却不是人们浅显的理解——韬光养晦、安身保命可以概括的。至于"林下一家生活"，也约略透露出他在文化上自成一派的心思。而从他在制琴、音乐、道教、戏剧、医学、茶道等领域高远的成就，也足当得"林下一

《茶经》与其他茶典

殷勤送客出鄱阳

家生活”了。

再来谈谈损益之道。《道德经》第四十二章云：

道生一，一生二，二生三，三生万物。万物负阴而抱阳，冲气以为和。人之所恶，唯孤、寡、不毂，而王公以为称。故物或损之而益，或益之而损。人之所教，我亦教之。强梁者不得其死，吾将以为教父。

这一章说，大道从简单到复杂，衍生万物。万物负阴抱阳，趋吉避凶，但其实是内在的虚静才能令生气融合。人们都讨厌孤、寡、不合群这样的话，但王侯深谙“冲气以为和”之道，他们偏偏返回头来抱持阴面，以孤寡自称。要知道，一切事物，有时损害会转化成益处，有时增益却反而对它有害。老子又警告说，太过于追求利益的人不得好死。

人们大多从第三者的姿态去读《道德经》，带着幸灾乐祸的心态去“眼见他起高楼，眼见他楼塌了”，这便错过了真义，自己不去起高楼，专笑别人楼塌了，难道这便是道家的智慧吗？老子举出王侯以孤寡自称的目的，是在说明每个人都应该重视的损益之道，侯王们越是起了高楼，越要正视自己高处不胜寒的处境，从那一味索取的强横中退出来，回头抱住自己的根基——百姓。只是老子话说得含蓄，逻辑上有些跳跃。人们可以在损的时候获益，在益的时候防损，其关键是要从趋吉避凶的单向思维中摆脱出来，转换视角。

朱权是损益转换的高手，政治上已无前途，便及时撒手，在文化上大加投入。这既是避祸之举，又可发挥天赋，在那红尘樊笼中，翻身跳出来，何乐而不为。中国古代的主流文化，历来在意识形态上把人从生捆缚到死，不得半点喘息。欲要得一口真气，必得走到社会边缘方可。朱权被主流政治排斥，到了远离北京千里之外的穷山恶水之间，如果想不开，早已含恨而死，可幸他道家功底深厚，轻轻翻身跳脱，中国历史上自此多了一位博学的大学问家。

那堪得“以东山之石，击灼然之火。以南涧之水，烹北园之茶”的“吃茶汉”到底该是什么样的人呢？

"吃茶汉"一语，说来有些趣味。禅宗大德常以"汉"作为对开悟人的称呼，明贬实褒。唐代德山宣鉴禅师顿悟后，他的老师当着众僧说："你们中间有个汉子，牙如剑树，口似血盆，一棒打不回头。日后也将到孤峰顶上，去替我立道行法去！"可见宣鉴彻悟了，是个汉子。宣鉴后来自成一派呵佛骂祖的禅风，说释迦"老汉"活了八十便死去，也是一般的用法。朱权作为道家的高士，大约与唐代禅风相得，"吃茶汉"一语，应是借用禅宗的说法。朱权也要做个汉子，他甚至作戏剧《冲漠子独步大罗天》，直接说明自己要成仙作祖，自由自在。那大罗天是最高天界，修仙的最高境界叫作大罗金仙，道教最大的祭祀仪式叫作罗天大醮，朱权要独步大罗天，是赤裸裸地说明自己不把帝位看在眼里，誓成一代高道的决心。

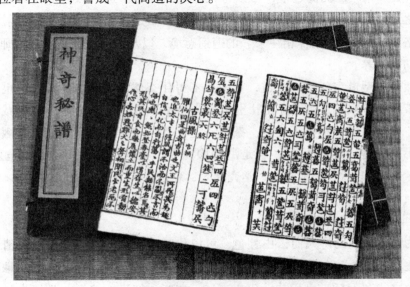

《神奇秘谱》书影

这个"吃茶汉"有些了不得，他"举白眼而望青天"——对着上天翻白眼，一副老子无所谓的样子。后世关于达摩的绘画也常有此举，达摩的体态毛发作胡人状，白眼直翻向天际。以表现打破一切宗教崇拜、一切观念束缚的自由之境。朱权此时的心态究竟是不是这样，还需再考。但一边对上天翻白眼，粗鄙之极，一边又"汲清泉而烹活火"，风雅之至，活脱脱一副猖狂奇古的道人模样。其间，含着些禅宗"看破"的情境，又挂着对命运不公的鄙视，心酸而不倒，声嘶而不破，这一种结合皇室、道家、禅家风范的奇骨，却与不得志的文人的孤傲风骨大有不同。

到了这里，朱权觉得还没有交代清楚，遂直说道："自谓与天语以扩心志之大，符水以副内练之功，得非游心于茶灶，又将有裨于修养之道矣。"要与天地对话，完成天地人三才并立的格局；要学习水的特点，来完善自己的德行。这前一句大概是庄子

"与天地精神相往来"的道情，后一句则是对老子"上善若水"的体认。

同是道家的圣人，老庄的落脚点有些不同。老子的学说立足对大道的体验，侧重治国之道和对君王的警策，而庄子的学说立足人本的价值，侧重于人生的审美与超越。两者相比，老子玄重而庄子飘逸，老子深远而庄子通达。但细究下来，则庄子关于人生逍遥超脱的说法，几乎就是对老子损益之道的活用。朱权既然在《茶谱》中特别指出这两种境界作为修养之道的入门，我们就不能不围绕着这两大思想来深入体会他的茶道。朱权又说"游心于茶社"，可见他绝没有迂腐到如一些茶人硬要在茶具中求道、在礼仪中求道、在煎汤中求道、在茶味中求道，甚而至于，硬要把道活生生地从"茶道"中给学术出来。

茶终究是"物"，玩赏之中，可以寄托对道的体悟。这一点，朱权的态度是明确的。茶道之道，并非是蕴含在茶这种物质中的道，而是在这茶事之中，折射出吃茶子独立的品格，"独与天地精神相往来"的逍遥意境，以及以茶为媒、以水为师、长养盎然生机的功夫修养。

这诚然是典型道家色彩的茶道，其中捣不得什么儒释道兼修的糨糊，也摆不得矫揉造作的茶席。禅宗故事讲，好比壮士进城，会家子甩手已经走远，那在城门边与守卫耍急智、打官司的，都是不会的。茶道正是如是，若是那人格独立、潇洒物我的生命过客，不妨暂停下来喝一杯；若是那满腹谋略，委身名利，不明生死危脆的"白丁"，纵是与老庄共饮，高谈阔论，学究天人，总是饮驴罢了。

【原文】

茶之为物，可以助诗兴而云山顿色，可以伏睡魔而天地忘形，可以倍清谈而万象惊寒，茶之功大矣！其名有五：曰茶、曰槚、曰蔎、曰茗、曰荈[①]。一云早取为茶，晚取为茗。食之能利大肠，去积热，化痰下气，醒睡，解酒，消食，除烦去腻，助兴爽神。得春阳之首，占万木之魁。始于晋，兴于宋。惟陆羽得品茶之妙[②]，著《茶经》三篇。蔡襄著《茶录》二篇[③]。盖羽多尚奇古，制之为末。以膏为饼[④]，至仁宗时，而立龙团、凤团、月团之名[⑤]，杂以诸香，饰以金彩，不无夺其真味。然天地生物，各遂其性，莫若叶茶，烹而啜之，以遂其自然之性也。予故取烹茶之法，末茶之具。崇新改易，自成一家。为云海餐霞服日之士，共乐斯事也。虽然会茶而立器具，不过延客款话而已，大抵亦有其说焉。凡鸾俦鹤侣[⑥]，骚人羽客，皆能志绝尘境，栖神物外，不伍于世流，不污于时俗。或会于泉石之间，工处于松竹之下，或对皓月清风，或坐明窗静牖[⑦]，乃与客清谈款话，探虚玄而参造化，清心神而出尘表。命一童子设香案，携茶炉于前，一童子出茶具，以瓢汲清泉注于瓶而炊之。然后碾茶为末，置于磨令细，以罗罗之，候将如蟹眼[⑧]，量客众寡，投数匕于巨瓯[⑨]，候茶出相宜，以茶筅掷令末不浮，

苏六朋《听琴图》

乃成云头雨脚⑩。分之啜瓯，置之竹架，童子捧献于前。主起，举瓯奉客曰："为君以泻清臆。"客起接，举瓯曰："非此不足以破孤闷。"乃复坐。饮毕，童子接瓯而退。话久情长，礼陈再三，遂出琴棋，陈笔砚。或庚歌，或鼓琴，或弈棋，寄形物外，与世相忘，斯则知茶之为物，可谓神矣。然而啜茶大忌白丁，故山谷曰⑪："著茶须是吃茶人。"更不宜花下啜，故曰："金谷看花莫谩煎"是也⑫。卢仝吃七碗、老苏不禁三碗⑬，予以一瓯，足可通仙灵矣。使二老有知，亦为之大笑。其他闻之，莫不谓之迁阔⑭。

【注释】

①槚（jiǎ）：茶树的古称。蔎（shè）：茶的别称。荈（chuǎn）：茶的老叶，粗茶。

②陆羽（733—804年）：字鸿渐，湖北竟陵人，故自号竟陵子。竟陵即今日的湖北天门。陆羽一生用号甚多，比如桑苎翁、东冈子、茶山御史。所著《茶经》，是第一部茶叶专著。被誉为"茶仙""茶圣"。

③蔡襄（1012—1067年）：字君谟，先后在宋朝担任过馆阁校勘、知谏院、直史馆、知制诰、龙图阁直学士、枢密院直学士、翰林学士、三司使、端明殿学士等职，出任福建路转运使，知泉州、福州、开封和杭州府事。卒赠礼部侍郎，谥号忠。书法史上素有"苏、黄、米、蔡"四大家的说法。蔡襄书法以其浑厚端庄，淳淡婉美，自成一体。蔡襄以督造小龙团茶和撰写《茶录》一书而闻名于世。朱权所著《茶谱》，其中见地思路与《茶录》多有相承。

十竹斋·陆羽像

④膏：陆羽在《茶经》中多次提到"膏"字，大抵是茶叶中的部分茶汁与纤维物质分离，出现膏化现象。

⑤龙团、凤团、月团：宋代用圆模制成的茶饼。太平兴国初，用龙凤模特制，专供宫廷饮用。庆历年间蔡襄又制小团茶，以为贡品。宋欧阳修《归田录》卷二："茶之品，莫贵于龙凤，谓之团茶，凡八饼重一斤。"

　　⑥鸾俦（chòu）鹤侣：鸾俦，一般指的是夫妻。但是此处是指衣冠上的鸟鹤图案。唐代黎逢《贡举人见于含元殿赋》："接踵比肩，尽是鸿俦鹤侣。"此处，指的是那些有脱尘气质的人。

　　⑦牖（yǒu）：窗户。

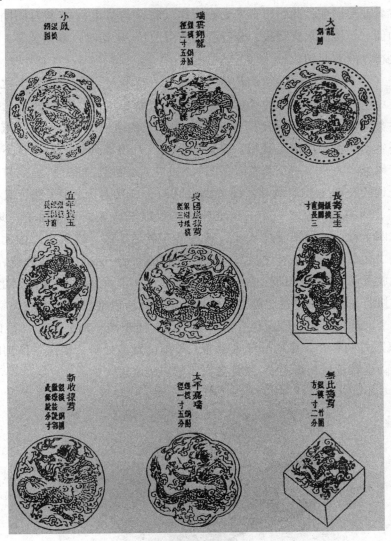

宋代的龙凤团茶图谱

　　⑧候：点茶术语，是指煎水的程度。蟹眼，为点茶术语，是指煎水时冒出的小气泡大小如蟹眼。

　　⑨匕：古代的一种取食器具，长柄浅斗，形状像汤勺。瓯：用于饮酒或喝茶的小容器。

⑩云头雨脚：古人用来形容茶汤表面汤花的用语。古人点茶，放入茶末，用茶筅调和搅动，形成茶水一体的汤花。汤花是云头，略宽大，汤花边缘的水痕叫作雨脚。

⑪山谷：黄庭坚（1045—1105年），字鲁直，洪州分宁人，号山谷道人。北宋江西诗派创始人，黄庭坚与张末、晁补之、秦观俱游苏轼门，天下称为"苏门四学士"。

⑫金谷看花莫谩煎：此句出自王安石所作《寄茶与平甫》："碧月团团堕九天，封题寄与洛中仙。石楼试水宜频啜，金谷看花莫谩煎！"唐朝时，煮鹤焚琴、对花喝茶皆为煞风景之行，故有此句。

⑬卢仝（约795—835年）：唐代诗人，汉族，范阳人。"初唐四杰"之一卢照邻的嫡系子孙。卢仝好茶成癖，他的《走笔谢孟谏议寄新茶》诗，其中的"七碗茶诗"之吟，最为脍炙人口："一碗喉吻润，二碗破孤闷。三碗搜枯肠，惟有文字五千卷。四碗发轻汗，平生不平事，尽向毛孔散。五碗肌骨清。六碗通仙灵。七碗吃不得也，唯觉两腋习习清风生。……"卢仝著有《茶谱》，被世人尊称为"茶仙"。因有七碗茶诗之语，故此处说卢仝吃七碗。老苏：即苏轼（1037—1101年），字子瞻，又字和仲，号"东坡居士"，唐宋八大家之一。王国维评"三代以下诗人，无过屈子、渊明、子美、子瞻者。此四子者，若无文学之天才，其人格亦自足千古。故无高尚伟大之人格，而有高尚伟大之文章者，殆未有之也"。赵翼《瓯北诗话》云："以文为诗，自昌黎始，至东坡益大放厥词，别开一面，成一代之大观。……其尤不可及者，天生健笔一枝，爽若哀梨，快若并剪，有并达之隐，无难显之情，此所以继李杜后为一大家也。"苏东坡在文学史上的地位可见一斑。现有《东坡七集》《东坡乐府》传世。他的《汲江煎茶》："大瓢贮月归春瓮，小杓分江入夜瓶。茶雨已翻煎处脚，松风忽作泻时声。枯肠未易禁三碗，坐数荒村长短更。"故此处有不禁三碗之说。

⑭迂阔：不切实际。

卢仝七碗歌朱泥折腹壶

【译文】

茶，可以助兴写诗，可让浮云山河为之一变；茶，可以降服睡意，忘形于天地之间；茶，可以增加谈性，言辞能触及万千之象，茶的功用实在是非常大。茶有五种名称：即茶、槚、蔎、茗、荈。有一种说法，早晨摘采的叫作茶，晚上摘采的叫作茗。以此为食，能利大肠，去积热，化痰下气，醒睡，解酒，消食，除烦去腻，助兴爽神。在各种草木中，茶最先沐浴春阳。饮茶之风始于晋代，兴盛于宋代。只有陆羽真正明白了品茶的妙处，他撰写了《茶经》三篇。蔡襄撰写了《茶录》二篇。因为陆羽崇尚奇古，因此将茶研制为茶末，形成茶膏，做成茶饼。到了宋代仁宗的时候，带龙凤图案的圆模茶饼被称为龙团、凤团、月团，在茶饼中掺杂了香料，并以各种彩色饰物装饰出高贵的样子，这种做法多少破坏了茶的真性与自然之味。如果想不破坏茶的自然性情，那么最好的做法就是直接沏茶叶，饮茶水。因此，为了不破坏茶的天然，我认为以茶叶烹茶是适当的做法。往昔对各种饮茶器具的重视，在我的饮茶之道中则不是那么重要。我改变以往以膏饼冲茶的做法，自成一家，和那些以云海为餐，吸服霞日的修道之人一起，以此为乐。虽然喝茶需要器具，器具也各有它的道理，但是终究不过是为了相互说话方便而已。那些清逸脱尘的神仙眷侣、骚人羽客，都能脱离尘世诸般境界的束缚，神游于物外，不与世间同流，也不染于俗世的尘浊。饮茶之时，要么是处于清奇的泉石之间，要么处于幽静的松竹之下，要么面对明月清风，要么在窗明几净处，和来访者，探天地的虚玄，参研造化，这样的言谈让我们的心神清静，出离世间的浮华。让一个陪侍的童子摆设香案和茶炉，另一个陪侍童子拿茶具，用瓢打来清澈的泉水饮用。接下来，将茶叶碾制为末，茶磨将茶磨得细细，用茶罗筛过。在煎水时，见到大小如蟹眼的气泡冒起，此时，视喝茶人多少，取相应分量的茶末放入大茶盏，及时冲泡，用茶筅调和搅拌茶汤，令茶末浮于汤面，让茶汤在茶筅的击拂中展现出云头雨脚的形态。然后，将茶汤分成数杯，放在竹架上。在此之后，童子将茶捧至主人面前，主人及时起身举起茶杯迎客，并致辞："请君以茶畅疏胸臆。"客人站起接过茶杯回应："不这样，不足以破除孤闷。"说完主客继续落座。饮完茶，陪侍的童子接过茶杯退下。主客饮茶后继续交谈，若要饮茶，仍然重复上述的礼仪。在饮茶数杯之后，主人摆出琴棋相邀，或者取出笔墨砚台。此时，有的击节而歌，或鼓琴，或弈棋，寄形于物外，与世相忘。只有此时，才能明了茶的神奇之处。但是，饮茶最忌讳的是和那些文墨不通之人相伴，所以山谷才会说："著茶须是吃茶人。"另一个忌讳是不要在花下喝茶，那是很煞风景的。所以王安石说："金谷看花莫谩煎"，所说情形正是如此。如刚才那般饮茶，寄形于物外，卢仝就能饮下第七碗、苏东坡也会饮茶超过三碗，我则能饮一大瓶。这样饮茶，足以使我们能与仙灵相通。倘使卢仝和苏东坡知道我说的这番话，也会为此开怀大笑。而其他人听到这样的话，则会认为我迂阔，不切实际。

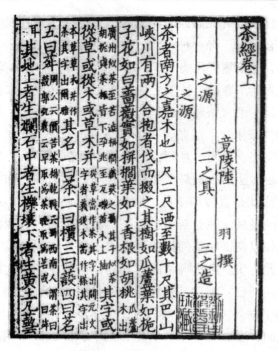

宋威淳刊百川学海本《茶经》书影

【点评】

此部分涉及的内容比较丰富，需分几方面进行评论。

（一）茶的功用

既然叫作《茶谱》，自然不能不说茶的功用，大略是：其一，助诗兴；其二，伏睡魔；其三，倍清谈。这是茶在生活中的三大功用，也常常为各路茶书提及。

茶能助诗兴，大概要从唐代诗人卢仝说起。一次，卢仝收到好友孟简寄来的新茶，心情欢喜，竟连饮七碗，诗兴大发，作七言古诗《走笔谢孟谏议寄新茶》，其中有云："七碗吃不得也，唯觉两腋习习清风生。"卢仝喝的月团茶种不明，据诗意来看，是一种压制成小饼的茶。他边喝边想，层层上升，说这一碗碗的好处，到了七碗，说是"吃不得也"，两腋生风，飘飘悠悠要去蓬莱。应该是喝得太多，醉茶了。于是乘着醉意大发感叹：

蓬莱山，在何处？

玉川子，乘此清风欲归去。

山上群仙司下土，地位清高隔风雨。

安得知百万亿苍生命，堕在巅崖受辛苦！

杜堇《古贤诗意图》（之一）

卢仝（约795—835），自号玉川子，好饮茶，早年隐居少室山。画中描写了诗人高卧，孟谏议的使者敲门送茶的情景。据传卢仝收到好友寄来的茶叶后，心情欢喜，竟连饮七碗，诗兴大发，作七言古诗《走笔谢孟谏议寄新茶》，这就有了脍炙人口的"七碗茶诗"之吟。

便为谏议问苍生，到头还得苏息否？

这最后几句机锋急转，叩问天下苍生命运转折，哪里还有半点飘飘欲仙的惬意。老茶客都知道，茶能醉人，却不像酒那样使人糊涂。据此推断下来，彼时卢仝的心情一定是五味杂陈，痛切无比。

诗情虽悲，却多妙语，后人纷纷应和。宋代梅尧臣道：

莫夸李白仙人掌，且作卢仝走笔章。

亦欲清风生两腋，从教吹去月轮傍。

这是把卢仝的诗与李白的《玉泉仙人掌》一诗相提并论了。苏轼也夸说："何须魏帝一丸药，且尽卢仝七碗茶。"苏轼一向豪迈，也想喝到七碗，只可惜朱权却说老苏喝不过三碗，也不知是从哪里考证出苏轼的茶量有限。有意思的是，宋人邓肃作《临江仙》一词云：

春雪一瓯扶醉玉，翩翩两腋生风，柳腰无力嫭郎投辖意，分袂忽匆匆。

干脆指出来，这两腋生风，就是醉茶，为笔者的醉茶一说，留下了佐证。

再来说茶能伏睡魔。茶能醒神驱睡，是因为茶叶中含有少量的咖啡因，使人兴奋。有些茶叶，例如海南省的野生小叶茶，含有特殊的化学成分，敏感性体质的人喝了之后，通宵难眠，几天都睡不好。但称睡眠为睡魔，却有几分关节需要说明。无论是道家的老祖宗老庄，还是医家的宗本《黄帝内经》，都没有视睡眠为魔的。睡魔之语却在我国茶道文献中屡屡出现。究竟为何呢？大概和道教的修行方式有关。

道书《梦三尸说》曰："人身中有三尸虫"，分别是：上尸，住在大脑之中，代表

苏轼像

私欲（占有欲）；中尸，住在心脏之中，代表五味之欲（食欲）；下尸，住在下腹之中，代表色欲（性欲）。这三种尸虫，只能在夜间活动，作用是使人乱做梦，所谓"颠倒非常"。例如有人梦见盖房子，道书解释说是因为尸虫太过拥挤，所以引发梦境。又如家里人明明好好的，梦见家人死了，道书解释说这是尸虫引发了内心的恶念。弗洛伊德解析说，人做梦是因为性能量受到压抑，大概相当于道教说的"下尸"，比之于道教的三尸之说，似乎还狭隘一些。道教把占有欲、食欲、性欲分开看，认为三者都可以引发梦境，似更全面。现代西方心理学十分重视道书，如心理学大师荣格倾力研究《金花之谜》（即《太乙金华宗旨》，传吕洞宾所作），说明道教在心理学方面的贡献是十分卓越的。

糟糕的是，这三种尸虫，一边引诱人的神思胡作非为，一边又暗暗把这些恶行汇报给上天，据此夺人寿数，损人道行。道书指出，天帝总是在庚申日来接受各方检举恶行。因此要在庚申这一天通宵不眠，不让三尸出来告状，这叫作"守庚申"，是道教流行的修行方法，民间也不乏认识。甚至《红楼梦》里也写道，那位炼丹求道的贾敬是在"守庚申"时离开了人世。贾敬年迈，成日清修，不事锻炼，又乱吃丹药（其实是化学品），再熬夜不睡，自然难保天年了。

朱权的道教造诣极高，和当时的南方道教首领张天师过往甚密，想来不会对斩三尸的事情没有了解，但他这里没有明说，只说是"伏睡魔而天地忘形"。道家向来有

"坐忘"之说，又重"太上忘情"，其实都与老子讲"吾有大患，以吾有身；及吾无身，吾有何患"有关。老子这话，如果理解为"有身体就有生老病死，故为过患"，恐怕是大谬了，翻看整章，老子是针对世人"宠辱若惊，贵大患若身"而言的。被宠辱得失牵引，失大道而奔小径，身处险境而不自知，这种心态正是人生的大患，可是人们却把受宠、受赏当作生命一样宝贵，因此老子有此一叹。这分明就是后世道教所说的"三尸"——私欲、五味之欲以及色欲了。破除了这三者的束缚，生死又有何患？有形如何，无形又如何？这才是忘形于天地之间。

茶的第三道功用是"倍清谈"——促进清谈的兴致。清谈是魏晋的遗风，士大夫围绕着一个比较思想化的话题，各自抒发感情，阐明看法，可以一主一客对答，也可一主多客混合对答，到了大家都无话说时，某人也可一人万言，自问自答。"清谈"本是一件高雅怡情的事情，至于说"清谈误国"，那是不该清谈的人偏要去清谈，不能清谈的事却要清谈解决，和清谈本身实无关系。朱权此时的境地，正该清谈，不但误不了国，还可以拔自身于水火。而且，依茶人的经验，茶的确能促进人的谈性，古来多有烹茶论道，彻夜不返的事迹。至于说清谈到了"万象惊寒"的境界，却是一种自诩，或是从唐代王勃一句"雁阵惊寒，声断衡阳之浦"中来。朱权对自己的选择和境界有强烈的自信，认为万物都会为了自己清谈的内容而惊叹不已。

（二）求真派的茶道

关于茶的名称，朱权列举了五种，即茶、槚、蔎、茗、荈。这是沿用了陆羽《茶经》的说法。这五种称呼，究竟是茶种有别，还是采制方法不同，今天已难考。一般认为槚为苦茶，但树种不详，而蜀人称茶为"蔎"。这些且不论，和今天发生瓜葛的只是这一个"茗"。晋郭弘农云："早取为茶，晚取为茗，或一曰荈耳。"这是说一年之中，早批次采摘的为茶，晚批次摘取的为茗。晚到什么程度，没有详说。朱权在《茶谱》中引用了他的说法，也未做细究。只是到了今天，乌龙茶系一概自称茗茶，久而久之，这"茗"字就成了品质的象征，斗茶或者共饮都叫作品茗会，也算是对古字的一种活用了。

朱权对陆羽的茶道服膺，他和陆羽都属于茶道中的求真派，对渲染外在美感不以为然。这就像今天的音响发烧友，有一类专门在乎器材是否能够把音乐修饰得动听，其他一概不论，就算把波切利修饰成帕瓦罗蒂也可忍受，这是求美派。又有一路人，特别在意能否还原录音室里的原声，考校技术指标，为了听到原汁原味的声音，即便暴露了录音过程中的瑕疵也在所不惜，这是求真派。

求真与求美，在陆羽的时代已经水陆分明。与陆羽同时代的常伯雄，其实从知识上是受了陆羽的影响，但他穿着华美得体，煎茶时很能营造气氛，因而得到权贵们的

魏晋南北朝壁画中士人清谈场面

欣赏，名噪一时；而陆羽像朱权一样白眼望天，又"身被野服"，遭到当时权贵的嘲笑。朱权是道家，有科学家的精神，因此和陆羽很有共鸣，特别在意茶的采摘时节、制作工艺、煎汤火候，品饮方法，力求存茶的真味。

在茶道方面，除了服膺陆羽外，朱权还比较认可蔡襄。蔡襄是宋代的大书法家，借着为皇上说茶的机会发挥茶道，对茶的品质优劣、用具都有精当的论述。朱权在制茶、点茶方面的革新变通，源于陆羽，而在茶具上，则大多是以蔡襄的《茶录》为蓝本了。

唐代以前，茶是作为药用的。到了唐代，制茶工艺发展，人们意识到茶还可以作为日常生活之用，遂开启了品饮之风。当时已有三种品饮的办法：

其一，煎茶法。在水初沸时把茶末放入，二沸后取茶汤饮用，可适当加盐调味。这是陆羽特别提倡的方法。卢仝那首"两腋生风"的名诗，就是吃了煎茶而作。所谓"柴门反关无俗客，纱帽笼头自煎吃"，说的是自己在家煎茶吃，独乐乐，而后一句"碧云引风吹不断，白花浮光凝碗面"，则既是夸茶的品质好，又夸自己煎茶的技艺高。

其二，庵茶法。在茶瓶中放入一些茶末，冲泡以沸水。唐人认为这样的茶没有全熟，只能喝而不宜吃，因此又叫它夹生茶。庵茶法在唐代已入大雅之堂，唐佚名的《宫乐图》就有描画。明代渐渐流行的泡茶，似乎与庵茶法有些关连。

其三，煮茶法。把茶叶和姜、葱、枣、橘皮、薄荷等一起彻底煮透，然后连吃带喝，全部吞下，叫作煮茶。陆羽对这种煮茶的方法不屑一顾，认为"斯沟渠间弃水"，

蔡襄书《自书诗卷》

简直像是下水道的废水了。从食品学角度看，煮茶法固然破坏了茶的香气，但对茶的营养物质利用却是最彻底的。至少，加入一些生姜，可以中和茶的寒性，对人的脾胃有利。

法门寺镏金银盐台

今人说茶史，常说唐代为饼茶，宋代为团茶，明代以后盛行散茶。其实自来茶就有饼茶、散茶、末茶、粗茶多种，只是一个时代，士大夫阶层流行的风尚不同罢了。

饼茶的制作，固然有调制茶味的作用，但更多是为了储存、运输的方便。陆羽大谈烤茶饼的方法，是因为新鲜茶叶不易得，不可能四季饮用，而不是茶叶必成饼才能饮用。今天则不然，茶人常备冷柜，新鲜的茶叶，经过简单的加工，密封冷冻，一年半载（绿茶半年，乌龙茶一年）而色、香、味不变，故而人们饮用前对如何再次烘烤茶饼，恢复茶叶的最佳状态就不甚在意。这是技术的事情，不是文化的事情。一定要在这茶饼上去咬嚼茶道，必要火烤才能体道，冷冻就不能体道，多少有些牵强了。

唐代《宫乐图》

朱权是茶道的求真派，傲物玩世，深晓茶的技术原理，因此对宋代的茶风提出了批评。从陆羽《茶经》普及了茶膏的制作方法后，唐代的茶饼就已经开了用茶膏涂抹以作美化的风气。到了宋代，国库充足，民间富裕，皇家有意识地提倡品茶之风，各种团茶贡品也就纷纷争奇斗艳，不但茶的味道要好，外观也要好。甚至，为了提升茶的香气，要在团茶里面掺入一些龙脑香料（俗话说的冰片）。然而，宋徽宗赵佶在《大观茶论》中指出："茶有真香，非龙麝可拟"，这些香料虽好，却混淆了茶本来的特有香气，且品饮之后让人气滞。皇上都喝得头昏脑涨，只能在茶书中抱怨，可见宋代茶风中彪悍的世俗气息。就此，朱权说道："杂以诸香，饰以金彩，不无夺其真味。然天地生物，各遂其性，莫若茶叶，烹而啜之，以遂其自然之性也。"这是说，天地之间一切生命，都有自己的天性，与其做那些繁杂的加工，不如直接烹饮，倒是能从这茶叶中体验自然。

既然一切都为了茶的真味，返本还原，在这茶的真味中去与天地精神相往来，那么，茶道的一切用具、规则自然都要围绕着这个真意来进行。不是刻意求新，而是根据当下的情况，选择最适合的品饮方式。抓住"真"这个根本，当机顺缘，朱权的茶道，仿佛一脚就迈入生活中，变得活活泼泼，生机盎然了。所谓"忘形于天地"，不正是恢复这自然的天性，体悟天心吗？如果一定要外物服从于我，令那万物缤纷的个性屈从于"我"的个性，一则破坏了自然生物的大生态、大机缘，二则自己的心灵也得不到自然万象的补养（都与"我"雷同了，都比"我"低下了），这是求死之路，还谈什么忘形，谈什么审美呢？低下、开放、自然、纯真，这些都是道家如雷贯耳的大道理，而"人之谜，其日固久"。若真的在品饮中对此有所领悟，从那红尘浊世透出一口气来，想来人的内心也能焕发不息的生机。

体会天地至真，各种形式不再重要，只要不成阻碍就行了。朱权说："取烹茶之法，末茶之具。崇新改易，自成一家。"这是说，自己行的是烹茶的方法，用的末茶的器具，根据实际情况做了些改造而已。其目的，是为那些"云海餐霞服日之士"添点乐趣。餐霞服日，是道教修行的想象，完全靠自然的云霞阳光来自养，神仙一流人物。

朱权又说："虽然会茶而立器具，不过延客款话而已。"这就摆正了茶与器的主从关系，器具是形式，不可以没有，但它的目的，就是让大家喝起来方便而已。就算用翡翠金银，和"栖神物外，不伍于世流，不污于时俗"有什么相干？那些炒作拍卖的文物茶、茶具，果然便可助人"探虚玄而参造化，清心神而出尘表"吗？所谓"泉石之间""松竹之下""皓月清风""明窗静牖"，连饮茶的环境也是一带而过，不分室内室外，只要洁净优雅，不扰人心神就是了。

（三）朱权茶道的"程序"

下面，朱权就把品饮的情况一路道来，要给读者一个感性认识。

第一步，汲清泉，碾茶末。明初朱元璋为了减低茶产地农民的负担，取消了团茶的进贡，要求各地只要进贡嫩芽散茶即可。饼茶、团茶在碾茶之前都需要把茶饼在火上慢烤，恢复茶叶的伸展。这里既然没有提到烤茶饼，用的应该是散茶。碾磨好的茶叶，要经过茶罗来筛，以选那些颗粒大小恰当、适合冲泡的茶末。

第二步，候汤泡茶。在那泉水烧到泛起小气泡（尚未完全沸腾）的时候，取适量的茶叶，放到大茶碗里冲泡。

第三步，分茶奉客，清谈风流。"量客众寡"，在巨瓯（大茶碗）中放置适量的茶叶，点泡完成，再从巨瓯分置到茶碗，奉客清饮。主人端起茶说："为君以泻清臆。"

羊头瓜形玉茶壶

客人回答说："非此不足以破孤闷。"这大体是喝茶时朱权和客人的常用语，随心随景的事情，夏天有夏天的说法。冬天有冬天的说法。今人有复原朱权茶道的，把这两句话也都严格地照搬，非此不算朱权茶道，有些拘泥了。"破孤闷"一语，不是朱权自己的创造，也不是什么茶道的至高境界，卢仝的七碗茶，"一碗喉吻润，二碗破孤闷……"，刚刚润润喉咙就破孤闷了。可见这些话都是茶人的常谈。

第四步，清谈话久，琴棋作乐。喝完茶，再来清谈，聊的内容，以前朱权已经交代得很清楚了，大致是"探虚玄而参造化，清心神而出尘表"的一些事情。朱权的风格，到了南昌之后就不读史，想来也不会聊那些王朝兴亡、成王败寇的俗事，聊的重点，是道家的取向，希望参恬大道的虚玄，天地的造化，从而使得自己心神清明，出尘绝世。彼此致谢之后，再拿出古琴、围棋来娱乐一番。这样的茶道，朱权认为随兴而不随意，是很值得品味，很有意义的。

这里对"虚玄"和"造化"略做些深入探讨。如果对道家文化了解不够，则容易把"虚玄"误会为"玄虚"，以为是故弄玄虚，不着边际。"虚玄"是道家对大道的描述，"虚"不是没有，而是低下、容受的意思，例如，大海因为低下空旷，容受百川归流，成就其浩瀚深远的德行。"虚"是一切有形事物的归宿，也是一切有形事物再生的出发点，蕴含着勃勃的生机。过于追求"实"，其容受能力会越来越小，根基会越来越浅，成为孤家寡人，这就是"失道"。佛家所谓"高山平陆，不生莲花"，也是类似的道理。

虚实、有无的关系处理，道家认为尤须重视虚和无的方面，这是因为从人的本性来看，更容易迷惑在"实"和"有"的方面。《道德经》说"有之以为利，无之以为用"，是说有形事物提供结构，而无形的空间发挥作用。例如，用砖头砌成房子，墙起到区隔空间的作用，而里面的空间才能供人居住。又如，一个公司需要制度，但制度

赵孟頫《松荫会琴图》

本身不是目的，它应该保证的是每一个人作为空间的最大化。制度不是越严格越好，也不是越周密越好，考察一个制度的好坏，要从它对每个个体的幸福感和效率的保障程度来衡量。

　　道家希望领导者理解虚实的关系，去承担"虚"的角色，而基层工作者充当"实"的角色。领导者学习水的精神，把自己放到低下、服务者的角色，让基层人民各自追求自己的利益，冲锋在前，而领导者自身则身退，海纳百川，成为资源调配、周转运作的枢纽。老百姓在这样一种管理下，自然会"虚其心，实其腹，弱其志，强其骨"，也就是满足了需求，获得"实"惠。少了那些争强斗狠的心志，而多了公平正义的骨气。这样，大家各得其所，相互转化，相互支持，就是根深蒂固、长治久安之道了。

"玄"，是对有无、虚实相互转化的形容。有无、虚实同源同根，其运作机理超乎人们想象；人类古来关于幸福的愿望，并非一味强横追求、专制他人、索取自然可以达到。这是所谓"玄"，至于"玄之又玄"，则是说明这种同源于大道的相互转化总在推陈出新，人们不应该一蹴而就，认为自己通盘掌握真理，可以随意施为。"玄之又玄"，要求人们在大道面前长保"虚"的态度，从而长享"实"的利益。

理解了"虚玄"，就能理解"造化"，所谓造化，是天地的德行，天地之道，是效法大道的德行，"生而不有，为而不恃，长而不宰"，为万物的生长提供空间，而不去占有、居功和控制，这样一来，"万物芸芸，各复归其根"，生机勃勃，生态系统顺畅演化，可持续发展。从这一点上来讲，今天人类发展的纯"西方"模式是相当糟糕的，它缺乏最基本的智慧，倡扬本能冲动，把全人类都胁裹到"增长"而非"发展"的无限竞争中，逼迫每一个人、每一个民族都向他人索取，向自然索取，变成彻头彻尾的"强梁者"，变成等待被天地系统归零的生物种群。而那些强梁中的强梁，财富早已失去意义，每天享受着的，不过是数字增长带来的可悲刺激。

竹节壶

朱权说"探虚玄而参造化，清心神而出尘表"，或许没有想到这么多，然而，真的以大道的智慧，了解了虚实、有无的关系，知道了"虚"和"无"的重要，放下了一味求利的本能思维，"清心神""出尘表"也并非全无可能。这同时也说明，道家所谓"出尘"从来就不等于佛家的"出世"，道人的潇洒态度，建立在对法则的正确理解上，而不是厌倦这个社会。

（四）茶道达人难寻

朱权的茶道，有一个难题：茶客。

这茶客需是"云海餐霞服日之士"，需能"栖神物外，不伍于世流，不污于时俗"，喝了好茶，还能一起"探虚玄而参造化，清心神而出尘表"，要求实在不低。想来当世之人，总还少些距离美，不能到位。朱权于是幻想与卢仝、苏轼共饮，又开玩笑说，卢仝大概能吃七碗，老苏三碗，自己不过一碗也就飘飘欲仙了。他又自嘲说，自己这个想象有些迂阔，只有古人才能了解自己的心态。朱权终究留三分情面，不愿直说出这"吃茶汉"难寻的难题来。

其实这是整个茶道的难题。茶道，是以茶悟道。在对待茶这个形式上，只要做足了功课，总是能像模像样的，但这天道的领悟，却不是人人能行，也不是靠着复杂的仪轨来体会。《庄子·天运》中老子对孔子说："使道而可献，则人莫不献之于其君；使道而可进，则人莫不进之于其亲；使道而可以告人，则人莫不告其兄弟；使道而可以与人，则人莫不与其子孙。"大道如果可以奉献、馈赠、传授，早已人间遍知，还需要用茶吗？需要放宽心扉，体会看似反面的虚玄，观察看似无用的造化才行。如果揣着满怀的刚强纠结，全挂子武艺，强要在茶道中得道证果，不过是给自己多了一层束缚罢了。

近年来，这种情况尤甚，赚了钱的人不想收手，都想来悟道、提升境界，心中的渴望，全是赚得更多，一时间，深山茶农的柴扉之前，停满了奔驰宝马，品茶阔论之际，顺带又把茶叶的价格炒得沸沸扬扬。殊不知，悟道在人心，不在茶的品级，一个官员，如果能够领悟天地之德，善用权力，以民为本，可以得道；一个富商，如果能够体会上善若水，善用财富，虚怀若谷，也可以得道，何苦来搅乱这茶叶市场的价格呢？

借茶作乐、焚琴煮鹤的事情，古今中外，绝不鲜见。茶传到日本之后，大约十三、十四世纪，就演变成斗茶会，不管是文人墨客，还是达官贵人、武士阶层，一概聚到一起大开宴会，斗茶作乐。这斗茶会程序复杂。大家在客厅里先吃三遍酒，一道面一道茶，然后，到茶堂里点茶品评。茶堂里挂满了释迦、观音等佛菩萨的画像，隔扇上贴满了中国画，香台上摆设着各式香盒和茶罐，装着妙香和好茶，西侧放置食架，摆设各色果品，北侧放置屏风和奖品，整个场面，堪比现代公司年终酒会的多媒体大厅。斗完了茶，已是日落西山，主人撤去茶席，再摆上山珍海味，歌舞管弦，直到半夜才散场。有些斗茶会，甚至安排洗澡，阵势好似今天的高级洗浴场所。如果没有后来与禅宗的精神结合，形成禅茶合一的茶道，只怕今天日本也只剩下银座里呔喝斗酒的风气了。

朱权以委婉的方式表达了对古人境界上的羡慕，时隔一个世纪，日本茶道大师千利休也发出同样的感慨，他对弟子谈及"草庵茶"时说："草庵茶的本质是体现了清净无垢的佛陀的世界，这露地草庵是拂却芥尘，主客交换真心的地方，什么位置、尺寸、

点茶的动作都不应该斤斤计较。草庵茶就是生火、烧水、点茶、喝茶，别无他样。这

日本茶道大师千利休

样抛去了一切的赤裸裸的姿态便是活生生的佛心。如果过多地注意点茶的动作、行礼的时机，就会堕落到世俗的人情上去，或者落得主客之间互挑毛病，互相嘲笑对方的失误……如果由赵州做主人，达摩做客人，我和你为他们打扫茶庭的话，该是真正的茶道一会了。如果能实现的话该多有趣啊。说是这么说，也不能把目前在世的人当作达摩，当成赵州。有这样的想法本身都是对事物的一种执着，是行佛道的一种障碍物。那些想法就让它算了吧……"

千利休幻想着能够在赵州为达摩点茶的茶会上做些服务工作，态度很是谦卑，话里蕴含的意思却与朱权相得。禅宗的道和道家的道虽不能一概而论，但它追求的那个"抛去了一切的赤裸裸的姿态""活生生的佛心"，却不是追求来的，有求哪里还能放下？求那个无求，其实是赤裸裸的矛盾，但如果通达"虚玄"，却也不难解决，专心点

茶的这一面就是，那浮躁的另一面——要在茶中悟道的执着，自然就熄灭了。

（五）虚玄与幽玄——与日本茶道的比较

道家的虚玄，是从天地造化的总枢纽——"虚"出发，去体悟人生长生久视，社会、国家长治久安的大道理。领会了之后，一方面放下了"占有""索取""居功"之类的情执，另一方面也增强了改变自身乃至社会命运的能力，从而虚实相辅，进退有度，"我命在我不在天"。道家的自信，来自对大道的认识和对其中转换枢纽的把握。道家有科学家的气质。掌握了法则，就敢于行动；明白了时机，也勇于退隐。因此，有人评价道家在出世和入世之间悠游自在，诚不虚言。

朱权所在的时代，也正是日本茶道发端的时代。这一时期，以一休禅师为代表的机锋棒喝的临济禅、世阿弥为代表的"幽玄"审美的能乐，以及能阿弥规范茶道程序的书院茶，破开了日本社会庸俗打杀的风气，顽强地生长起来。禅法、幽玄、茶三者结合，就有了日本茶道。都说人类历史上伟人是联袂而来的，老子、佛陀、苏格拉底、柏拉图、毕达哥拉斯，曾前后密集地出现于历史的一刻。而这一瞬，茶道似乎也掀起了小小的波澜。

描金水八卦壶

一休的禅风，自称继承自宋代圜悟克勤禅师，其实更像是唐代德山宣鉴的狂禅，且更出一格。宣鉴的禅法，表面上对佛祖不大敬重，但实际生活中，基本清规还是要持守的。而一休索性连那风月之事也无所避讳，且在诗中屡屡直露地表达。一休的禅法，一扫当时日本禅宗卷入政治、不通人情的风气，以活泼的机锋直接切入生活，受到大众的喜爱。茶道的祖师，村田珠光，正是在三十岁时拜入一休门下参禅，而顿时改换了精神境界的。

世阿弥是"幽玄"的提倡者，能乐的创始人，是奠定了日后日本艺术审美基本格局的大师。能阿弥则精通书、画、茶等艺术，并自创书院茶，引导当时的幕府将军走入茶道。他和一休是朋友，也是村田珠光的提携者，正是他的推荐，使得村田珠光成为幕府将军足利义政的茶道老师，为珠光的茶道体验和日后茶道的发展铺平了道路。

前面提到，日本茶道的集大成者——千利休，幻想为赵州禅师服务茶事。而他的祖师，村田珠光的悟道，参的也正是赵州茶的公案。这则公案记载在禅书《古尊宿语录》中：

师（赵州）问二新到：上座曾到此间否？

云：不曾到。

师云：吃茶去。

又问：那一人曾到此间否？

云：曾到。

师云：吃茶去。

院主问：和尚，不曾到，教伊吃茶去即且置；曾到，为什么教伊吃茶去？

师云：院主。

院主应诺。

师云：吃茶去。

一休晚年居住的酬恩庵

来过没来过，都要吃茶去，监院不免生疑，问了一句，赵州一样打发他吃茶去。"吃茶去"在这里出现三次，大约是赵州希望大家能够放下那些虚妄追求，安心吃茶，或是通过安心吃茶，忘却了那些虚妄追求。如果说安心喝茶的时候，那些追求就不知道到哪里去了，那可见它的本性是虚妄的了，并非不能放下。这就好像禅宗二祖找到了达摩，说："我心不安，请为我安心。"达摩说："把心拿来，我给你安心。"二祖思索良久道："觅心了不可得。"达摩说："我已经为你安心了。"二祖想了半天，连那个要安心的想法都提不起来了，可见这心本来是一堆不断转换相续的念头，并无一物可得。达摩则提示他说，只要看到这念头虚妄，不再在里头打滚，就是安心了。

对赵州茶的公案，村田珠光对一休的回答是："柳绿花红。"

珠光这驴唇不对马嘴的一句作答，显示了他既摆脱了世俗的爱欲纠缠，又破除了求道的执着，心头无事，豁然开朗，着眼世间万象，无不发现其中之美。正如禅诗所云："春有百花秋有月，夏有凉风冬有雪；若无闲事挂心头，便是人间好时节。"

既然珠光已经放下情执，体会出物我之间微妙的认识与审美关系，这一句"柳绿花红"，一休便印可了他。

然而，这好时节可以通过茶来启发吗？于是"幽玄"便出场了。"幽玄"一语，本是中国禅宗的常用语，临济宗祖师义玄说"佛法幽玄"，是说佛法的寓意深刻，而人心为外境所牵引转动，难以主动观照，真正发挥作用。而自世阿弥开始提倡的"幽玄"，则指那一种不可全露的美艳，是可以存于心中，却不能表达于言辞的。例如，薄云翳月，秋雾遮不尽山间红叶，都可说是幽玄之美。

说到这里，幽玄似乎与禅有了些许关系。只是，珠光领悟的是活泼泼的生命，是不假时节的发现，是从执着纠结中摆脱出来的主动，而幽玄，则是经过局限而显现出来的美的无尽余味，带有被动的性质。

珠光的大手笔，在于利用这幽玄的道理，布置出一套茶道的时空格局，为茶人创造出观察外界局限的氛围，又给予他们破除内心局限的启发。换句话讲，幽玄之美只是茶道的外衣，而禅家的顿悟，才是茶道的目的。被这美所摄受的，都是外婆禅，找回了自由心性的，才是吃茶汉。

这套茶道的时空格局，就是尽量利用反差，来引导茶人体会到幽玄之美。例如，茶室要尽量的小，一切摆设要尽可能的简洁，且符合小中见大的审美原则，花瓶里只可插一朵花。想尽一切办法来体现枯淡的意味，从而反衬出那一点生机之美。

为了这一点生机之美，珠光的隔代传人千利休甚至不惜惹恼将军。有一次，丰臣秀吉听说千利休家的牵牛花开了满园，就带着随从兴高采烈地来到千利休家中。推开院门，一朵牵牛花也没有，竟然全数被千利休剪去了。丰臣秀吉大怒，闯入千利休的茶室，正待要责问，却看见茶室的花瓶里插着一朵牵牛花，散发着无可言喻的美感。丰臣秀吉大惊大喜，不能不对千利休的茶道表示由衷的敬意。

然而，我们要问，千利休的目的仅止于此吗？恐怕不然。千利休希望的，大概是丰臣秀吉能够理解到，这种依靠映照、依靠条件局限而绽放的美，以及对这种美的渴求，正是一种心灵的局限。如果心灵不依赖这些局限，则到处是美，触目是春。

这样想来，禅茶的幽玄之美真是做作！然而，回头自省，人们每天满腹的高下优

紫砂胎朱红雕漆执壶

劣美丑善恶岂不是更做作吗？甚至于，做作到要钻入这禅茶的小门洞里看那一朵小花，喝那一小杯茶，打那些胡搅蛮缠的机锋，呼吸那莫名其妙的氛围。苦哉！心灵的恶习，正是耽误在各种限制比较的审美之中，攀缘追逐，还自以为高明，更上层楼。

日本茶室

费尽工夫摆设了幽玄，却是为了让茶人明了幽玄的虚妄本质，这正是禅茶苦心孤诣的所在。幽玄，犹如委婉的棒喝，而心灵一旦从对虚妄的追求中解脱出来，就会随处"柳绿花红"。体会着本真和自然。

这一番大死大活的禅悟，即便在千利休的时代，想来也没有几人获得。因此千利休要有那服务赵州点茶的感叹。禅境不行于世，倒是那"幽玄"的审美，渗入日本民族的艺术血脉，流淌不停。

朱权所说的"虚玄"，是体悟大道运转、天地造化的大原则，一旦领悟，则成竹在胸，出世入世逍遥自在，其旨趣，是生生不息的希望和长治久安的悲悯。而日本茶道的"幽玄"，却是以茶为引，苦心孤诣，为心灵打开自由的通道。"幽玄"的审美，其实是对道家"虚玄""有无"等方法论的灵活运用，而它的旨趣，却再转一道，归于消弭欲望之后的心灵寂静。或许，这样一来，就真的能够做到在大道面前虚心以待，生命完全融合于自然的造化了。

品茶

【原文】

于谷雨前，采一枪一旗者制之为末①，无得膏为饼②。杂以诸香，失其自然之性，夺其真味。大抵味清甘而香，久而回味，能爽神者为上。独山东蒙山石藓茶③，味入仙品，不入凡卉。虽世固不可无茶，然茶性凉，有疾者不宜多饮。

【注释】

①一枪一旗：指幼嫩的茶叶。宋叶梦得《避暑录话》卷下："盖茶味虽均，其精者在嫩芽，取其初萌如雀舌者谓之枪，稍敷而为叶者谓之旗。旗非所贵，不得已取一枪一旗犹可，过是则老矣。"

②膏：指茶叶中的部分茶汁与纤维物质分离，出现的膏化现象。

③蒙山石藓茶：即石竹茶。石竹茶其实是石竹嫩芽，属"非茶之茶"。这种非茶之茶自古就有，明代陈师《茶考》中说："世以山东蒙阴县所生石藓谓之蒙茶，土夫亦珍重之，味亦颇佳，殊不知形已非茶，不可煮，又乏香气，《茶经》所不载也。"

【译文】

在谷雨之前，将那只开敷一个叶子的茶芽采下，制作成茶末，不用做成茶膏，制为茶饼。也不用各种香料敷陈，因为这样做会让茶叶失于自然，茶叶本来的味道也会被破坏。最好的茶叶要具有清香甘甜的味道，能让人久久回味，令人神清气爽。只有山东蒙山的石藓茶，它的味道已然达到仙境，不是凡间的茶叶所能达到的。虽然世间不能没有茶，但是茶性偏凉，有病之人不能多喝。

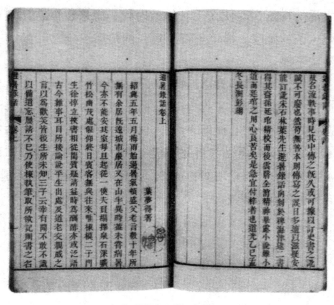

《避暑录话》书影

【点评】

一般来说，在江南一带，把清明前采摘的茶叶叫作"明前"，把清明后谷雨前采摘的茶叶叫作"雨前"。通常采摘较早的茶叶量小，比较难得。按照今天科学的检测，其中的氨基酸成分较多，而茶多酚的成分比较少，因此口味甘醇。而越是往后，则茶多酚含量越高，口味偏苦，茶味较厚。

茶膏，是杀青过程中的一个副产品。茶叶采摘下来后，如果不采取任何措施，其中含有的各种营养成分会很快氧化流失，叶面也会变色变皱，采取蒸、煮、炒、晒的方法可以帮助茶叶定型，并形成特有的茶香，这就是杀青。

采用蒸汽法的叫作蒸青，是唐代广泛采用的制茶步骤。到了现代蒸青已很少用了，绿茶如龙井茶采用炒青，乌龙茶如安溪铁观音采取晒青，很多普洱茶也采用晒青。随着技术进步，专业的杀青机也发明出来，目前市面上大多数茶叶都是机器杀青。

陆羽《茶经》中最早记录了茶膏的发现，即"采之、蒸之、捣之、拍之、焙之、穿之、封之"；主要是"蒸、捣、拍"三个工序会把茶叶中的茶汁与纤维物质分离，并通过空气氧化而膏化。陆羽提出"出膏者光"，"含膏者皱"。也就是说，茶膏流失了，茶叶显得光滑，但好茶应该是"含膏者皱"的外形，说明在制作过程中茶汁流失少、茶味醇厚。因此，在陆羽这里，并不提倡要把茶膏刻意分离出来，他反而是很注重如何把茶的有效成分锁定在茶叶里。

茶叶中含膏的多少，对口味的影响很大，大约陆羽所接触的茶叶，是属于茶膏含

玉川品茶图

量较少的，因此他说"蒸芽并叶，畏流其膏"，而建安茶的倡导者宋代黄儒在《品茶要录》里说，建安茶需要把茶膏榨尽，使茶叶的颜色好像竹叶一样清爽，这时茶的味道最好。他甚至取笑陆羽所尝的都是"草茶"，"味短而薄"，而建安茶则"厚而甘"，所以唯恐茶膏残留在茶叶里，影响了口感。黄儒在色泽、香气方面又对蔡襄作了辩驳，这些都是古人的茶官司。

宋代时，茶风日盛，人们大多对茶的膏化持褒奖态度。蔡襄在《茶录》中说"饼茶多以珍膏油其面，故有青黄紫黑之异"，这里的珍膏，就是茶膏。宋徽宗则在《大观茶论》里大谈茶膏对于品鉴茶饼的重要性："茶之范度不同，如人之有首面也。膏稀者，其肤蹙以文；膏稠者，其理敛以实。"

茶膏稠的，茶饼看起来纹理致密紧实，显然徽宗是以茶膏稠为贵的。蔡襄和宋徽宗这两位老茶友议论的，都还是和茶饼不分家的茶膏。其时，民间已经把一些茶饼以"膏"命名了。南唐、宋代可能已经出现了茶膏的独立产品。北宋陶谷在《茗荈录》

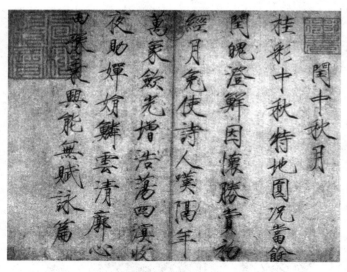

宋徽宗书《中秋诗》

记，"有得建州茶膏，取作耐重儿八枚，胶以金缕，献于闽王曦"。又说，"大理徐恪见贻卿信锭子茶，茶面印文曰：'玉蝉膏'，一种曰'清风使'"。一般来说，锭子茶是砖茶的一种，而"玉蝉膏"可能是说此茶很轻，基本吻合茶膏的特征。

茶膏在清代发展到极致，民间有大锅熬煮的店铺，宫廷里有专门制作茶膏的作坊，并发展出一套独家工艺。宫廷茶膏也成了皇室专享的贵重饮品。王公贵族都以获得茶膏的赏赐为荣，且极重视茶膏的药用价值。传说茶膏能治百病，消食化痰，清胃生津，例如胃寒胀痛，用姜汤泡茶膏喝，出汗便好；又比如口腔溃疡、咽喉上火，含一小块茶膏，过夜即愈。2004 年，鲁迅先生收藏的清宫贡品茶膏在广东大厦拍卖，一块 3 克的茶膏竟然拍卖出 12000 元，比黄金还要贵重许多倍。据鲁迅的后人周海婴回忆说，鲁迅和许广平都很重视茶膏的药用价值，平常也舍不得用。

再说回明代，朱元璋罢造团茶后，整个社会茶风为之一变，茶膏的制作也暂时回到低潮。朱权的看法，是从存本真、少造作的角度出发，主张既不要用茶膏来制茶饼，更不要在茶饼里掺杂香料，以免"夺其真味"。朱权又明确地提出，茶"大抵味清甘而香，久而回味，能爽神者为上"。这就是说，茶的味道贵在清净甘香，且回味悠长；茶的作用，则贵在能令人神清气爽。

茶的回味，又叫作回甘。饮茶当下，苦涩的茶味占据主流，而茶已入喉，那舌间便有甘美的回味（甘不等于甜）。为了体验这种甘美，有些茶客甚至啧啧有声，外行看了觉得不雅，其实却是茶客品别茶性的一种方式。回甘又有文化的意味，隐喻苦尽甘来，其间甘苦的比例、转换时机都很是微妙。茶味过浓过厚，会压得人透不过气来；甘味太多太稠，又会让人腻味。不同阶段的茶客，对茶味和甘味的要求也不尽相同，老茶客大多重茶味，茶味不浓，则心不下沉，总觉得不到位；新茶客重视甘味和茶香，如果甘香不足而茶味过重，则一杯下去就被打压得无所适从，再无品茶的精神。这么说来，茶的味道天生是有些"幽玄"的。

茶是养生保健的佳品。可是，当下也有夸大茶药用价值的倾向。这其中有医理上的误会，也有某些茶商刻意的炒作。朱权以医家的身份，倒是说了大实话："虽世固不可无茶，然茶性凉，有疾者不宜多饮。"就是说，人们生活中虽然不能少了茶饮，但茶的药理性质是偏凉性的，如果体弱或有病，就不要喝得太多了。李时珍《本草纲目》里对茶的定性是"味苦甘、微寒、无毒"，他自己很爱喝茶，且总要喝到一身轻汗才觉得爽快。然而他也警告说，如果年老体弱，脾胃虚寒，就尽量不要喝茶，或者用其他食品来中和茶的寒性。

那种只要不舒服就喝茶的做法并不太科学。例如现在很多年轻人爱吃冷食，脾胃寒损而虚火上攻，导致口腔溃疡，或者长痘痘，反而用茶来下火，岂不是越喝越寒，越喝越糟吗？而那些大鱼大肉、缺乏运动之人，脾胃实热，多喝些茶化解油腻却是很合适的。再有一大类就是烟民，现代科学验证茶的药用价值，最确凿的就是解烟毒。喝茶能够中和烟的危害，这或许是不少烟民照样高寿的一个原因。

总体看来，茶不愧是较健康的饮品之一，针对现代人的生活弊端，也很是当机应缘。

收茶

【原文】

茶宜蒻叶而收①。喜温燥而忌湿冷。入于焙中②。焙用木为之，上隔盛茶，下隔置火，仍用蒻叶盖其上，以收火气。两三日一次，常如人体温温，则御湿润以养茶。若火多则茶焦。不入焙者，宜以蒻笼密封之，盛置高处。或经年香、味皆陈，宜以沸汤渍之，而香味愈佳。凡收天香茶，于桂花盛开时，天色晴明，日午取收，不夺茶味。然收有法，非法则不宜。

【注释】

①蒻（ruò）：蒲之柔弱者，嫩的香蒲。
②焙（bèi）：此处特指焙茶的装置或场所。茶焙，烘烤茶的器具之意。

【译文】

以蒲草叶来储存茶，是最为适宜的。茶叶适宜放置在温暖干燥的环境，湿冷的环境则会破坏茶味。烘制茶叶的茶焙，是用木头做成的。茶焙分上下两层，上层放茶叶，下层点起柴火，在烘制茶叶的时候需要用蒲草叶覆盖着茶焙，以此来聚集火气。两到三天烘烤一次，温度要等同于人体的体温，这样的温度可以把湿润度控制得很好，所以能滋养茶叶。如果火温度高，火量大，那么茶叶就会变得干而且焦脆。那些不加以烘制的茶叶，就要用蒲草叶作成草笼，把茶叶密封在里面，放在高处以防止湿气。储存的茶叶在放置了很长时间之后，香气和味道已经变陈，这样的茶叶最适宜用滚开的水浇淋，这样的茶，冲泡后的香味就会更好。如果想收取一些带有天然香味的茶叶，那么就应当在桂花盛开的时候，选择晴好的天气，在正午的时候收取，这样就不会损耗茶味。收茶有相应的方法，方法错了则不适宜。

茶焙笼

【点评】

品茶一节，从侧面说了茶叶杀青的工序，收茶一节，则说的是焙火的工序。唐宋年间，茶叶用汽蒸之后，初步把水控干，压制成饼，放到炭火上去烘焙，去除茶里的多余水分，并最终确定茶的口感，提升茶的香气。用今天的科学来分析，烘焙是一个兼具物理和化学反应的过程，去除水分属于物理过程，茶叶内部的各种化学成分，如儿茶素（茶多酚的一种成分）、氨基酸的变化，都属于化学过程。

"品茶"中，朱权说直接把茶芽拿来制成茶末，不要经过膏化和制饼的过程，这多少有些语焉不详。唐宋的茶饼是烘干后再碾磨成茶末，然后或煮或泡，而朱权的茶叶如果没有焙干，又怎么磨制成茶末呢？制饼过程诚然是可以省略的，但杀青的环节必不可少。即便不用出茶膏的蒸青法，总要用炒青、晒青法的一种。而杀青之后，如果不烘干，也是无法碾磨为茶末的。因此笔者只能推测，朱权在这里写的有些散漫，把茶末的制作写在了前头，而茶叶的烘焙工艺记在了后面。

朱权用的茶焙，应该和当时流行的器具相同，和唐宋的用具相似，所以他要言不烦。相比而言，陆羽《茶经》中说得更详细一些，那时的茶焙叫作"育"：

育，以木制之，以竹编之，以纸糊之，中有隔，上有覆，下有床，傍有门，掩一扇，中置一器，贮塘煨火，令煴煴然，江南梅雨时焚之以火。

陆羽交代得很详细，茶焙是用木头框架，竹篾的外壳，外面还糊上纸。茶焙的中间有一层隔板，顶部有盖子，隔板下面有放置炭火的火床。侧面有门开合。茶叶放在上层，下层放上炭火，使得整个茶焙里面保持温暖，到了梅雨季节湿气太大，甚至要用些明火。

"收茶"一节中，朱权所记的茶焙，与陆羽说的几乎相同，但他的茶焙，外面是用嫩蒲叶来笼住热量，想来有调整茶叶品质的考虑。后面朱权又强调，那些暂时没有烘焙的茶叶，应该放到蒲草编成的器具中，放在高处保存，以免潮气侵入。

传统的木炭"焙火"

烘焙过程中，影响茶叶质量的要素有三：一是茶叶自身的优劣，二是茶焙所用的材料，三是炭火的材料和火候。朱权对火候显然更加重视，交代了两句，"两三日一次，常如人体温温，则御湿润以养茶。若火多则茶焦"，点出了烘烤的频次。茶焙内的温度，用火不当的害处，而对用炭的材料和控制火候的方法，却一句未提。想来他觉得前人谈得太多，所以就不再言语。

今天的茶种，乌龙茶是必定要过烘焙这一道工艺的。烘焙的时候，是把竹笼装的茶叶放在置有炭火的焙坑之上进行。炭火放置好之后，要在表面盖上炭灰来控制温度。选什么样的炭，如何摆放，盖多厚的灰，如何翻动茶叶，都有一套绝活。有些高档的老茶，要用龙眼木炭来烘焙。连盖木炭的灰，也要放在高处，以免受潮或者混入其他气息。这里头又以安溪铁观音的烘焙灵活度最高，根据烘焙火候的控制，安溪铁观音可以出现三个大的香型，即清香型、韵香型和浓香型。清香型为兰花香，沁人心脾；浓香型为焦糖香，润人肺腑；韵香型则结合浓香型的香气和清香型的余韵，饮来动人心弦。

随着技术的发展，烘焙也可以用机器来完成，即"电焙"。参考人工烘焙的经验，电焙的温度可以控制得非常精确。然而，它能模拟的只是温度，却不能完全模拟出人工烘焙时炭火、竹篓、蒲草叶等复杂的气息环境，烘焙出来的茶，要达到人工烘焙的高等级，还是有些困难。然而电焙有一个巨大的优势，它的操作掌控方便，烘制出来的茶叶品质整齐划一。

朱权所记的茶，拿到今天来，难以入类，主要是它的杀青工艺不明。不过考虑到当时流行绿茶，而朱权的茶要经过烘焙，或许可以归入烘青绿茶里吧。

点茶

【原文】

凡欲点茶，先须熁盏①。盏冷则茶沉，茶少则云脚散②，汤多则粥面聚③。以一匕投盏内，先注汤少许调匀，旋添入，环回击拂④，汤上盏可七分则止。着盏无水痕为妙。今人以果品为换茶，莫若梅、桂、茉莉三花最佳。可将蓓蕾数枚投于瓯内罨之⑤。少倾，其花自开。瓯未至唇，香气盈鼻矣。

【注释】

①熁（xiè）：熏烤，熏蒸。

②云脚散：古代点茶术语，即云头雨脚。古人点茶，放入茶末，以茶筅调和搅动，则形成茶、水一体的汤花，汤面形成云头雨脚般的形态。云头宽大，雨脚略小，这是茶汤搅动时展现的形态。

③粥面聚：古代点茶术语，茶多水少，那么茶末聚集于水上，茶汤黏稠，也叫作"熬粥聚"。

④环回击拂：点水时，要有节制，落水点要准，不能破坏茶面。与此同时，还要将另一只手用茶筅旋转打击和拂动茶盏中的茶汤，使之泛起汤花（泡沫），称之为"运筅"或"击拂"。

⑤罨（yǎn）：掩盖，覆盖。

【译文】

想要点茶，就必须先将茶盏烤热。如果茶盏是冷的，那么茶就会沉在茶盏里，漂不起来。如果茶少水多，那么茶末散乱，茶水分离，汤花也会很快消散，无法形成云头雨脚的形态。如果茶多水少，那么茶末聚集于水上，好像熬粥熬得太稠，表面很不均匀。因此，正确的做法是先放一匙，注入热水调均匀，再围绕四周旋转拍击拂动茶汤，热水增添到茶杯的七成位置就不用再加水了。挨着茶杯边沿的茶水要没有水痕，那就是最好的手法。现在人点茶的时候会加入一些有香气的果实和花，就花而言，梅花、桂花、茉莉花三种最好。可将几枚花蕾放到杯内，盖上盖。一会工夫，花蕾就会自然绽开。举起杯子，杯子还没拿到唇边，香气则已扑鼻而来。

【点评】

点茶是宋代的品饮方式，朱权说得也比较简略，我们可以参照蔡襄的《茶录》来了解点茶的详细过程：

建窑黑釉盏

第一步，炙茶。这是对陈茶而言的，新茶是不用烤的。陈茶需要"于净器中以沸汤渍之，刮去膏油一两重乃止，以钤箝之，微火炙干，然后碎碾"。这是把茶饼外部的茶膏看成陈茶的保护层了，用沸水稍稍浸泡茶饼，便于把外面的茶膏刮掉一些，然后用微火烘干茶饼，再把茶饼碾碎。

在"收茶"一节里，朱权也提到类似的方法，"或经年香、味皆陈，宜以沸汤渍之，而香味愈佳"。似乎他并不以茶陈为忤，倒是觉得陈茶的味道别有特色。

第二步，碾茶。把茶饼包在纸里面，隔着纸把茶锤碎，然后把小碎块放到茶碾里研磨。不过，碾茶要现做现用，如果碾完了不用，颜色、品质就会下降。蔡襄碾的是建安茶，刚刚碾出来的茶末是白色的。如果隔夜色泽就会暗淡，不利于后面的点茶的色泽。

第三步，罗茶。罗茶就是筛茶末，用的器具是茶罗，也就是小茶筛子。蔡襄交代说"罗细则茶浮，粗则水浮"，茶末不管浮沉都不好，太细了容易漂在水面上，太粗了水泡不透（水浮），最好是均匀悬浮，茶水充分融合。

越窑"成茶汤"茶碾

第四步，候汤。也就是烧水。水温必须恰当，"未熟则沫浮，过熟则茶沉"，水温低了，则刚冲的时候泡沫夹带茶末就浮上来。水如果完全沸腾了，那么茶末会直接沉到杯底了。而这水，又只能在冲泡前一次烧好，不可烧开了再放凉一些，火候极难把握，故而蔡襄感叹说"候汤最难"。其实，符合点茶要求的水根本就没有完全沸腾，大约接近沸腾的温度。现在市场上有专门用于喝茶的电水壶，温度控制在 98 摄氏度，应该可以满足蔡襄的要求。

第五步，熁盏。这一步其实和候汤是同时的，点茶前要先把茶杯烤热。茶杯如果是冷的，就会吸收水的热量，温度降低，不能把茶末泡开。现代工夫茶，包括日本的茶道，杯子普遍很小，大多要烫杯，但如果像古人那样用大杯，就不太容易烫热，因此古人多把杯子烤热。

朱权记的点茶程序，是从"熁盏"这一步开始的。他不用茶饼，省去了"炙茶"的步骤，"候汤"一步，则在后面"茶瓶"一节涉及。他特别提到，盏冷则茶沉，杯子不够热，茶末容易沉底。

第六步，点茶。用水来冲泡茶末，这时主要关心茶与水的比例。"茶少汤多，则云脚散"，茶末有的浮在水面，有的漂浮水中，不能成汤。"汤少茶多，则粥面聚"，茶末聚在水面，好像熬粥熬得太久表面凝结了一样。为了恰到好处，要先加少量的水，把茶末调匀，然后再加大量的水，并用茶笺搅动均匀。

朱权对"云脚"和"粥面"的问题说得也十分简略，"茶少则云脚散，汤多则粥面聚"。茶少则茶汤散乱，这和蔡襄说得一致，但说水多了则茶末会聚在水面上，应该有误，蔡襄在《茶录》中明言"汤少茶多，则粥面聚"，因此此句应为"汤少则粥面聚"。

关于加水的方式，蔡襄说建安茶是先加一点水把茶末匀开，再边加水边用茶筅搅动。朱权的看法和蔡襄一样，只是水在杯子里的分寸和蔡襄有些出入。蔡襄认为"汤上盏可四分则止"，也就是小半杯茶。而朱权则说"汤上盏可七分则止"，这就是大半杯茶了。俗话说"酒满茶半"，都是茶半，各人拿捏却不同。

蔡襄记录的建安茶，其产地流行斗茶，因此特别注意茶水的颜色，泡沫破了以后是不是在杯壁上留下水痕，对泡沫的延留时间等津津乐道。朱权似乎对斗茶全无兴致，一句"着盏无水痕为妙"就全带过去了。

建窑黑釉兔毫盏

茶在朱权心中，完全是个体道的方式。体道这件事情，要么会，要么不会，没有灰色地带，因此也就没有什么胜负成败可以追究了。

熏香茶法

【原文】

百花有香者皆可。当花盛开时，以纸糊竹笼两隔，上层置茶，下层置花，宜密封固，经宿开换旧花。如此数日，其茶自有香气可爱。有不用花，用龙脑熏者亦可[①]。

【注释】

①龙脑：蒸馏龙脑树的树干而得到像樟脑的物质，有清凉气味。可制香料，也可入药。

【译文】

若要为茶熏香，只要用有香味的花就可以。当花盛开的时候，以纸裱糊在一个两层的竹笼外，竹笼的上层放茶，下层放花，然后密封起来。封过一晚后，打开竹笼，换一次花。这样经过几天的熏香后，茶就会带有花香，让人喜悦。也可以不用花，用龙脑熏也可以。

【点评】

朱权反对在饼茶、团茶里掺入香料，却不是一概反对调和茶香，只要能够体现茶的真性，用些花香来点缀也是无妨。"点茶"一节，朱权提到，可以在水里加入梅花、桂花和茉莉花，把它们的花蕾投入茶盏里捂一会儿，则花开香起，怡人心扉。

吴昌硕《品茗图》

不过，从文中看，朱权似乎对流行的花茶并不认可，他不愿意把花和茶直接掺和在一起，很可能是认为日久会夺了茶的真味，冲泡起来虽香，可是细品起来却杂。朱权提出的办法是用花香来熏茶，这样一来，利用茶叶容易吸收气味的特点把花香吸收了，到了点泡的时候，却不必渗入花朵的涩味；散发花香，饮来却没有普通花茶的涩味。而且，这种方法适应性极宽，只要是有香气的花，都可以拿来熏。

大约是受了朱权的启发，明代另一本同样叫作《茶谱》（钱椿年著，顾元庆增删）的茶书里就大谈如何制作各种花茶，书中认为各种花都可以入茶，诸如木樨、茉莉、玫瑰、蔷薇、兰蕙、菊花、栀子、木香、梅花都可以拿来做茶，用量比例是一份花三份茶，具体的制作方法已经接近现代的窨茶法，茶叶和花是充分混合的。

这本《茶谱》也记载了类似朱权熏香法的花茶，是把小撮茶叶放到半开的莲花心中，然后用麻皮扎上，第二天把莲花摘下，倒出茶叶，按照建安制茶法烘干。需要的话可以多次这么做。这种方法倒是很有创新意识，只是强行把茶叶给封存在莲花之中，却让人总有些不自在的感觉，想来朱权也不会赞同。

朱权的风格，崇尚返璞归真、自然清逸。这熏香之法，大约是他能够接受的底线了。

茶炉

【原文】

与练丹神鼎同制。通高七寸，径四寸，脚高三寸，风穴高一寸[1]。上用铁隔。腹深三寸五分，泻铜为之，近世罕得。予以泻银坩锅瓷为之[2]，尤妙。襻高一尺七寸半[3]。把手用藤扎，两傍用钩，挂以茶帚、茶筅、炊筒、水滤于上[4]。

【注释】

[1]风穴：吸风口。

[2]坩（gān）锅：耐火的材料所制的器皿。

[3]襻（pàn）：器物上用来结系或攀手的带子。

[4]茶筅（xiǎn）：一种用以调和茶粉和水的工具，以竹制成。宋徽宗《大观茶论·筅》："茶筅以筋竹老者为之。"

【译文】

茶炉和道家用来炼丹的鼎炉相同。整体高七寸，内径四寸，炉脚高三寸，进出风的风穴高一寸。茶炉的上面用铁隔开。茶炉的炉腹深度为三寸五分，应用铜汁浇铸而

陆羽风炉示意图

成，这样做成的茶炉现在已经很难找到了。我是用瓷作坩锅，用银汁浇铸，这样做成的茶炉更好。茶炉襻高一尺七寸半。把手用藤条扎成，两边做成钩子，用来挂茶帚、茶筅、炊筒和水滤。

【点评】

朱权用的茶炉，到底长得什么样，让人十分好奇。我们且来推想一番。

唐代以前，道家炼丹是外丹居主流，也就是用各种草药、矿石放到鼎炉内发生反

应，想要炼制出令人长生不老的丹药。炼丹的原料千奇百怪，按照今天的化学来讲，有氧化物、硫化物、氯化物、硝酸盐、硫酸盐、碳酸盐、硼酸盐、硅酸盐，以及各种合金、有机溶液，可以说把能够找到的物质都炼了个遍，高道、名医、王公贵族乐此不疲，甚至在这个过程中不知不觉发现了火药的配方，而最早记载火药配方的正是大医家孙思邈。

外丹派用来炼丹的鼎炉，如果严格追究起来，鼎与炉是两码事。炉是指外围烧火的设备，而鼎则是放置在炉中结丹用的坩锅装置，用来把炼丹物质和炉火隔离开来。外丹的化学毒性不好控制，用来养生很危险，唐代以后，道家转向内丹养生。内丹派明确说以人体为炉，在炉内安鼎（丹田），要把人体的五行精气炼化升华，这鼎炉的比喻，也正是来自外丹的实物鼎炉。

朱权的风格有些逍遥散漫，取了"炼丹神鼎"这一民间叫法，放了一层小小的烟幕。既然是茶炉，也就相当于炼丹炉，圆形，如果是方形，则火力不容易均匀。炉子底下有三只脚。炉肚下方开着进风口，进风口一寸高。炉脚到炉面共七寸高，可是两个长长的炉耳（襻）却又一尺多长，炉耳到地面为一尺七寸。这样的设计，搬动起来省力，炉耳上还可以顺便挂茶帚、茶筅、炊筒和水滤，很是方便。茶炉内部，则分为两层，底层有进风口，顺便也是接灰的地方，上一层架火，火上则是烧水的器皿。如果以鼎炉来比喻，那个烧水的器皿就是鼎，而水就是炼丹的药。

茶炉的设计，是水火既济的意思。人的身体，肾水在下，心火在上，如果能把心火引到肾水之下，则阴阳互补，肾水化气，滋养全身。这就是道家所说的炼精化气，或者说小周天。朱权精通道家内丹之术，把那"炼丹神鼎"信手拈来，里面转悠的，还有道家养生的基本技术。

朱权说铜浇铸的茶炉不易得，茶炉的材质用的是银，但推想不会是纯银，纯银熔点不过960摄氏度，且比较软，容易变形，又爱锈黑，用的时间长了，品相必定不佳。朱权内丹外丹兼通，会用坩锅浇铸金属器皿，想来施展外丹手法，做些耐用的银合金也不是难事。

明代流行铜茶炉、铁茶炉，明末至清代，文人们觉得金属器皿都有些奢华，不够枯淡精巧，又纷纷采用竹茶炉，还取了个古雅的名字"苦节君"。竹茶炉纹理细密，色泽滋润内敛，可以提着到处走，遂成了茶道的一个新的风景。其实这竹炉宋代已有，杜小山有诗云：

寒夜客来茶当酒，竹炉汤沸火初红。

寻常一样窗前月，才有梅花便不同。

至于说竹茶炉怎么能经得住火？不难，里面的炉胆是石头的。只要烧的不是太狠，外面的竹子还是经得住的。也有单走一路的，就是纯粹的竹子制成，这种炉子里面用

苦节君像（宋代的茶炉）

炭灰隔热，只能放些没有明火的炭，烧水力弱，冬天捧在怀里取暖倒是不错。

朱权是白眼向天的狂士，又是内丹外丹兼通的"化学家"，大约觉得竹炉里外不一，使用起来也很受局限，便不予采用。

茶灶

【原文】

古无此制，予于林下置之。饶成瓦器如灶样，下层高尺五为灶台，上层高九寸，长尺五，宽一尺，傍刊以诗词咏茶之语。前开二火门，灶面开二穴以置瓶。顽石置前，便炊者之坐。予得一翁，年八十犹童，痴憨奇古，不知其姓名，亦不知何许人也。衣以鹤氅①，系以麻绦，履以草履，背驼而颈蜷，有双髻于顶。其形类一"菊"字，遂以菊翁名之。每令炊灶以供茶，其清致倍宜。

【注释】

①鹤氅（chǎng）：道袍。清孔尚任《桃花扇·归山》："家僮开了竹箱，把我买下的箬笠、芒鞋、萝绦、鹤氅，替俺换了。"王季思等注："藤萝做的绦，鹤羽做的袍，

都是道士的服装。"

【译文】

茶灶，这是前代所没有的，我在山野林下支起茶灶。茶灶以烧制瓦器的工艺制成，茶灶下面是高一尺五的灶台，茶灶本身高九寸，长为一尺五，宽一尺，在茶灶边刻有咏茶的诗词。茶灶下面有两个火门，灶面上有两个灶口，可以放置茶瓶。在茶灶前摆放一块大石头，方便饮茶者就座。我找到一个老人，虽然八十了却仍然如孩童一般，长相颇有古风。我不知道他的姓名，也不知道他是什么人。于是让他穿着道袍，以麻线所编的条绳系在腰间，脚上穿着草鞋，从后面看上去，老人驼背缩颈，而且头上扎着两个发髻。整个形状如同一个"菊"字，因此，我称呼这个老人为菊翁。每每让菊翁来煮水供茶，都觉得清逸不凡。

【点评】

唐宋之间，候汤用的都是茶炉。朱权喜欢在露天的地方饮茶，"或会于泉石之间，工处于松竹之下"，索性自创了个茶灶。从文中看来，茶灶仿柴灶，是一个多功能的大茶炉，既可以烧水，也可以放置茶具，搬块大石头坐在茶灶前面，大家就可以品饮一番。方便之至。

不过有一点需要说明，仿柴灶的茶灶固然是朱权的发明，茶灶这个用语却是古已有之，但那指的是茶炉。唐代诗人陈陶《题僧院紫竹》说"幽香入茶灶，静翠直棋局"，大约从唐代起，文人的场合备有茶灶已是常则。琴棋书画，身边少不了一个茶灶，只是他们的茶灶，就是个炉子，绝不会像朱权这样大动干戈，专门到窑里去烧制那瓦器的灶台。

从茶灶的样子来看，是缩小版的普通两眼灶，两个火眼，两个灶口，只是没说有没有烟囱。古人候汤用"活火"，也就是有明焰的炭火，没有烟，大概也不需要烟囱。

说到把水瓶放到茶灶上去煮，令人联想起江南一带曾经流行的大水炉。那是一种专门烧开水出售的小店，一般是两口大锅、两只铁瓶嵌在四个灶口里面，大锅里的水烧到八成，可以用大勺打出，转移到铁瓶里，铁瓶的受热面积大，存水少，两分钟便烧得翻滚，这样一来，客人随到随买，打了开水立马走人。朱权的设计，会否和大铁瓶的设计相仿呢？

在林间树下支上个茶灶，已属怪异，还寻了位不知名姓的"菊翁"，专爱看他的背影似"菊"字，又令他穿上道袍烧水，朱权坐在一边喝茶，"倍觉清逸"。这种品位，是不是有些不可理喻了？

不然。茶道的候汤，最是引人联想。例如谈到日本茶道，不知道有多少人会在脑

王树谷《煮茶图》

海里浮现出一位温和典雅的和服女子，背负着小小的木桶，从小溪的上游采来清凉的净水，踩着木屐，从雪尚未化尽的溪边小步走来。这外面微寒的雪景和屋里茶炉温暖的火苗彼此辉映，真是享尽人间好时节了……

都说千利休的茶道在枯淡中映射幽玄之美。如果以这样的思路来读朱权呢？林下泉边，茶灶之旁，别无长物，只有一位"痴憨奇古"的老翁烹水点茶，那边厢，却是心如明镜、古井无波的宁王，坐在石上，欲驾清风而去。一番古朴的风致，全没有禅茶刻意引导的幽深布局和巧作法度的细密安排，只有"久在樊笼中，复得返自然"的拳拳赤子之心，这无布局无法度的境界，岂不是蕴含着更宽广更深远的意味吗？

人如果真的回归自然，便不需要那剪尽满园牵牛，单留茶室一朵的强勉了。

茶磨

【原文】

磨以青礞石为之①。取其化谈去故也②。其他石则无益于茶。

【注释】

①礞（méng）石：矿石名。

②化谈去故：谈，应是"痰"字。《嘉祐本草》记载，青礞石治食积不消，留滞在脏腑，宿食症块久不瘥，及小儿食积羸瘦，妇人积年食症，攻刺心腹。《本草品汇精要》记载青礞石坠痰消食。

【译文】

茶磨是用青礞石做成的。青礞石有化痰，去积食的功用，能增大茶的功用。其他石头做成的茶磨，则无益于茶。

【点评】

青礞石，中医常用的一味药，认为它性味甘、咸，平，归入肺、心、肝经，能够坠痰下气，平肝镇惊。《中华药典》记青礞石属变质岩类黑云母片岩或绿泥石化云母碳酸盐片岩。然而变质岩类黑云母片岩很软，又很易碎，且颜色为黄褐色，所以推断下来，朱权所说青礞石，应该是绿泥石化云母碳酸盐片岩。

再来看看明代医书《本草品汇精要》上所载：

旧本不载所出州郡，今齐鲁山中有之。青色微有金星，其质坚理细，凿制为磨，取其出物最速，为末亦细。及考王隐君论痰致病百端，入滚痰丸用之，丹溪治食积成痰，良有验也。

《本草品汇精要》为明代大医家刘文泰所撰，它明白地指出，青礞石为青色，质地坚硬，纹理细致，把它凿制成磨具，磨起东西来又快又细，且入方治疗"食积成痰"，是很有些效验的。青礞石磨末细，又兼有"化谈去故"的功效，和茶的微寒特性很是相应，故而朱权就用它来做茶磨，希望能够在磨的过程中保持茶的本来面目，不要变了性味。

前文曾经说过，唐宋年间，人们把茶饼烘烤后，放在纸袋里锤碎，然后再把碎块放到茶碾里碾碎，再用茶罗来筛取茶末。然而，如果希望茶末再细一些，能够点泡之后完全悬浮在水中，长久水乳交融呢？这个时候就要用茶磨再磨一道。北宋诗人苏轼最早记述茶磨：

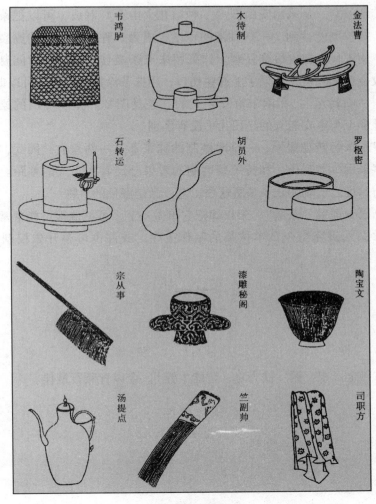

韦鸿胪　木待制　金法曹

石转运　胡员外　罗枢密

宗从事　漆雕秘阁　陶宝文

汤提点　竺副帅　司职方

宋审安老人茶具图

前人初用茗饮时，煮之无问叶与骨。

浸穷厥味白始用，复计其初碾方出。

计尽功极至于磨，信哉智者能创物。

这就是说，人们先用臼把茶饼春成小碎块，再用碾把茶碾成茶末，穷尽人力的话，就用茶磨来磨，这是巧夺天工的事情。

明代之后，人们渐渐习惯于直接冲泡茶叶，饮水弃叶，连茶碾都不大用了，茶磨更是弃置，因此，这茶磨的制作工艺也就渐渐失传。而日本在学习中国茶文化的时候，保留了磨茶这一道工序，顺带连制作茶磨的技术也学了去，于是就有了抹茶这一道景色。

抹茶，就是磨茶。

日本的传统茶磨，是采用安山石（一种微孔火山石）制成，可以把茶末磨成极其微细的颗粒，据检测能达到2—20微米的程度，成为一种极其细小的撕裂状碎片。这种研磨能力，用现代科技也很难复制。抹茶用来点茶极佳，可以长时间悬浮，风味独特，营养吸收也全无障碍，如果手上有些伤口，用抹茶涂抹在上面，可以促进愈合。

茶磨又叫"石转运"，在南宋审安老人的《茶具图赞》里有专门的绘图，日本的传统石磨在外形上与审安老人的绘图几乎没有区别。

传统的日本茶磨转动缓慢，一小时磨制的抹茶不过一两左右。因此，现今日本的抹茶，也大多采用机器制作，和传统茶磨制的效果已经有相当大的差距。能够制作传统茶磨的师傅，也已所剩无几。茶磨这项工艺，已是濒危的事物。

古来茶书很少记录"茶磨"，朱权却把它单做一节，可见他很可能常常制作抹茶来服用，而如果深入研究当今日本抹茶的制作工序，或许也可解开朱权制茶如何杀青之谜。

茶碾

【原文】

茶碾，古以金、银、铜、铁为之，皆能生铍①。今以青礞石最佳。

【注释】

①铍：铁锈，这里是指金属锈。

【译文】

茶碾，古代的茶碾一般是金质、银质、铜质、铁质，但是这些质地的茶碾都会生锈。因此，茶碾仍然以青礞石做成的最好。

【点评】

茶碾，形同今天中药房里的药碾。明以前多用金属制成，而朱权嫌金属制成的药碾会生锈，因此改用青礞石来做茶碾，和茶磨一起恰恰配成一套。古来茶书重视茶碾而忽视茶磨，大约是觉得茶磨太过于麻烦了。

茶和金属不对付，茶很容易吸收外界气息，其中的成分又比较容易变异，而金属是活跃的物质，很容易对茶产生不佳的影响。例如铁器，虽然表面看不出明显的锈迹，

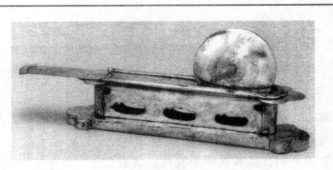

法门寺鎏金银色茶碾

但过露水之后再度阴干，便会带有淡淡的腥味，如果用舌头舔一下，更会有一种类似薄荷的味道。这些俗称铁腥气，和茶追求的清逸脱俗显然不和。

至于陆羽所说的茶碾，则是木制，但凡木制，必定有木头自身气息，且碾磨起来也比较费劲。朱权弃金属和木头茶碾不用，或许有气味上的原因。

茶罗

【原文】

茶罗，径五寸，以纱为之。细则茶浮，粗则水浮。

【译文】

茶罗，直径是五寸，茶罗是用纱里筛茶，因为茶碾制为末，因此纱眼太细则筛出的茶末过于精细，就会漂浮在水面上。纱眼太粗，筛出的茶末则落入水底。

法门寺鎏金银茶罗合

【点评】

茶罗究竟是个什么样子，在法门寺地宫茶罗出土之前，谁也不敢断言。历代茶书倒是有不少记载，可是图载的没有。陆羽在《茶经》里描述得比较详细，他说：

罗末以合盖贮之，以则置合中，用巨竹剖而屈之，以纱绢衣之，其合以竹节为之，或屈杉以漆之。高三寸，盖一寸，底二寸，口径四寸。

陆羽这段话告诉人们，茶罗是一个套件，带有盖子，其中有个筛子，可以和下面接茶末的盒子合为一体，罗茶后，再盖上盖子，以便随时取用。

法门寺地宫出土的鎏金仙人驭鹤纹银茶罗，是一件长方形的盒子，分为两层，上层相当于一个细纱筛子，下层则是承接储存茶末的抽屉。这个小抽屉在罗茶完毕之后，可以抽出来取茶，设计十分精巧。可贵的是，这件文物信息十分齐全，上面刻有制作者的名字、年代，为咸通十年（866 年）文思院的匠师邵元审所制。

不过茶罗是否全是方形物件，也还不能断论。朱权的茶罗"径五寸"，这个"径"，多用于圆形物件，因此，朱权的茶罗应为圆形，更像《茶具图赞》上绘制的那个"罗枢密"，可能也是两层，上层为筛，下层为盒。可惜至今未见有出土圆形茶罗的报道，朱权的茶罗，到底是怎么用的，就只好暂时搁置了。

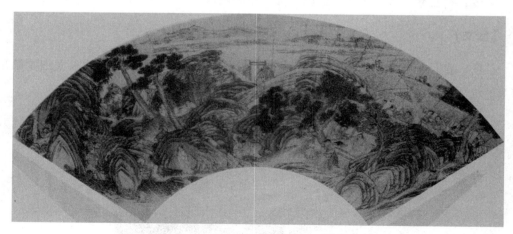

李士达《石湖图》

茶架

【原文】

茶架，今人多用木，雕镂藻饰，尚于华丽。予制以斑竹、紫竹，最清。

【译文】

茶架，现在人一般是用木头做茶架，上面雕镂以各种花纹和图案，看上去繁复华丽。我则用斑竹、紫竹来做茶架，最为清逸。

【点评】

茶架，是摆放茶叶的架子。今天南方乌龙茶系、普洱茶人还时常使用。今人的茶架，大多是木制，普通的用杂木，高端的就用红木。茶架的作用犹如多宝阁，有些样子也有些像缩小的多宝阁。茶架可大可小，既可以放置茶叶，也有一定的装饰作用。

朱权对茶架的"雕镂藻饰"不以为然，改用竹子来做茶架。竹制家具线条疏朗，符合道家质朴自然的审美情致。

汪承霈《群仙集祝图》

茶匙

【原文】

茶匙要用击拂有力，古人以黄金为上，今人以银、铜为之。竹者轻，予尝以椰壳为之，最佳。后得一瞽者①，无双目，善能以竹为匙，凡数百枚，其大小则一，可以为奇。特取其异于凡匙，虽黄金亦不为贵也。

【注释】

①瞽（gǔ）：瞎眼。

【译文】

茶匙要重，这样才能搅动茶汤。古人是以黄金作为茶匙的材质，现在人则是以银、铜作为材质。用竹做茶匙则显得轻，我曾试着用椰壳来做茶匙，效果非常好。后来我碰见一位盲人，擅长以竹子做茶匙，他用竹子做几百个茶匙，都能大小一样，堪称奇功绝艺，我正是看中了他能在普通的材料中展现奇妙，这一点即使是用黄金作为材质也是不能比拟的。

【点评】

茶匙，是用来击拂（搅动茶汤，"茶筅"一节详论）茶汤的用具。点茶用的是茶末，第一次注入少量的水调匀茶末，叫作"调膏"，调膏之后，再注入大量的水来调制茶汤，叫作"点汤"。这其中需要击拂的工具，唐代流行用茶匙，到宋代则渐渐改用茶筅。

朱权在这一节还是先列出蔡襄的说法。蔡襄在《茶录》中说：

茶匙要重，击拂有力。黄金为上，人间以银铁为之。竹者轻，建茶不取。

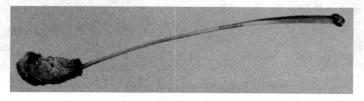

北京定陵出土的银鎏金茶匙

按照蔡襄的看法，制作茶匙的材料，它的比重要大，这样在搅动的时候，能够带动茶汤和汤花。如果茶匙过轻，搅动起来发飘，难以控制。这些我们在生活中也都能体验得到，诸如麦当劳、星巴克之类速食店的咖啡，用塑料小管替代茶匙，搅动起来飘忽费力，聊胜于无。正规的咖啡门店，用来搅动的都是金属制品。

朱权同意蔡襄的看法，但他别出心裁，尝试用椰壳做茶匙，还评说椰壳做的茶匙最佳，这似乎是朱权的独创。他又特别不惜笔墨说竹茶匙。朱权见到的竹茶匙，是一位盲人手工艺者所制。这位手工艺者虽然眼睛看不见，但制作出来的几百个茶匙大小都一致，让朱权对他的技艺很是服膺，并高度评价他的茶匙给人特异的感受，不是那些凡俗的茶匙可以比拟，甚至说，这种技艺上的追求，比黄金还可贵。看来，在这位宁王的心中，道的地位大大胜过世俗富贵。只要能够深入事物的道理，便能得到他的重视。

椰壳的茶匙，今天已经看不到，银茶匙、竹茶匙倒还随处可见。古人茶匙究竟是做什么的，形态又如何，却要稍做辨别。

茶匙除了用来击拂，还用来取茶吗？只怕不然。取茶的工具，陆羽在《茶经》中称"则"：

则，以海贝、蛎蛤之属，或以铜、铁、竹、匕、策之类。则者，量也，准也，度也。

可见，茶则不但有取茶的作用，还有量度的作用。"茶则"称呼一直沿用到今，且形制也没有大的变化。既然有茶则，茶匙自然就专用于击拂。茶则与茶匙，干湿不同，是不应混用的。试想，斗茶的时候，这茶匙忽而用于取茶，忽而用于击拂，一物两用，擦来擦去，显然不雅。

茶匙的形态更有意思，今天江西博物馆保存有几件宋明期间的茶匙，匙叶中心都有镂空花纹。且匙面本身也可以做出花形来，很是精巧。茶匙的匙面镂空，更加强了击拂的作用，镂空的地方可以通过水流，这样可以使得茶汤的水流复杂化，有利于汤花的形成。

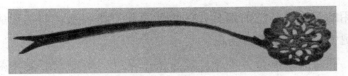

银茶匙

茶筅

【原文】

茶筅[1]，截竹为之，广、赣制作最佳。长五寸许，匙茶入瓯，注汤筅之，候浪花浮成云头、雨脚乃止。

【注释】

①茶筅（xiǎn）：洗茶具的竹帚。

【译文】

茶筅，是截取竹枝做的，用广、赣两地的竹子制作的茶筅效果最好。茶筅长五寸，将茶舀入茶瓯中加水后，再用竹筅调和搅动。等到水里搅起的水沫形如云头、雨脚，就算是洗刷好了。

【点评】

茶筅的样子，就是民间常用的圆筒状竹刷、竹帚。宋徽宗在《大观茶论》里说得很清楚：

茶筅以筋竹老者为之：身欲厚重，筅欲疏劲，本欲壮而末必眇，当如剑瘠之状。盖身厚重，则操之有力而易于运用；筅疏劲如剑瘠，则击拂虽过而浮沫不生。

茶筅的大量使用，是从宋代开始的，宋徽宗说茶筅是用老竹子制成，本身要厚重结实，前端劈开成细条，而且要尖锐一些。这样击拂茶汤的时候才会顺手，就算用力过猛，也不会浮沫乱生。

江南至福建一带，一直有用竹刷刷锅的习惯，福建人称这种刷锅用具叫"鼎筅"。茶人发现竹刷有助于调匀茶汤，促进汤花，就把这竹刷借用过来，做得精致一些而已。其实这种竹刷是万能的工具，刷锅、刷桶、刷坛子，只要是容器的内部，几乎都可以刷。在家用卫生设施没有普及的时代，刷马桶也是用它，新娘出嫁时，竹刷还是一道嫁妆。

日本茶道用的茶筅，是把前端分开的竹丝再往后弯一道，前端形成弧形，这样一来搅拌的面积更大，更利于形成汤花。

宋代斗茶，和建安茶流行分不开。建安盛产茶叶，本地人酷爱斗茶，自蔡襄向皇帝进书谈论茶道之后，各种茶书一窝蜂地来谈论建茶，又经过统治阶层的示范作用，竟然发展到全民皆斗的地步。所谓斗茶，比的是茶汤的颜色和茶汤表层浮着的汤花。茶汤以鲜白为上，汤花就是搅拌而起的泡沫，讲究的是细小密集，光泽温润，就好像熬制恰好的白米粥冷却后表面的那一层一样，这种汤花最是持久，能够附着在杯壁上不散，叫作"咬盏"。泡沫散去，杯壁就会出现一圈水痕，以先出现水痕的负。

宋人渐渐舍茶匙而用茶筅，大概就是因为斗茶的风气日盛，茶筅更容易搅出泡沫。使用茶筅的时候，要"环回击拂"，用力的方式和搅拌的手法大有讲究。按照宋徽宗的

说法，击拂不能用蛮力，要用手腕带动手指，这样手法才会灵动。如果用整个小臂来带动手指，则费力且动作滞涩。这就好像羽毛球与网球的区别一样，打羽毛球要用腕力，而网球是大臂带动小臂，如果用网球的办法来打羽毛球，那是吃力不讨好。

联系到用腕力的情况，"击拂"一词就可以理解了。由于手腕的动作非常灵动，则会在茶汤里形成类似碰撞击打的动作，叫作"击"，而拂动汤花的柔性动作，则叫作"拂"。

宋代的斗茶，曾经异人辈出，有些斗茶的高手，甚至能够在茶面上击拂出如同图画、文字等的短暂纹理，真可谓镜花水月了。

汤花固然是以形态、持久来比拼，可是它的意义，却绝非是审美一层。从今天茶学对汤花的科学研究来说，高度延展的汤花是茶汤里发泡营养物质较多的表现，且气味馥郁，利于吸收。受到茶道汤花的启发，国外在咖啡、红茶等饮料里也采用了机器发泡技术，很受欢迎。有些西餐馆，甚至把西红柿汁也拿来发泡，竟然比茶汤的汤花还要持久，且口味清新诱人。

至于"云头""雨脚"之说，是形容泡沫起来的景象。这种说法也用于鉴石和盆景之中。太湖石常常上大下小，看起来头重脚轻，但那是云头雨脚的表现。盆景的上

部蓬勃密集，叫作云头，而下部根茎收敛盘曲，叫作雨脚。中国人的审美，常常可意会不可言传。

茶瓯

【原文】

茶瓯，古人多用建安所出者，取其松纹兔毫为奇。今淦窑所出者与建盏同，但注茶，色不清亮。莫若饶瓷为上，注茶则清白可爱。

【译文】

茶杯，古代人多采用建安制造的茶杯。因为建安制造的茶杯表层的釉有细丝状的白色斑纹，如同兔子的毫毛，古人以此为奇。现在淦窑所产的茶杯和建安杯差不多，但是注入茶汤的时候，色泽不清亮。只有饶瓷不一样，茶汤注入后色泽清白，让人心生愉悦。

【点评】

建安斗茶，斗的是茶色鲜白和汤花咬盏，为了对比映衬，杯子的颜色就要暗一些，好比看电视，要看色彩鲜明的，就要把对比度调高一些。如果用白瓷的杯子，那就难以辨别茶汤的颜色，更不要说看出汤花退去后的水痕。

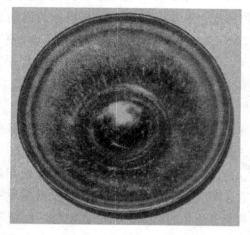

建盏

建盏是建窑的产品，而建窑是我国著名的古窑，至今仍有遗址，位于福建省建阳市水吉乡。考古挖掘发现，宋代的建盏底部印有"供御"的字样，说明在宋代，建盏已经成为皇室指定的贡品。

　　建安茶和建窑的出名与蔡襄分不开。庆历八年（1048年），蔡襄奉命到建安北苑御茶园去督办贡茶，因为工作的关系，对茶叶产生了浓厚的兴趣，并根据自己的经验改进制茶方法，他命茶农采摘茶芽制成新茶，并特别制作了不含香料的"小龙团"，进贡给宋仁宗品尝。皇祐三年（1051年），蔡襄回京复职，发现京城斗茶已渐趋流行，就写了《茶录》，详细介绍建安茶的品质和斗茶的规则要领，对当时的斗茶之风起到了推波助澜的重要作用。

　　蔡襄对茶很有公心，古来建安制茶方法都是各家保密，蔡襄用茶芽制茶的方法却完全公开，鼓励茶农前来取经学习。蔡襄又在《茶录》大谈建窑建盏的好处，使得这个位处小山村的民间瓷窑声名鹊起，成为中国历史上一代名窑。

　　高档建盏的色泽青绿深沉，上面有白色的细纹，叫作"兔毫盏"。建窑采取的青绿釉或者黑釉对茶汤的颜色有很好的衬托作用，且釉质又有潜在的光泽，不会使茶色显得暗淡，而朱权说得淦窑茶盏，可能潜在的光泽度不够，所以导致茶汤"色不清亮"。建盏从北宋传到日本，大受欢迎，是只有富贵之家才能用得起的贵重用品。日本茶道发端后，多采用深色的陶瓷杯子（例如黑乐），可能也是受了建盏的影响，但日本茶道的深色杯子更强调色泽暗淡。茶汤本色又是绿色，因此并不能突出茶汤，似乎是禅茶追求枯淡的考虑。

　　今天福建乌龙茶系还流行斗茶，因为采取泡茶取汁的方式，所用的茶杯、茶碗一概都是白瓷了。尤其是铁观音一系，非常注重茶汤的色泽、表面反光和透明程度，白色清雅的茶具那是必不可少的。同时，这些白瓷茶具大多非常薄。这是为了减少杯子的热容量，倒茶和持杯时不至于烫伤手指。至于品味茶汤，则注重它的香气、味道、回甘和韵味，以及多次冲泡中茶汤的持久情况。

邢窑白釉碗

　　着眼点不同，所采用的器具和方式就不同，但都是为了体现茶的特点，这一点是不变的。在朱权看来，能够体现茶天然的特性，又通过茶的天性去体验天地造化，就是茶道。

茶瓶

【原文】

瓶要小者易候汤^①，又点茶注汤有准。古人多用铁，谓之罂^②。罂，宋人恶其生铓^③，以黄金为上，以银次之。今予以瓷石为之。通高五寸，腹高三寸，项长二寸，嘴长七寸。凡候汤不可太过，未熟则沫浮，过熟则茶沉。

【注释】

①候汤：点茶术语，指煎水的适宜程度。
②罂（yīng）：大腹小口的瓦器。
③铓（shēng）：铁锈，这里是指金属锈。

【译文】

茶瓶要小，这样在煎水的时候容易掌握，另外再加茶汤的时候有分量的需求，小的茶瓶容易掌握分量。古人一般用铁来做茶瓶，这种茶瓶被称为罂。罂，宋代人认为容易生锈，所以不以铁为材质，而用黄金作为造茶瓶的材质，宋人认为黄金最好，银瓶次之。我现在是用瓷石作为茶瓶。茶瓶高

白瓷茶瓶

五寸，瓶腹高三寸，瓶颈长二寸，瓶嘴长七寸。大抵在煎汤的时候，温度不可太过，水不热，那么茶末就会浮在水上；太热，茶末就会沉底。

【点评】

茶瓶的样子，有点像茶壶，但主体部分为桶状，比较细。容积也要小一些。这种形制，是为了候汤的需要。候汤的要点是要能够清楚地分辨水的沸腾程度。茶瓶的主体接近筒状，就比较容易看水沸的情况，瓶口太小显然不行。容积小一些，水烧得快，不必久等。

至于说"点汤有准"，宋徽宗在《大观茶论》里有详论：

瓶宜金银，大小之制，惟所裁给。注汤利害，独瓶之口嘴而已。嘴之口欲大而宛直，则注汤力紧而不散；嘴之末欲圆小而峻削，则用汤有节而不滴沥。盖汤力紧则发速有节，不滴沥，则茶面不破。

堂堂一代皇帝，俯下身来议论茶壶嘴，真是错生帝王之家。按照徽宗的说法，壶

嘴要长且弧度小，出口要小且尖锐，这样倒水的时候不会滴沥。点茶时，是边注水边击拂汤花，如果壶嘴抬起，还滴下几滴水来，就会破坏汤花。

茶瓶的材质，用铁固然不行，会生锈，用金银也不合朱权的脾气。朱权提出用瓷石。瓷石是制作陶瓷的原料，自身雕刻成石头瓶子，自是不可能。朱权说的其实还是瓷瓶。瓷瓶烧水，不会有金属的杂味，但一来熏黑了不太好看，二来热胀冷缩容易损坏，所以当时人们不太赞成使用。朱权对世人的看法混若不觉，说不定瓷瓶还是他自己烧制的。他的瓷瓶，壶嘴高过壶身甚多，想来流线也很是飘逸。

至于水温的问题，朱权只淡淡提了两句："未熟则沫浮，过熟则茶沉。"水温低了，茶末会浮起；水温太高，茶末会沉底。这些在前面也已经提过了。

煎汤法

【原文】

用炭之有焰者谓之活火。当使汤无妄沸。初如鱼眼散布①，中如泉涌连珠，终则腾波鼓浪，水汽全消。此三沸之法，非活火不能成也。

【注释】

①鱼眼：其意如蟹眼。苏轼《试院煎茶》："蟹眼已过鱼眼生，飕飕欲作松风鸣。"以沸水的气泡形态大小和声音来判断水的沸腾程度。

【译文】

点燃的木炭，所产生的火是活火。煎水的时候不应当让水无节制的沸腾。煎水的时候，刚开始冒出些如鱼眼一般的大小气泡，这是第一沸；然后气泡细密如泉水涌出时的水泡一般，这是第二沸；最后应当让水花如波浪般翻滚，水气完全消失，这是第三沸。要做到三沸，只有活火才行。

【点评】

煎汤，又叫候汤。是整个茶事过程中，最难以掌握的一环。各路茶家都同意不可以全部沸腾，应该取一沸之水来点泡，但一沸到底怎么衡量却大费周章。

朱权的煎汤法大致是参照了陆羽的说法。唐代候汤用类似大钵的煮水工具，据说陆羽用的是金制的，后人不乏微词。陆羽对候汤很是讲究，他在《茶经》中说：

其沸，如鱼目，微有声，为一沸；缘边如涌泉连珠，为二沸；腾波鼓浪，为三沸。

大概是说，一沸的标准是水里出现小水泡，而且有些水响的声音，二沸是锅边上

王问《煮茶图》（局部）

有涌动之势，三沸整个锅里都鼓起波浪来。不过，对一沸的衡量，就各有差异，蔡襄就认为当水中出现"蟹眼"状气泡的时候，水温已经过了。宋徽宗则认为"蟹眼""鱼目"，正是时候。这其实也可理解，蔡襄特别强调用茶芽，又常能喝到新茶，自然不希望水温过高。

茶人又特别重视煎汤用炭火材料，陆羽特别警告说，千万不能采用那些有气味、含油脂多的材料，那样的话，会有"劳薪之味"混入水中，影响茶的味道。这些都不是夸大的话。木炭虽然已经过一道烧制，去除了大部分气味，其实在做炭火的时候，还是会有原木的气息散发出来，因此现代茶人用炭火煮水，也很重视炭的材料，龙眼木炭、橄榄炭，是大家公认的好材料。

品水

【原文】

瞿仙曰：青城山老人村杞泉水第一①，钟山八功德水第二②，洪崖丹潭水第三③，竹根泉水第四④。或云：山水上，江水次，井水下。伯刍以扬子江心水第一⑤，惠山石泉第二⑥，虎丘石泉第三⑦，丹阳井第四⑧，大明井第五⑨，松江第六⑩，淮江第七⑪。又曰：庐山康王洞帘水第一⑫，常州无锡惠山石泉第二⑬，蕲州兰溪石下水第三⑭，硖州扇子硖下石窟泄水第四⑮，苏州虎丘山下水第五⑯，庐山石桥潭水第六⑰，扬子江中泠水第七⑱，洪州西山瀑布第八⑲，唐州桐柏山淮水源第九⑳，庐山顶天地之水第十㉑，润州丹阳井第十一[22]，扬州大明井第十二[23]，汉江金州上流中泠水第十三[24]，归州玉虚洞香溪第十四[25]，商州武关西谷水第十五[26]，苏州吴松江第十六[27]，天台西南峰瀑布第十七[28]，郴州圆泉第十八[29]，严州桐庐江严陵滩水第十九[30]，雪水第二十。

【注释】

①青城山老人村杞泉水：四川青城山，苏轼于《和陶桃花源诗并序》："世传桃源事，多过其实……蜀青城山老人村，有见五世孙者，道极险远，生不识盐醯，而溪中多枸杞，根如龙蛇，饮其水，故寿……桃源盖此也欤。"

钱慧安《烹茶洗砚图》

②钟山八功德：位于南京紫金山灵谷寺。其泉一清、二冷、三香、四柔、五甘、六净、七不饐、八蠲疴，故名八功德水。

又：八功德水为佛家用语，指具备八种殊胜功德之水。所谓八种殊胜，即：澄净

（一作洁净）、清冷（一作温凉）、甘美、轻软、润泽、安和、除饥渴、长养诸根。

③洪崖丹潭水：即现在的南昌梅岭洪崖丹井，位于湾里北面的乌晶源溪涧之上。据载，洪崖丹井是黄帝乐臣伶伦修炼处，"自大夏之西，昆仑之阴，取竹于嶰谿之谷，以生而空窍厚薄均者，断两节间而吹之，以为黄钟之宫"。之后到梅岭，在洪崖处凿井五口，汲水炼丹，并在此仙逝。陆羽和欧阳修将洪崖瀑布泉品为"天下第八泉"。此处说的不是瀑布水，而是瀑布下深积的潭水。

④竹根泉水：自宋之后，文人多以竹与水相应，此处的竹根泉水很可能是泛指。另，明代琼州攀丹村（今天的海南）有竹根泉，为嘉靖时的唐胄所开凿。

⑤伯刍：刘伯刍。唐代张又新《煎茶水记》载，品泉家刘伯刍对若干名泉佳水进行品鉴，较水宜于茶者凡七等。扬子江心水：在扬子江江心偏南的地方，又被称为扬子江南零水。也叫中冷泉、中零泉、中濡泉、中冷水、南零水。

⑥惠山石泉：无锡惠山寺石泉水。也叫惠泉、慧泉，在江苏无锡惠山。

⑦虎丘石泉：苏州虎丘寺石泉水。据《苏州府志》记载，陆羽晚年曾长期寓居苏州虎丘。他在虎丘山上筑井，该井称为"陆羽井"，又称"陆羽泉"。

⑧丹阳井：丹阳县观音寺水。南宋时被称为玉乳泉，在江苏丹阳观音寺内。

⑨大明井：扬州大明寺水。大明寺在扬州城北蜀岗上，宋代欧阳修曾为此作《大明水记》。此井后来废弃，直到明朝时大明寺僧人沧溟在施工时发现了这口井。嘉靖中叶，巡盐御史徐九皋题书"第五泉"。

⑩松江：吴淞江水。据《煎茶水记》载，刘伯刍评其为第六，陆羽评为第十六。吴淞江是黄浦江的支流，即今天的苏州河。

⑪淮江：淮水。刘伯刍将淮水评为第七。下文提到唐州柏岩县淮水源，说的是淮河源头的水，所以这里的淮江很可能是淮河中的水。

⑫庐山康王洞帘水：也称为三叠泉。《煎茶水记》记载，陆羽将此处评为第一泉。但此说与《茶经》中的观点有出入，受到质疑，但也有人认为陆羽所说的不是直接从山上冲下来的瀑布，而是冲下来后在潭中贮了一段时间的水。

⑬常州无锡惠山石泉：即惠山石泉。

⑭蕲州兰溪石下水：在湖北省蕲水县东，水出竹箬山，其侧多兰，唐朝置兰溪县，现在的浠水县兰溪口上游五里的溪潭坳河滨峭壁石下即是第三泉。

⑮硖州扇子硖下石窟泄水：即虾蟆口水。《煎茶水记》记载，陆羽将此处评为第四泉，说"峡州扇子山下有石突然，泄水独清冷，状如龟形"。欧阳修的《虾蟆碚》曾点评此处的水品："石溜吐阴崖，泉声满空谷。能邀弄泉客，系舸留岩腹。阴精分月窟，水味标《茶录》。共约试春芽，枪旗几时绿。"

⑯苏州虎丘山下水：即虎丘石泉水。

⑰庐山石桥潭水：庐山招贤寺下方桥潭水。也叫招隐泉，陆羽评为第六泉。招隐泉的泉眼在一个石筑小阁中，阁内原有一个螭首，生生不息的泉水出自螭首的石隙之中。

⑱扬子江中泠水：即扬子江心水。

⑲洪州西山瀑布：即洪崖丹潭水。

⑳唐州桐柏山淮水源：淮河发源于桐柏山北麓一个大峡谷，《岳渎经》载："禹治水，三至桐柏山"，禹治水的活动范围是江、淮、河、济四条大河，古称"四渎"，历代王朝皇帝祭"渎"即有淮河。秦汉时即在淮河源头建淮渎庙。《禹贡》中记载："导淮自桐柏，东会于泗沂，东入于海。"淮河发源于桐柏山主峰太白顶东沟，史记"淮出胎先簪山"。《大明统一志》载："桐柏山，淮水出其下。"

㉑庐山顶天地之水：即庐山康王谷水帘水。明姚鼐于《望庐山》中写："将游天地之一气。"文中顶天地之水大约指此。

㉒润州丹阳井：即丹阳观音寺井水。

㉓扬州大明井：即大明寺水。

㉔汉江金州上流中泠水：在陕西安康，此泉在唐宋时被文人称道，宋代范仲淹《和章眠从事斗茶歌》："鼎磨云外有山铜，瓶携江上中泠水。"

㉕归州玉虚洞香溪：在归州（今湖北秭归）东二十余里，石壁峭空，洞门宏敞，钟乳下滴。

㉖商州武关西谷水：在陕西商州。《水经注疏》："西汉水又西南，合杨廉川水，水出西谷，众川泻流，合成一川。"

㉗苏州吴松江：即松江水，今苏州河。

㉘天台西南峰瀑布：浙江天台山千丈瀑布水，位于天台城北天台山西南紫凝峰。

㉙郴州圆泉：湖南郴州，圆泉在郴州南十五里，为郴阳八景之一。

㉚严州桐庐江严陵滩水：在严州府钓台下（今天的浙江桐庐），泉水甘美，严子陵钓台下的富春江水清澈见底，至今仍是优质的水源。

【译文】

瞿仙说：青城山老人村杞泉水第一，钟山八功德第二，洪崖丹潭水第三，竹根泉水第四。又有说法：山水最上，江水次之，井水最下。刘伯刍以扬子江心水为第一，惠山石泉第二，虎丘石泉第三，丹阳井第四，大明井第五，松江第六，淮江第七。瞿仙又说：庐山康王洞帘水第一，常州无锡惠山石泉第二，蕲州兰溪石下水第三，硖州扇子硖下石窟泄水第四，苏州虎丘山下水第五，庐山石桥潭水第六，扬子江中泠水第七，洪州西山瀑布第八，唐州桐柏山淮水源第九，庐山顶天地之水第十，润州丹阳井第十一，扬州大明井第十二，汉江金州上流中泠水第十三，归州玉虚洞香溪第十四，商州武关西谷水第十五，苏州吴松江第十六，天台西南峰瀑布第十七，郴州圆泉第十八，严州桐庐江严陵滩水第十九，雪水第二十。

【点评】

俗话说，火为茶父，水为茶母。好茶不可离了好水。自古又有公论，一方水土养一方人，当地的茶用当地的水最佳，其中的道理，到今天也没有明确的解释。

按照这样的看法，水好不好，还要和具体的茶匹配到一起才可以定论。然而，据茶人的经验，水确实又是有通行的高下之分的。有些水绝对不能用来烹好茶。例如含氯高的自来水，无论哪一种茶，用了这种水，都会败了茶的真味，仿佛一下子苍老了许多。而有些山泉特别适合烹茶，无论用于哪一种茶，都会使得茶性舒展，灵气散发。

朱权是茶道的求真派，是技术上的高手，大约对水质优劣的相对性和绝对性都很了解，因此在列了自己认为的四种好水之后，就把刘伯刍、陆羽的看法都列在后面，并不作一定之规，显见是行家的做法。

第七节　《煮泉小品》释译

［明］田艺蘅

田艺蘅，字子艺。甲申年（1524年）生人，其卒年不详，据冯梦祯《快雪堂日记》于万历二十三年（1595年）感慨"今安得有此人"大致推断田子艺早于斯时而逝。田子艺以贡生官安徽休宁训导。据明代官制，县学置教谕、训导，田子艺应是县学之官。

据万历钱塘县志记载，田子艺为钱塘万岁里人，田汝成之子。田汝成沉郁端方，但是田艺蘅则高旷不羁。在《明史》中父子同时列名"文苑"。诗文有《田子艺集》二十一卷，《煮泉小品》《留青日札》《玉笑零拾》《大明同文集》《诗女史》等。

田子艺博闻多学，为人则有名士之风，世人多认为其放浪不羁。从其所著的《留青日札》以及《诗女史》中的自叙中可见一斑。田子艺于《留青日札》中云："以尔为人，则无所事。以尔为官，文非所志。时与命违，神将名忌。直而好言，和尔弗媚。戆嫩本呆，醒狂若醉……心以澹存，貌因幻奇。"在《诗女史叙》则云："女子之以文鸣者代不乏人，固不逊男性，而与男性作家显晦顿殊者，乃是采观者阙而不载之故。"《诗女史》也算是开女性诗选之先河。

《留青日札》有云："杭有鳏寡孤独四山，皆孑然无依，挺然独峙之名。"田子艺于寡山建寡山书屋，又称白云山房。

《煮泉小品》撰于嘉靖三十三年（1554），主要版本有：①《宝颜堂秘笈》本；②《茶书》本；③《说郛续》本；④四库全书本；⑤明崇祯十三年（1640年），朱祐槟《茶谱》十二卷刻本，其中有《煮泉小品》一卷，误题田崇衡。

《煮泉小品》版本间的主要差别在于正文前的序文。现以《茶书》本为底本，若《茶书》本中所无文字则不录。以《宝颜堂秘笈》《说郛续》本作校。

【原文】

田子艺，夙厌尘嚣，历览名胜。窃慕司马子长之为人①，穷搜邈讨②。固尝饮泉觉爽，啜茶忘喧，谓非膏粱纨绮可语③。爰著《煮泉小品》④，与漱流枕石者商焉。考据该恰⑤，评品允当，寔泉茗之信史也⑥。予惟赞皇公之鉴水⑦，竟陵子之品茶⑧，耽以成癖，罕有俪者⑨。洎丁公言《茶图》⑩，颛论采造而未备⑪；蔡君谟《茶录》⑫，详于烹试而弗精；刘伯刍、李季卿论水之宜茶者⑬，则又互有同异；与陆鸿渐相背弛⑭，甚可疑笑。近云间徐伯臣氏作《水品》⑮，茶复略矣。粤若子艺所品，盖兼昔人之所长，得川原之隽味⑯。其器宏以深，其思冲以淡⑰，其才清以越，具可想也。殆与泉茗相浑化者矣，不足以洗尘嚣而谢膏绮乎？重违嘉恩，勉缀首简。嘉靖甲寅冬十月既望仁和赵观撰⑱。

【注释】

①司马子长：司马迁，字子长，西汉夏阳（今陕西韩城，一说山西河津）人，中国古代伟大的史学家、思想家、文学家，被后人尊称为"史圣"。其代表作品《史记》。司马迁好游历，足遍天下。他的游历大致可分为三次：一是二十岁开始出外游历，"南游江、淮，上会稽，探禹穴，窥九疑，浮于沅、湘，北涉汶、泗，讲业齐、鲁之都，观孔子之遗风，乡射邹、峄，厄困鄱、薛、彭城，过梁、楚以归"。二是司马迁受命为郎中将以皇帝特使身份奉使西征巴蜀以南，到

司马迁

达邛（今四川西昌一带）、笮（今四川汉源一带）、昆明（今云南曲靖一带），安抚西南少数民族，设置五郡。三是多次扈从武帝之游。

②穷搜邈讨：穷，穷尽，达到极点。邈，远，边远。

③膏粱纨绮（wán qǐ）：膏粱，肥肉和细粮。借指富贵人家子弟。纨绮，原意为精美的丝织品，后引申为纨绔子弟。

④爰：于是。

⑤该恰：完备周详。该，通"赅"，完备，包括一切。恰，多作"洽"。

⑥寔（shì）：同"实"，确实，实在。

⑦赞皇公：李德裕（787—850 年），字文饶，真定赞皇（今河北赞皇）人，曾于唐文宗大和七年（833 年）和武宗开成五年（840 年）两度为相。唐文宗曾为其竖《赞皇公李德裕德政碑》，李商隐称其为"成万古之良为相，为一代之高士"。848 年，李德裕再贬崖州（治所在今琼山区大林乡附近）司户，于 850 年正月卒于崖州。

李德裕对水品的辨别有其独到之处。五代南唐尉迟偓《中朝故事》记载："古者五行官守皆不失其职，声色香味，俱能别之。赞皇公李德裕，博达之士也。居庙廊日，有亲知奉使于京口。李曰：'还日，金山下扬子江中泠水与取一壶来。'其人举棹日，醉而忘之。泛舟上，石城下方忆及。汲一瓶于江中，归京献之。李公饮后，惊讶非常，曰：'江表水味，有异于顷岁矣！此水颇似建业石城下水。'其人谢过不敢隐也。"

李德裕对水品要求极高，煎茶则选常州惠山寺的泉水，即使于京师长安为相之时，仍然用惠山寺泉水。长安距常州千里之遥，李德裕则于长安与惠州之间建驿站，接力送水，人称水递。

⑧竟陵子：即陆羽。因陆羽为湖北竟陵人，故自号竟陵子。竟陵，即今日的湖北天门。陆羽一生用号甚多，如东岗子、茶山御史、东园先生、桑苎翁等，都是陆羽的自号。

⑨俪：相称，并列。

⑩丁公：北宋大臣丁谓（966—1037 年），字谓之，后更字公言，长洲（今江苏苏州）人。历经北宋太宗、真宗和仁宗三朝。于宋真宗时为相，并于真宗乾兴元年（1022 年）封晋国公。宋仁宗时为山陵使，后获罪被贬，以秘书监致仕。有《丁谓集》八卷、《虎丘集》五十卷、《刀笔集》二卷、《青衿集》三卷、《知命集》一卷（《宋史·艺文志》），均佚。《东都事略》卷四九、《宋史》卷二八三有传。

《宋史》卷二百八十三："谓机敏有智谋，狡过人，文字累数千百言，一览辄诵。在三司，案牍繁委，吏久难解者，一言判之，众皆释然。善谈笑，尤喜为诗，至于图画、博弈、音律，无不洞晓。每休沐会宾客，尽陈之，听人人自便，而谓从容应接于其间，莫能出其意者。"

丁谓任福建转运使时，建造北苑贡茶，他在茶团上印出龙凤图案，此即为龙凤团茶。欧阳修在《归田录》中说："茶之品，莫贵于龙凤，谓之团茶，凡八饼重一斤。"丁谓著《北苑茶录》一书，此书亦名《建安茶录》《茶图》。蔡襄在《茶录》则说：

"丁谓茶图，独论采造之本，至于烹试曾未有闻。"丁谓与蔡襄有前丁后蔡之说，该说法源于苏东坡《荔枝叹》："君不见，武夷溪边粟粒芽，前丁后蔡相笼加。"

⑪颛（zhuān）：同"专"，专门。

⑫蔡君谟：蔡襄（1012—1067年），字君谟，先后在宋朝担任过馆阁校勘、知谏院、直史馆、知制诰、龙图阁直学士、枢密院直学士、翰林学士、三司使、端明殿学士等职，出任福建路转运使，知泉州、福州、开封和杭州府事。卒赠礼部侍郎，谥号忠。书法史上素有"苏、黄、米、蔡"四大家的说法。蔡襄书法以其浑厚端庄，淳淡婉美，自成一体。蔡襄以督造小龙团茶和撰写《茶录》一书而闻名于世。

⑬刘伯刍（755—815年）：字素芝，洛川（今陕西洛川）人。唐代曾为湖州刺史。唐代张又新《煎茶水记》载，品泉家刘伯刍对若干名泉佳水进行品鉴，较水宜于茶者凡七等，而镇江金山的中泠泉被他评为第一，故素有"天下第一泉"之美誉。李季卿：唐代宗时曾为湖州刺史，曾请陆羽谈对天下各处水质的看法。陆羽将天下水分为二十等，列"楚水第一，晋水最下"。李季卿让人把陆羽的话记录下来，称为《煮茶记》。张又新把陆羽的见解抄出，与"为学精博，颇有风鉴"的刘伯刍的品水文学列在一起，再加上自己的体验，编撰成950余字的《煎茶水记》。

蔡襄

⑭陆鸿渐：即陆羽。陆羽生下来就被遗弃，被竟陵的一位僧人所救。这位僧人为此起了一卦，得渐卦第六爻上九，爻辞说"上九，鸿渐于陆，其羽可用为仪，吉"。意思是说鸿鸟飞到了地上，羽毛可以用来做装饰性的礼品。和尚认为是吉卦，就让孩子姓陆，名羽，字鸿渐。

⑮徐伯臣：徐献忠，字伯臣，华亭（今江苏松江）人，嘉靖举人，著《水品》一书，收集品评各地泉水，田艺蘅为此书作序。

⑯川原：江河之源，亦可指江河。此书为品水，故采江河之意。

⑰冲：深远、淡泊。

⑱既望：阴历十六。

【译文】

田子艺，向来厌恶尘世的喧嚣，遍游天下名胜。他仰慕司马迁的为人，如司马迁一般对事物加以广泛而深入的研究。他品尝泉水之时，觉得神清气爽；喝茶之时，忘却尘世的喧嚣，这种快乐与安宁不是那些膏粱纨绔所能够理解的。于是，他写下《煮泉小品》，是为了和那些与流水为伴，与清石为伍的人共同探讨。文章考证完备而周详，品评公允而得当，确实是说茶品水诸书中可信之说。在天下诸人中，赞皇公对水品质的鉴别，陆羽对茶的品评，他们对茶的爱好已至深成癖，很少有人能和他们相比。到丁公评论《茶图》，专门论述采摘制作但是又不完备；蔡君谟著《茶录》，烹试说得很详细却又不是很精当；刘伯刍、李季卿评论适合茶叶的水，他们的说法又各有不同，而且还和陆羽背道

田艺蘅

而驰，实在是值得怀疑并且可笑。近来听说徐伯臣撰写的《水品》，又忽略了茶叶。而像子艺的品评，既兼备了前人的长处，又能深谙江河之秀美。其器宇格局宏大高深，其思绪深远淡泊，他的才华静谧出众，在这本书里都能详尽地品味出来。这大概就是子艺的心识与泉水、茶叶相合的结果吧，这难道还不能洗脱尘世的喧嚣，远离浮华吗？承蒙子艺让我做叙的好意，我屡次推却而不得，勉为此文。嘉靖甲寅冬十月既望仁和赵观撰写。

引

【原文】

昔我田隐翁，尝自委曰"泉石膏肓"。噫，夫以膏肓之病，固神医之所不治者也；而在于泉石，则其病亦甚奇矣。余少患此病，心已忘之，而人皆咎余之不治。然遍检方书，苦无对病之药。偶居山中，遇淡若叟[①]，向余曰："此病固无恙也，子欲治之，即当煮清泉白石，加以苦茗，服之久久，虽辟谷可也[②]，又何患于膏肓之病邪。"余敬顿首受之，遂依法调饮，自觉其效日著。因广其意，条辑成编，以付司鼎山童，俾遇有同病之客来，便以此荐之。若有如煎金玉汤者来，慎弗出之，以取彼之鄙笑。

时嘉靖甲寅秋孟中元日[③]，钱塘田艺蘅序。

【注释】

①淡若：也作淡如，淡泊寡欲。

②辟谷：谓不食五谷。道教的一种修炼术。辟谷时，仍食药物，并须兼做导引等工夫。也泛指不吃饭。

③嘉靖甲寅：1554 年。中元：指农历七月十五日。道观于此日作斋醮，僧寺作盂兰盆会，民俗亦有祭祀亡故亲人等活动。

【译文】

我往昔隐于山田之间，曾说自己得了"泉石膏肓"症。哎，通常病入膏肓，就算是神医也不能够医治；而我这种由泉石引发的膏肓之症，则更为奇异。我年少的时候就患上了这种病，对于这种病，也是素不挂怀，但是旁人都怪我不去治疗。我翻遍了药书，却找不到对症之药。有一次在山里居住的时候，偶然遇见一个恬淡寡欲的老者，他对我说："这个病没什么要紧，要想把它治愈，那就取山石间清澈的泉水，煮沸后加入苦涩的茶叶，长期服用，即使不吃饭都不会对身体有损伤，更何况什么膏肓之病呢！"我十分感谢老者传授我的方法，于是就按照他的方法来煮茶饮用，自己觉得这样煮茶饮用，时间越久，效果越明显。为了推广这个方法，我把煮茶饮用所需要注意的地方编辑成册，交给负责烹茶的山童，如果再遇到与我同样病症的客人，就向他推荐这个方法。若来者以豪奢为饮，富贵逼人的话，则谨慎藏拙，不把这样的方法说出来，以免受到别人的嘲笑。

嘉靖甲寅孟秋中元日，钱塘田艺蘅序。

【点评】

田艺蘅的文字，是很有些诙谐的。好游山水，是自古文人向往的事情，本来并无人讥笑，他还要煞有介事地安上个病症之名。如果误以为他真的是体弱多病，那真真是误读了。

"泉石膏肓，烟霞痼癖"，原是托山水之好而远离世俗之扰的意思。田氏就着这典故编起故事来，说是有位老者告诉他药方，多喝些茶，就能治疗这泉石膏肓之症了。茶能破孤闷，如此或可推知，这泉石膏肓也不全是为了爱山水，里面多少有些孤闷之意。至于田氏孤闷的是什么，应该不像朱权那般深沉，他年轻时就快意磊拓，纵情于山水风尘，到了晚年更是豪放，白发朱衣，带着两个女仆，在西子湖畔与友人终日饮酒，高谈阔论。人们都议论他是谪仙李白再世，可说是狂名远播。

田艺蘅是个有情人，对亲人、妻子、儿女都是一片至诚之心。因伯父丧子，他被过继过去。然而，家族共居，生母情实难为，世母待他也是极厚。生母和世母相继早逝，到了临终之时，生母费氏希望他返回本支，世母徐氏则一心期待艺蘅长继自家香火，艺蘅左右为难。这不是什么封建宗法给孩子带来的心理伤害，全是两位妇人一片啼血之望，艺蘅该怎么办呢？

田艺蘅之父田汝成在朝，官至四品，文章也是颇有名气。田艺蘅随父到处游历，年幼时就已经小有才名，他不是不想要仕途，奈何七次乡试不第，这大明的考官，真堪称"巨眼英雄"了。

年轻时艺蘅纵情山水痴迷酒色，荒唐无稽之至。幸好他有个好妻子，张氏。张氏出身大户，家中有长辈官至尚书。她知书达理，有豁达宽容的大智慧，对艺蘅的行为疏而不堵，导而不责，渐渐将艺蘅引入正途。艺蘅狂放疏

《儒林外史》书影

财，张氏则善于理财，两人到中年时，张氏竟然把艺蘅早年败家的结果全都挽回，一家人过得其乐融融。

明时倭寇成灾，尤其是钱塘一带，艺蘅以赤子之心，一腔热血，文人之躯，竟不顾亲属劝阻组织乡兵参与驱倭的战斗。然而，他又亲眼看到，大凡抗倭有成的将领，多被奸相严嵩陷害，性命不保者居多。

荡平倭寇之后，田艺蘅常偕妻子出游，杭州附近无所不至。有一次，二人逛西湖，走得太远，实在没有力气回来，竟然找了头毛驴一起骑了回来。我们只好猜测夫妇俩都很清瘦，否则，毛驴那一双多情大眼，四条细小短腿，怎生支撑得住？《儒林外史》中，那"杜少卿大醉了，竟携着娘子的手，出了园门，一手拿着金杯，大笑着，在清凉山冈子上走了一里多路。背后三四个妇女嘻嘻笑笑跟着，两边看的人目眩神摇，不敢仰视"，和田艺蘅真是一路风格。

又有一次，他与友人蒋灼等三人共探龙门山，寻找龙潭，竟然在山中迷路，几次差点滚下山去，蒋灼的手指也被荆棘拉得血肉模糊，亏得遇见山民指点，才从山间小道摸到了龙潭。到了龙潭，三个人在潭边悬崖上瑟缩伸头张望，艺蘅更是差点掉下潭去，却又在那悬崖之上大笑起来。回到寺院，三人在禅房里过夜，一个个"惊悸寐醒者三四""汗津津浃席"。一代文豪，游山游到这种程度，比现在的驴友有过之无不及。

这般浪子回头的经历，坦荡落拓的性格，至情至性的真心，真是很难用笔墨描画。或许，吴敬梓《儒林外史》中的杜少卿，就是从这田艺蘅的生平摹刻而出。他的孤闷，只在一谈一笑之间，而生活之中，却永远随遇而安，更不会少了山野的乐趣，茶酒的豪放。如果没有这份趣味，哪有这细腻入微的《煮泉小品》？你且看他郑重其事地把这治"泉石膏肓"病的方子交出，转笔又一本正经地嘱咐道："若有如煎金玉汤者来，慎弗出之，以取彼之鄙笑。"那窃窃的偷笑，骨子里的诙谐，跃然纸上，却又全无孤傲怨毒之意。读来令人莞尔。

源泉

【原文】

积阴之气为水。水本曰源，源曰泉。水本作𣲷，像众水并流，中有微阳之气也，省作水。源本作原，亦作𪊍，从泉，出厂下。厂，山岩之可居者。省作原，今作源。泉本作𤽄，象水流出成川形也。知三字之义，而泉之品思过半矣[1]。

【注释】

①水、源、泉：水，按《说文解字》，準也。北方之行。象众水并流，中有微阳之气也。源，按《说文解字》，水泉本也。泉，水原也。象水流出成川形。段玉裁《说文解字》注：象水流出成川形。同出而三岐。略似𒐫形也。

【译文】

积存了阴气的是水。水原本叫作源，源又称为泉。水本来写作𣲷，好像很多水流到一起的样子，中间有微微的阳气，简写成水。源本来写作原，也写作𪊍，从泉出厂下。厂是可居住的山岩。简写作原，现在写作源。泉本来的写法为𤽄，就像川形的水流。知道了这三个字的字义，那关于泉水的品味和思考就已经过半了。

【原文】

山下出泉曰蒙。蒙，稚也，物稚则天全，水稚则味全。故鸿渐曰"山水上"[1]。其曰乳泉石池漫流者，蒙之谓也。其曰瀑涌湍激者，则非蒙矣，故戒人勿食。

【注释】

①鸿渐：即陆羽。

【译文】

山下流出的泉水称为蒙。蒙，也就是幼小初出，物幼小初出，则天性保全而不丧失；水幼小初出，那么水的天然之味就能保全。因而陆羽说："山上的水是最好的。"他说泉水初发，刚刚从石池之间漫流而下，这样的泉水就叫作蒙。要是流得非常湍急，那就不是蒙了，告诫人们一般不要食用这样的水。

【原文】

混混不舍[①]，皆有神以主之，故天神引出万物。而《汉书》三神，山岳其一也[②]。

【注释】

①混：同"浑"，整个，整体。
②三神：指天神、地祇、山岳。《汉书》卷八十七："惟夫所以澄心清魂，储精垂思，感动天地，逆厘三神者。"

【译文】

浑然不舍的状态，那是由于有神灵所主。从浑然不舍的状态中，引发出分别，这就是天神引出万物。而《汉书》中所说的三神，山岳便是其中的一个。

百果壶

【原文】

源泉必鱼，而泉之佳者尤重。余杭徐隐翁尝为余言：以凤皇山泉，较阿姥墩百花泉，便不及五钱。可见仙源之胜矣。

【译文】

源泉必然重，而好的泉水又特别重。余杭的徐隐翁曾经对我说过：如果将凤凰山的泉水与阿姥墩的百花泉相比，重量相差为五钱。可见好的水是殊胜的。

【原文】

山厚者泉厚，山奇者泉奇，山清者泉清，山幽者泉幽，皆佳品也。不厚则薄，不奇则蠢，不清则浊，不幽则喧，必无佳泉。

【译文】

山厚朴，那么泉水也厚朴；山奇峻，那么水自然也奇峻；山清奇，则水也清奇；山幽丽，则水也幽丽，这些都是好的泉水。山不厚朴则薄，不奇则蠢，不清则浑浊，不幽静则喧哗，那就肯定不会有好的泉水。

【原文】

山不亭处，水必不亭。若亭，即无源者矣[①]。旱必易涸[②]。

【注释】

①"山不亭处"几句：亭，水止曰亭，水集聚而不流动。与"渟"同。《汉书·西域传》："其水亭居。"此处，前一"亭"字说的是山势，后两个"亭"字说的是水势。

②涸（hé）：水枯竭。

【译文】

山势蜿蜒没有停下来，水就不会停止下来。如果水停止下来，则失其根源的滋润。那么它在干旱的时候必然容易干涸。

【点评】

"源泉"一节，本意是探究一下泉水的来由。艺蘅首先推重蒙泉，也就是在山中发端、缓缓漫流的泉水。这样的水，犹如童蒙，世俗的灵智未开，保有着天性所蕴含的一切可能性。

中国传统文化，道家一脉独重天然，这思想也深深地镌刻在中国人的心灵深处。在世界各大文明体系中，大概只有中国人最早意识到，人的大多数欲望、纠结、烦恼来自社会，来自人与人的相处，来自利益的权衡分割之中。而在这些经由社会魅化的纷繁观念之外，人的本身，不过是满足了基本需求，重合于自然罢了。七情六欲，如果少了社会的煽情，本来没有那么可怕，也不是什么有伤天和的事情。

老子重视婴儿态，以为婴儿体现了人的本真，是能量与情绪浑然一体的状态："含德之厚，比于赤子。毒虫不螫，猛兽不据，攫鸟不搏。骨弱筋柔而握固。未知牝牡之合而全作，精之至也。终日号而不嗄，和之至也。"在老子看来，婴儿体现了天地的至善，他们虽然筋骨柔弱，小手却能整天握着不放开；虽然不知道爱欲之事，小鸡鸡却整天翘起；终日嚎哭，嗓子却不哑。这些都是那些观念多多、人情练达的成人所不能够的。为什么？因为婴儿的天地和气没有消散。

老子

大江大河发源于山间泉流，在发端时，经历了地层反复过滤，水质清冽，清爽洁净，透明度高。经过一段距离的漫流，融解了空气中的二氧化碳和氧气，口味也变得更加新鲜，犹如婴儿一样，融合这天地之气，毫无做作忸怩之态。待到泉水离开山间，汇入河川，则难免有各种生物代谢的影响，更要受到人间烟火的污染，犹如婴儿的体质发育，受到各种似是而非的观念熏陶，情欲混杂，渐渐失去童心、童趣。

艺蘅说道："混混不舍，皆有神以主之，故天神引出万物。而《汉书》三神，山岳其一也。"大致是赞叹蒙泉的浑然一体的天真，但他说这都是因为有神在主宰，却是混淆了自然与神的分别了。

"三神"，是古代地祇、天神、山岳的并称。所谓神，原与"精"并称，指的是在内在精纯能量基础之上演化的神韵。比如古人供奉"北斗之精神"，是希望接受自然星辰的指引，人格化的神灵，倒是其次了。艺蘅不求甚解，轻轻一句"皆有神以主之"就带过。

艺蘅又提出："山厚者泉厚，山奇者泉奇，山清者泉清，山幽者泉幽，皆佳品也。不厚则薄，不奇则蠢，不清则浊，不幽则喧，必无佳泉。"即厚、奇、清、幽的四大原则，则是倒过来从神韵去推断精质，体现了古人精、神合一的思维方式。

清代举行茶宴时用的"三清"茶具

在这一节里，艺蘅提出了以轻重论水的方法。以轻重论水，是古代论水的两大方法之一。另一大方法是以水性论水。艺蘅似乎并不太重视以轻重论水的方法，且所论也与诸家不同。宋代以降，大多以为水以轻为佳。轻的水，融解的矿物质较少，杂质也较少，水质较软。而重的水，往往融解的矿物质多，杂质多，水质较硬。宋徽宗就有"水以轻清甘洁为美"之论。而实际调查中，古人也发现，相同容积情况下，江河之水要比大部分泉水都重一些。

虎跑泉

清代乾隆皇帝是水轻论的代表人物。乾隆好茶，且对烹茶用水极其讲求，每次出巡，都要带上一个银斗，称量各地的泉水重量。他还著有《玉泉山天下第一泉记》，其中说，北京的玉泉，一斗重一两，而济南珍珠泉则比玉泉水重两厘，扬子江金山泉比玉泉水重三厘，杭州虎跑泉比玉泉水重四厘，而有些泉水甚至于比玉泉重一分。乾隆据此把北京玉泉评为天下第一泉。

乾隆也颇有钻研精神，又把雪水拿来和玉泉水比重量，结论是雪水比玉泉水还要轻三厘。但雪水不可常得，因此首推泉水了。想来那时北京的风沙少，空气也洁净。今人如果取了雪水来验，只怕要比泉水更重了。

石流

【原文】

石，山骨也；流，水行也。山宣气以产万物①，气宣则脉长，故曰"山水上"。《博物志》②："石者，金之根甲。石流精以生水。"又曰："山泉者，引地气也。"

【注释】

①宣气：谓发散阳气，以生万物。汉蔡邕《独断》卷上："律中大吕，言阴气大胜，助黄钟宣气而万物生。"

②《博物志》：西晋张华（232—300）编撰，记载神仙异境、方术奇物、山川地理。

《晋书·张华传》："张华，字茂先，范阳方城人也。父平，魏渔阳郡守。华少孤贫，自牧羊，同郡卢钦见而器之。乡人刘放亦奇其才，以女妻焉。华学业优博，辞藻温丽，朗赡多通，图纬方伎之书莫不详览。少自修谨，造次必以礼度。勇于赴义，笃于周急。器识弘旷，时人罕能测之。"

晋王嘉《拾遗记》称，张华"好观秘异图纬之部，捃采天下遗逸，自书契之始，考验神怪及世间闾里所说"。

唐琳《刻快阁本博物志序》："史称张华读书三十车，作《博物志》四百，武帝以为繁，存十卷。今读其书，虽多奇闻逸事，而简略不成大观，岂书传既久，残缺处多邪？抑或繁非能博，博不在繁邪？辨龙鲊，识剑气，定有一段不经人见之学问附于书以传，一读再读，令人悔武帝之芟除，而思以睹其全也。"

【译文】

石，是山的筋骨；流，是水在动。山发散阳气产生万物，阳气的散发形成绵长的气脉，因此说"山中水为上品"。《博物志》中说："石是金铁的根本。石的精气流溢则为水。"又说："山泉，汲取了地气。"

【原文】

泉非石出者必不佳。故《楚辞》云①："饮石泉兮荫松柏。"皇甫曾送陆羽诗②："幽期山寺远，野饭石泉清。"梅尧臣《碧霄峰茗》诗："烹处石泉嘉。"又云："小石冷泉留早味。"③诚可谓赏鉴者矣。

张渥《九歌图》

【注释】

①《楚辞》：西汉刘向辑。《四库全书总目》："初，刘向裒集屈原《离骚》《九歌》《天问》《九章》《远游》《卜居》《渔父》，宋玉《九辨》《招魂》，景差《大招》，而以贾谊《惜誓》，淮南小山《招隐士》，东方朔《七谏》，严忌《哀时命》，王褒《九怀》及向所作《九叹》，共为《楚辞》16篇，是为总集之祖。"

楚辞又称"楚词"，原为楚地之辞。汉代刘向把屈原的作品及宋玉等人的作品编辑成集，名为《楚辞》。屈原的《离骚》是《楚辞》的代表作，故楚辞又称为骚或骚体。

②皇甫曾（约756年前后在世）：字孝常，唐润州丹阳人，大历十大才子之一。此处所引诗文源自《陆鸿渐采茶相遇》，原诗为："千峰待逋客，香茗复丛生。采摘知深处，烟霞羡独行。幽期山寺远，野饭石泉清。寂寂燃灯火，相思一磬声。"

③梅尧尘：应为梅尧臣（1002—1060），字圣俞，世称宛陵先生，梅与欧阳修、苏舜钦齐名。此处的"烹处石泉嘉"出自《颖公遗碧霄峰茗》，原诗为："到山春已晚，何更有新茶。峰顶应多雨，天寒始发芽。采时林狖静，烹处石泉嘉。持作衣囊秘，分来五柳家。"此处的"小石冷泉留早味"出自《依韵和杜相公谢蔡君谟寄茶》，原诗为："天子岁尝龙焙茶，茶官催摘雨前芽。团香已入中都府，斗品争传太傅家。小石冷泉留早味，紫泥新品泛春华。吴中内史才多少，从此莼羹不足夸。"

【译文】

如果不是从石中流出的泉水肯定不好。所以《楚辞》中说："饮石泉兮荫松柏。"皇甫曾送给陆羽一首诗："幽期山寺远，野饭石泉清。"梅尧臣的《碧霄峰茗》诗中也说："烹处石泉嘉。"又说："小石冷泉留早味。"这都是真正会鉴赏泉水的人。

【原文】

咸，感也①。山无泽，则必崩；泽感而山不应，则将怒而为洪。

【注释】

①咸：感应。咸感一词，有阴阳相感之意。

【译文】

咸，是感应。山中如果没有水的话，那山就一定会崩塌；如果水有感而山不应，山水就会因为没有感应，勃发为洪水。

【原文】

泉往往有伏流沙土中者，挹之不竭即可食①。不然，则渗潴之潦耳②，虽清勿食。

【注释】

①挹（yì）：舀，把液体盛出来。
②渗潴（zhū）之潦（lǎo）耳：潴水停聚的地方。潴潦，聚汇的水，停积的水。潦，积水。

【译文】

泉水往往潜流在沙土中，只要是取之不竭的就可以喝。否则的话，就不过是一潭积水而已，即使很清澈，也是不能喝的。

【原文】

流远则味淡，须深潭渟畜①，以复其味，乃可食。

【注释】

①渟（tíng）：水聚集不流。

【译文】

水流溢得太远，天然之味就会减淡。因此必须让它在深潭里面蓄养，恢复水的天然性味，才可以喝。

【原文】

泉不流者，食之有害。《博物志》①："山居之民，多瘿肿疾②，由于饮泉之不流者。"

【注释】

①《博物志》：西晋张华（232—300 年）编撰，记载神仙异境、方术奇物、山川地理。
②瘿（yǐng）：瘿肿，谓颈部生瘤子的疾患，或者说颈部的肿块。

蔡襄书法《即惠山泉煮茶》（局部）

【译文】

不流动的泉水，喝了会对人体有害。《博物志》中说："山里的居民，颈部多有肿块，是由于长期饮用不流动的泉水的缘故。"

【原文】

泉涌出曰濆[1]。在在所称珍珠泉者，皆气盛而脉涌耳，切不可食，取以酿酒或有力。

【注释】

[1]濆（pēn）：喷射，喷涌。

【译文】

泉水涌出来的称作濆。各地所谓的珍珠泉，都是由于气盛，因此奔涌的泉水状若珍珠。这样的水千万不能喝，用它来酿酒，或许酒味很重。

【原文】

泉有或涌而忽涸者，气之鬼神也。刘禹锡诗"沸井今无涌"是也[1]。否则徙泉、喝水，果有幻术邪。

【注释】

[1]刘禹锡（772—842年）：字梦得，祖籍洛阳，白居易推其为"诗豪"，有《刘梦得文集》《刘宾客文集》《刘禹锡集》传世。"沸井今无涌"出自《历阳书事七十韵》："沸井今无涌，乌江旧有名。"

【译文】

有的泉水时而喷涌，时而干涸，好像有鬼神的操纵一样。刘禹锡诗说"沸井今无涌"就如同被搬迁，被喝光一般，难道真的有幻术吗？

【原文】

泉悬出曰沃，暴溜曰瀑，皆不可食。而庐山水帘，洪州天台瀑布，皆入水品，与陆经背矣。故张曲江《庐山瀑布》诗[1]："昔闻山下蒙，今乃林峦表。物性有诡激，坤元曷纷矫。默然置此去，变化谁能了。"则识者固不食也。然瀑布实山居之珠箔锦幕也，以供耳目，谁曰不宜。

高钦礼《高士观瀑图》

【注释】

①张曲江：即张九龄（678—740 年），字子寿，唐开元时为相。韶州曲江（今广东韶关）人，有《曲江集》。此诗原文为《入庐山仰望瀑布》："绝顶有悬泉，喧喧出

烟杪。不知几时岁,但见无昏晓。闪闪青崖落,鲜鲜白日皎。洒流湿行云,溅沫惊飞鸟。雷吼何喷薄,箭驰入窈窕。昔闻山下蒙,今乃林峦表。物情有诡激,坤元曷纷矫。默然置此去,变化谁能了。"

【译文】

泉水从高处悬空流下称为沃,急促流下称为瀑,这些水是不能饮用的。但是庐山的水帘,洪州的天台瀑布,都被列入水品之中,这与陆羽《茶经》里的观点相违背。所以张九龄在《庐山瀑布》诗中这样写道:"昔闻山下蒙,今乃林峦表。物性有诡激,坤元曷纷矫。默然置此去,变化谁能了。"知道的人自然不会喝了。然而瀑布确实是覆盖山的珠箔锦幕,人的眼睛和耳朵得到了享受,谁又能说不好呢!

【点评】

上一节提到以水的轻重论水。自本节以后,都是以水性论水,即论水源的环境、水的清浊寒热等特性。

按照艺蘅的看法,山的根本在于石,而石又是金之母。根据五行生克的关系,金能生水,因此推断石也能生水。而且这样生出的水,合乎于五行关系,是最好的水。五行生克原是对五种性质关系的比喻,这样来解释石与水的关系,有些穿凿了。

泉最好是出于石,却是一个定论。山泉,属于矿泉水的一个分支,是经特殊地层结构自然涌出的水。虽然说到底都是地球水循环的一部分,但它经过了地下岩层、山体的层层过滤,其水质是一般的潜水难以比拟的。目前,发达国家都规定矿泉水必须注明出水源地、地层结构和水中确切的矿物质含量。我国新版的天然矿泉水国家标准也规定,天然矿泉水的水源应该是从地下深处自然涌出的或经钻井采集的水源,同时还要求水源区在一定区域未受污染,并加以保护。从这些规定看来,湖底水、江底水既然不是直接采自山体,是不能称为山泉的。

山里流淌的水,并非都是山泉,有些只是潜水、地表水。这种水,和井水没有太大分别,尤其是今天地表污染比较严重的情况下,不能轻易饮用。即便是真正的矿泉水,其矿物质组群是否合理,也需要经过检测才能确定,矿物质含量并非越高越好。今天一些游客,无论到何处山里,都拿着空瓶子到处接水,实在是有些风险。

从艺蘅的文字来看,古人对这些早有考虑,但限于当时的技术水平,只能从一些外在特征中去猜测和估计。艺蘅指出,流动对泉水来说是很重要的,伏于沙下的泉水,如果能够不断涌出,就可以考虑饮用。如果是积水,就不要饮用了。由此类推,泉水是需要疏浚的,疏浚之后,如果泉水的流量太小,则没有利用价值。换句话说,泉的流量大,也是水质好的特征之一。

长期不流淌的积水不能饮用。这可能与水质中融解了过多的地表物质，滋生某些微生物有关。至于说"山居之民，多瘿肿疾"，大脖子病，多与山区缺碘有关，并且也不是任何山区皆有。艺蘅的判断失误了。

艺蘅以为珍珠泉"气盛而脉涌耳，切不可食"，就古来的经验和今天的技术检测来讲，有些差池。我国多个城市有珍珠泉，其中不少水质优良，矿物质含量丰富均衡。不过，如果从中医角度来讲，珍珠泉的矿物质含量较一般山泉更多，有些偏性，不适合长期饮用，拿来酿酒倒是很好。因此，艺蘅的判断也不能说是全错。

至于瀑布，流经之处往往水流湍急，夹带地表及两岸各类物质，水质混杂，说不清道不明，拿来烹茶确实不宜。但艺蘅却从另一面去肯定它的价值，认为瀑布"实山居之珠箔锦幕"，独有一番审美的作用。

清寒

【原文】

清，朗也，静也，澄水之貌。寒，冽也，冻也，覆水之貌。泉不难于清，而难于寒。其濑峻流驶而清[1]，岩奥阴积而寒者[2]，亦非佳品。

【注释】

[1]濑（lài）：从沙石上流过的水。
[2]奥：深处。

【译文】

清，也就是清朗；静，是澄澈的水的样子。寒，也就是凛冽，冰冷，被冰覆盖的样子。泉水最难得的不是清朗，而是有寒性。但是倘若是因为流过沙石，因为沙石的吸附而变得清澈，或者于石凹深处中积聚了阴气而带有寒性，这样的泉水，也不是泉中佳品。

【原文】

石少土多沙腻泥凝者，必不清寒。

【译文】

石头少而土多、细沙与泥积聚，这里的泉水就不会有清寒之相。

【原文】

蒙之象曰果行①，井之象曰寒泉。不果，则气滞而光。不澄，不寒，则性燥而味必啬②。

【注释】

①蒙：见前章《源泉》。蒙，稚也。物稚则天全，水稚则味全。这里指泉水初现。果行：指的是泉水初出之时，泉水流淌之貌，有确然的气势，有生气。

②啬：涩，不润滑。

【译文】

泉水的初出之象有确然的气势，有生气，被叫作果行，井之象被叫作寒泉。如果泉水初出的时候，没有确然的气势，那么就会显得水势凝滞而无生气。水色不清澈，泉水没有寒性的话，就会显得干燥，味道也涩而不畅。

【原文】

冰，坚水也，穷谷阴气所聚①。不泄则结而为伏阴也②。在地英明者惟水，而冰则精而且冷③，是固清寒之极也。谢康乐诗："凿冰煮朝餐"④，《拾遗记》⑤："蓬莱山冰水，饮者千岁。"

【注释】

①穷谷：深谷，幽谷。《左传·昭公四年》："其藏冰也，深山穷谷。"《韩诗》说："冰者，穷谷阴气所聚，不洩，则结而为伏阴。"

②伏阴：寒气。

③精：通"晶"。

④谢康乐：谢灵运，晋代封康乐公，又称谢康乐。此处的"凿冰煮朝餐"取自《苦寒行》，原文为："樵苏无夙饮，凿冰煮朝餐。悲矣采薇唱，苦哉有余酸。"

⑤《拾遗记》：又名《拾遗录》《王子年拾遗记》。作者东晋王嘉，字子年。原文19卷，220篇，因原文多亡佚，梁朝萧绮搜检残遗，合为一部，并为其做序："《拾遗记》者，晋陇西安阳人王嘉字子年所撰，凡十九卷，二百二十篇，皆为残缺。……王子年乃搜撰异同，而殊怪必举，纪事存朴，爱广向奇。宪章稽古之文，绮综编杂之部。《山海经》所不载，夏鼎未之或存，乃集而记矣。辞趣过诞，意旨迂阔，推理陈迹，恨

为繁冗。多涉祯祥之书，博采神仙之事，妙万物而为言，盖绝世而弘博矣!"

【译文】

冰，是凝固的水，深谷阴气汇聚而成。如果不流泄的话，就会郁结成为寒气。地上有灵气的只有水，而冰凝结成晶而且冷，清寒之极。谢康乐的诗中有："凿冰煮朝餐。"《拾遗记》中说："蓬莱山的冰水，喝了之后能活一千岁。"

【原文】

下有石硫黄者，发为温泉，在在有之。又有共出一壑，半温半冷者，亦在在有之，皆非食品。特新安黄山朱砂汤泉可食。《图经》云[1]："黄山旧名黝山，东峰下有朱砂汤泉可点茗，春色微红，此则自然之丹液也[2]。"《拾遗记》："蓬莱山沸水，饮者千岁。"此又仙饮。

仇英《松溪论画图》

【注释】

①《图经》：《黄山图经》，始撰于唐，成书于北宋景祐年间。黄山温泉的源头，相传来自朱砂峰。峰下有洞，洞中产朱砂。因此，人们也就把黄山温泉称为"朱砂泉"。

②丹液：指长生不老之药。丹，本义为朱砂。

【译文】

下面有硫黄的地方，流淌出的是温泉，这种地方到处都有。有的泉水从一个地方流出，却是一半温一半冷，这种情况也到处可见，这些都是不能喝的泉水。但是新安黄山的朱砂泉水却很特殊，是可以喝的。《图经》中说："黄山以前叫作黟山，黄山东面山峰下有朱砂泉水可以用来煮水泡茶，颜色微微有点红，这是天然的丹液。"《拾遗记》中说："蓬莱山的沸水，喝了之后就能够活到千岁。"这也是仙水。

【原文】

有黄金处水必清，有明珠处水必媚，有子鲋处水必腥腐①，有蛟龙处水必洞黑。嫩恶不可不辨也②。

【注释】

①子：蚊子的幼虫。鲋（fù）：蛤蟆。
②嫩（měi）恶：好坏，善恶。嫩，美。

【译文】

有黄金的地方水必然很清澈，有明珠的地方水一定很明媚婀娜，有蚊卵和蛤蟆的地方水肯定是腥腐的，有蛟龙的地方水肯定深黑。水的好坏不可以不加以辨认。

【点评】

本节名为"清寒"，其实讨论的是泉水的寒温。

一般来说，古人所见的山泉，来源可分作三种：

其一，断续的泉水，孕育时间很短，是雨水等通过土壤渗透出来的，和潜水无异。这类水，艺蘅和古人都说不佳，因为不是从地层里涌出的。在空气洁净的古代尚且不可推崇，若是在酸雨盛行的现代，更不可饮用。

其二，持续的泉水，即深层地下水反涌的自流泉，大多在山脚地势低洼处。这种水，贵在来自地层深处，如果再于岩石上漫流，那就是所谓蒙泉。

其三，高山冰川融水，这种泉水在山间流淌，流量随气温有变化。这种水，古人应该也早已认识，且评价甚高。今天科学家在南极考察，从冰层里钻出上万年前的冰屑，并根据其中的矿物质和二氧化碳含量来判定万年前的气候。这些冰屑融化之后，水质很好。人们笑谈喝到了万年前的地球气候。

仇英《竹林品古》

　　泉水的清寒与否，其实表现的是所处地层的深度与地质结构。深层地下水的水温是恒定的，微生物很少。而山区如果幅员广大，则会形成自己的小气候，气温较周边低很多。再加上如果出水口能够"负阴"，即幽深难见阳光之处，轻清漫流，那么水质就最有保障了。如果泉水温度较高，其中融解有机质的速度比较快，水质就偏于浑浊，味道当然会比较干涩了。

　　既然泉水的清寒表现的是地层深处的特性，那么，那些阴暗的寒潭之中所积之水，"岩奥阴积而寒者"，就不是好水。那些因地表砂石过滤而显得清朗的水，也不是好水。

徒有其表而已。

清寒，不仅可以品水，也是中国文人审美的一个重要元素。中国式审美，老百姓重温情热闹，而清寒幽玄则深为文人所喜。这些在古代绘画、诗歌中都屡有出现。即便到了现代，这两种迥异的审美观念也常常体现出来。例如邓丽君出版《小城故事》时，曲风如乡间炊烟，温暖活泼，生机盎然，博得百姓共赏，而到了出版《淡淡幽情》时，全部以古诗词为歌词，从唱功到录音，都凸显清寒幽深的意蕴，被知识分子们誉为华人小品情歌的巅峰之作。

清寒的特性，又可用摄影来比喻。人们大多知道摄影时要特别注意白平衡，而较少注意背景黑度的问题。但实际上，背景能否真正黑下来，冷下来，是整个画面景深和层次的基础。舞台打光也是同样的道理，央视春晚的光线一向走热闹明亮的路子，红袄绿裤，层出不穷，却不知舞台元素全部热闹明亮，就会重心失衡，层次混乱，难以给人留下深刻印象。这一倾向直到 2011 年春晚才得到有效纠正。又如，近年来有人强调京剧表演中，要调动各种元素参与，于是乎主角演唱时，配角在一边动个不停，影响了舞台整体背景的静谧，打扰了观众的注意力。这些都是对中国式审美缺乏了解和尊重所造成的。

水能清寒，则能烘托出茶的主题。如果水的味道躁动不安，则茶味必定受损。同时，清寒也与茶微寒的特性相符，不至于减损了茶的药性。这一点，任何人如果仔细对比山泉水与自来水，都是可以体验得到的。艺蘅特别主张这一点，给人启发不少。

文中又特别讨论了温泉，以为饮用温泉需特别谨慎，是有一定科学道理的。一般常年温度高出环境温度 5 摄氏度的泉水称温泉，有些甚至接近沸点。温泉可能含有大量矿物质，尤其是硫，常常超过饮用水的标准，因此用来洗浴更为合适。至于有人喜欢在温泉里煮饺子、烫菠菜，也别有一番俚俗之趣。有些温泉可以饮用，《水经注》有记"鲁山皇女汤，可以熟米，饮之愈百病"，是直接在温泉里煮饭吃了，看来药用效果是不错的。至于说喝了能活多少岁，那是古人以传说取乐罢了。

黄山的朱砂泉，又叫灵泉，至今仍存，号称黄山四大温泉之一。围绕着朱砂泉的传说很多，据说轩辕黄帝曾在这里洗浴，浴后白发变黑，唐代诗人贾岛因此赞誉朱砂泉有返老还童、"伐毛返骨髓"的功效。伐毛洗髓，即所谓清洗后天体质的污秽，返回到天真饱满的童真之体，自来都是炼丹家的愿望。然而朱砂泉平常流淌的泉水其实与普通山泉的水质、色泽无异，可以饮用、洗浴，之所以得名朱砂泉，是因为每隔几百年就会变作红色，且气味芳冽异常。而且每次变红，都伴随山体摇动。

宋代汪师孟《汤泉灵验记》记，有一位叫作惟谅的僧人，看到朱砂泉变红，就大呼泉水显灵，脱光了衣服跳进泉水洗浴，周边人士也都跳进去洗浴、痛饮，然而出来之后，并未见有人白发变黑，也没有人身体变得更好，于是大家又责怪是和尚不成体统，光着身子亵渎了神灵。

至于朱砂泉变红，究竟是不是流淌出朱砂，倒是不好考证。最近的一次泉水变红是在1948年，当时只有几个人遇见，也没有进行技术检测，只好暂时存疑了。

甘香

【原文】

甘，美也，香，芳也①。《尚书》②："稼穑作甘黍"③，甘为香，黍惟甘香，故能养人。泉惟甘香，故亦能养人。然甘易而香难，未有香而不甘者也。

【注释】

①甘、香：甘为味道的甜美，香字据小篆，香字从黍，从甘。"黍"表谷物，"甘"表香甜美好。

②《尚书》：儒家五经之一，我国最早的一部史书。按记载的时代，分为《虞书》《夏书》《商书》《周书》。东汉王充《论衡·正说篇》："尚书者，以为上古帝王之书，或以为上所为，下所书。"因此，《尚书》可以看作是一部上古史。就具体内容而言，《尚书》是周代及其以前的史官对帝王以及大臣事迹、言论和朝廷文告的记载，记载的体例分为典、谟、训、诰、誓、命六类。《荀子·观学篇》说："《书》者，政事之纪也。"司马迁说："《书》记先王之事，故长于政。"因此，《尚书》可看作是对上古政事的记载。

根据《史记·孔子世家》："孔子之时，周室微而礼乐废，诗书缺。追迹三代之礼，序书传，上纪唐虞之际，下至秦缪，编次其事。……故书传、礼记自孔氏。"因此，《尚书》的编纂者被认为是孔子。

③稼穑（jià sè）：春耕为稼，秋收为穑，即播种与收获，此处泛指农作物。

【译文】

甘，其义为甜美；香，就是芳香。《尚书》中说："稼穑作甘黍。"甘既是香，黍是甘香的，所以能够养人。泉水甘香，所以也能够滋养人。通常而言，甘甜容易，要有芳香却很难，没有只有香气却不甘甜的。

【原文】

味美者曰甘泉，气芳者曰香泉，所在间有之。

【译文】

味道好是甘泉，气味芳香的被叫作香泉，有的泉水兼具好的味道和芳香的气味。

【原文】

泉上有恶木①，则叶滋根润，皆能损其甘香。甚者能酿毒液，尤宜去之。

【注释】

①恶木：贱劣的树。《文选·猛虎行》："渴不饮盗泉水，热不息恶木阴。"

【译文】

泉水边如果生长有劣质的树木，那么它的叶子和根部均会被泉水滋润，都会损害泉水的甘香。有些树甚至能够滋生毒液，这样的树应该把它除去。

【原文】

甜水以甘称也。《拾遗记》"员峤山北，甜水绕之，味甜如蜜。"《十洲记》①："元洲玄涧，水如蜜浆。饮之，与天地相毕。"又曰："生洲之水，味如饴酪。"②

【注释】

①十洲记：又名《海内十洲记》。此书的缘起为"汉武帝既闻王母说八方巨海之中，有祖洲、瀛洲、玄洲、炎洲、长洲、元洲、流洲、生洲、凤麟洲、聚窟洲，有此十洲，乃人迹所稀绝处。又始知东方朔非世常人，是以延之曲室，而亲问十洲所在，所有之物名，故书记之"。但《汉书·东方朔》中并未提及该书。故通常认为此书为六朝之人假借东方朔之名所著。除上述十洲之外，还有沧海岛方丈洲、扶桑、蓬丘、昆仑等五地。文中所提元洲玄涧原文为："元洲在北海中，地方三千里，去南岸十万里。上有五芝玄涧，涧水如蜜浆，饮之长生，与天地相毕。服此五芝，亦得长生不死，亦多仙家。"

②酪：乳酪，乳浆。

【译文】

甜水是因味道甘甜而得名。《拾遗记》中说："员峤山的北部，周围环绕着甜水，味道甘甜如蜜。"《十洲记》中说："元洲的玄涧，水就像蜜浆一样。喝了之后，与天

缂丝东方朔偷桃图

地同寿。"又说:"生洲的水,味道与甜乳浆一样。"

【原文】

　　水中有丹者①,不惟其味异常,而能延年却疾,须名山大川诸仙翁修炼之所有之。葛玄少时②,为临阮令③。此县廖氏家世寿,疑其井水殊赤,乃试掘井左右,得古人埋丹砂数十斛。西湖葛井,乃稚川炼所④,在马家园后,淘井出石匣,中有丹数枚如芡实⑤,啖之无味,弃之。有施渔翁者,拾一粒食之,寿一百六岁。此丹水尤不易得。凡

不净之器，切不可汲。

【注释】

①丹：本义为朱砂，也可指长生不老之药。

明代方士炼丹图

②葛玄：字孝先，丹阳人。道教尊为葛仙翁，又称太极仙翁。《道藏》中有《太极葛仙公传》。《神仙传》载："生而秀颖，性识英明，经传子史，无不该览。年十余，俱失怙恃，忽叹曰：'天下有常不死之道，何不学焉！'因遁迹名山，参访异人，服饵芝术，从仙人左慈，受九丹金液仙经，玄勤奉斋科，感老君与太极真人，降于天台山，授《玄灵宝》等经三十六卷。"在葛洪所著的《抱朴子·金丹》一篇中也有相应的记载："昔左元放（左慈）于天柱山中精思，而神人授之金丹仙经，会汉末乱，不遑合作，而避地来渡江东，志欲投名山以修斯道。余从祖仙公，又从元放受之。凡受太清丹经三卷及九鼎丹经一卷金液丹经一卷。"

③临沅：今湖南常德。

④稚川：葛洪（284—343 年），葛玄之侄孙，号抱朴子。葛洪在《抱朴子外篇》自序中写道："洪之为人也……而駃野，性钝口讷，形貌丑陋，而终不辩自矜饰也。……洪期于守常，不随世变，言则率实，杜绝嘲戏，不得其人，终日默然。故邦人咸称之为抱朴之士，是以洪著书，因以自号焉。"《晋书葛洪传》记载"自号抱

朴子，因以名书。其余所著碑诔诗赋百卷，移檄章表三十卷，神仙、良吏、隐逸、集异等传各十卷，又抄《五经》《史》《汉》、百家之言、方技杂事三百一十卷，《金匮药方》一百卷，《肘后要急方》四卷"。现有《神仙传》《抱朴子》《肘后备急方》《西京杂记》传世，其中，《抱朴子》集魏晋炼丹术之大成，是道家丹鼎派中较重要的著作之一。

⑤芡（qiàn）：水生植物名。又名鸡头。全株有刺，叶圆盾形，浮于水面。花单生，带紫色，花托形状像鸡头。种子称"芡实"，供食用，亦可入药。

【译文】

如果水中含有丹药，不仅气味与常不同，还能延长寿命祛除疾病。这样的水必须在名山大川那些仙翁修炼的地方才有。葛玄年轻的时候，担任临沅的县令。此县有一户姓廖的人家世代长寿，葛玄猜测他家的井水与一般的井水不一样，于是便试着在井的四围挖掘，得到了古人所埋的几十斛丹药。西湖的葛井，是稚川修炼的地方，有人在马家的园子后面，淘井时挖出一个石匣。匣子里面有几枚丹药，味道如同芡实一般，这人尝了尝觉得没有味道，于是便把它扔掉了。有一个钓鱼的老者，拾到一粒吃了下去，活到了一百零六岁。这样的丹水尤其不容易得到。凡是不洁净的器具，都不可以用来盛装这样的水。

【点评】

这一节探讨泉水的味道和气息。艺蘅分得很清楚，"味美者曰甘泉，气芳者曰香泉"。舌头尝出的是味道，鼻子闻出的是气味。一般认为，人的舌头只能尝出"酸、甜、苦、咸、鲜"等几种基本味道，而鼻子则能嗅出几百种气味。鼻子比舌头要灵敏得多。在饮食过程中，人们所感受到的往往是味道和气息的组合体，感冒时鼻子不通，觉得饭菜也不香，就是这个道理。

甘泉很多，大多数常见山泉都有甘甜的特点。并且这个甘字，其实和鲜是联系在一起的，泉水中含有特定的矿物质，又融解了二氧化碳等气体，就会给人甜且鲜的感觉，可以称之为甘。但这种甘，终究是淡淡的。

香泉则较少见，艺蘅也没有举出例子来。今天著名的香泉在安徽和县，属于四季不涸的温泉，且冬季水量更大，因香气四溢，又称"香淋泉"。和县的香泉可饮可浴，传说曾治好南朝昭明太子的皮肤病。据当地医学部门的检测，属含氢硫酸钙镁型水，但为什么气味芬芳，则未见更详尽的研究。

泉水清寒，还要甘香，泡出来的茶，自然是滋味十足，余香绵长。不过，水终究是为了烘托茶性，如果过甜过香，则可能是矿物质含量太高，甚至是水质偏硬，用来烹茶，就会盖过了茶味，过犹不及。例如北京密云水库的水，喝起来非常甜，但水质是比较硬的，并不适合泡茶。这一方面艺蘅没有论及。

宜茶

【原文】

茶，南方嘉木，日用之不可少者。品固有嫩恶[①]，若不得其水，且煮之不得其宜，虽佳弗佳也。

【注释】

①嫩（měi）恶：好坏，善恶。嫩，美。

【译文】

茶树甚好，生于南方，日用则不可少。茶品虽有好坏，但是若是没有适宜的水来烹煮，或者煮茶又不得法，那么就算是好茶也不会有好的味道。

【原文】

茶如佳人，此论虽妙，但恐不宜山林间耳。昔苏子瞻诗[①]："从来佳茗似佳人"，曾茶山诗"移人尤物众谈夸"[②]，是也。若欲称之山林，当如毛女、麻姑[③]，自然仙风道骨，不浇烟霞可也[④]。必若桃脸柳腰，宜亟屏之销金帐中，无俗我泉石。

【注释】

①苏子瞻：苏轼（1037—1101年），字子瞻，又字和仲，号"东坡居士"，唐宋八大家之一。王国维评"三代以下诗人，无过屈子、渊明、子美、子瞻者。此四子者，若无文学之天才，其人格亦自足千古。故无高尚伟大之人格，而有高尚伟大之文章者，殆未有之也"。赵翼《瓯北诗话》云："以文为诗，自昌黎始；至东坡益大放厥词，别开生面，成一代之大观。……其尤不可及者，天生健笔一枝，爽若哀梨，快如并剪，有并达之隐，无难显之情，此所以继李、杜后为一大家也。"苏东坡在文学史上的地位可见一斑。现有《东坡七集》《东坡乐府》传世。

本处所引"从来佳茗似佳人"取自《次韵曹辅寄壑源试焙新茶》一诗。宋哲宗元祐五年（1090年）春，于闽地为判官的曹辅给苏东坡寄来了福建壑源山上的新茶。苏东坡做《次韵曹辅寄壑源试焙新茶》唱和："仙山灵雨湿行云，洗遍香肌粉未匀。明月来投玉川子，清风吹破武林春。要知玉雪心肠好，不是膏油首面新。戏作小诗君勿笑，从来佳茗似佳人。"

②曾茶山：曾几，南宋诗人。字吉甫，号茶山居士。此处所引诗文自《逮子得龙团胜雪茶两胯以归予其直万钱云》，原诗为："移人尤物众谈夸，持以趋庭意可嘉。鲑菜自无三九种，龙团空取十千茶。烹尝便恐成灾怪，把玩那能定等差。赖有前贤小团例，一囊深贮只传家。"

③毛女：字玉姜，秦始皇宫女。据汉代刘向所著《列仙传》载："毛女者，字玉姜，在华阴山中，猎师世世见之。形体生毛，自言秦始皇宫人也，秦坏，流亡入山避难，遇道士谷春，教食松叶，遂不饥寒，身轻如飞，百七十余年。所止岩中有鼓琴声云。"麻姑：道教神话人物。葛洪《神仙传》记载："麻姑，建昌人，修道于牟州东南余姑山。三月三日西王母寿辰，麻姑在绛珠河畔以灵芝酿酒，为王母祝寿。"据葛洪《神仙传·麻姑传》："麻姑至，……年十八九许。于顶中作髻，余发垂至腰。其衣有文章，而非锦绮，光彩耀目，不可名状。入拜方平，方平为之起立。……麻姑自说云：接侍以来，已见东海三为桑田。"因三见沧海变为桑田，故古时以麻姑喻高寿。

④洗（měi）：沾污，玷污。

【译文】

茶如佳人，文采虽然绝妙，却不适宜用来形容山林之茶。苏东坡曾赋诗："从来佳茗似佳人。"曾茶山也曾赋诗："移人尤物众谈夸。"这些都是以佳人喻茶。但是如果用来说山林之茶，应该用毛姑、麻姑来比喻，自然就能带出一片仙风道骨，不染烟霞。如果非要用桃脸柳腰的女子来做比喻的话，还是把她们藏于销金帐中吧，不要让我的泉水奇石俗气。

【原文】

鸿渐有云："烹茶于所产处无不佳，盖水土之宜也。"此诚妙论。况旋摘旋瀹①，两及其新邪。故《茶谱》亦云②："蒙之中顶茶，若获一两，以本处水煎服，即能祛宿疾。"是也。今武林诸泉，惟龙泓入品，而茶亦惟龙泓山为最。盖兹山深厚高大，佳丽秀越，为两山之主。故其泉清寒甘香，雅宜煮茶。虞伯生诗③："但见飘中清，翠影落群岫。烹煎黄金芽，不取谷雨后。"姚公绶诗④："品尝顾渚风斯下，零落《茶经》奈尔何。"则风味可知矣，又况为葛仙翁炼丹之所哉！又其上为老龙泓，寒碧倍之。其地产茶，为南北山绝品。鸿渐第钱唐天竺、灵隐者为下品，当未识此耳。而《郡志》亦只称宝云、香林、白云诸茶⑤，皆未若龙泓之清馥隽永也。余尝一一试之，求其茶泉双绝，两渐罕伍云⑥。

【注释】

①瀹（yuè）：煮。

②《茶谱》：此处的茶谱为毛文锡所著。毛文锡，唐末五代时人，字珪任后蜀翰林学士，升为内枢密使，加为文思殿大学士，拜为司徒。著有《前蜀纪事》《茶谱》。《茶谱》涉及了四十余种唐代贡茶，以及唐后期各种名茶的产地、产量、品味。此处原文为："蒙之中顶茶，尝以春分之先后，多构人力，俟雷之发声，并手采摘，三日而止，若获一两，以本处水煎服，即能祛宿疾。"此处的蒙为蒙顶山。

定窑柿釉盏托

③虞伯生：虞集（1272—1348 年），字伯生，宋丞相虞允文五世孙。元代著名诗人，名句"杏花春雨江南"为世人传唱。虞集其文与揭傒斯、柳贯、黄溍并称"元儒四家"，其诗与揭傒斯、范梈、杨载齐名，人称"元诗四家"。此处所引诗文源自《游龙井》，此诗被认为是最早的龙井茶入诗之作，原诗为："杖藜入南山，却立赏奇秀。所怀玉局翁，来往绚履旧。空余松在涧，仍作琴筑奏。徘徊龙井上，云气起晴昼。入门避沾洒，脱屦乱苔甃。阳岗扣云石，阴房绝遗构。澄公爱客至，取水挹幽窦。坐我薝卜中，余香不闻嗅。但见瓢中清，翠影落群岫。烹煎黄金芽，不取谷雨后。同来二三子，三咽不忍嗽。讲堂集群彦，千礎坐吟究。浪浪杂飞雨，沉沉度清漏。令我怀幼学，胡为襄章绶。"

④姚公绶：姚绶，字公绶，明代画家，《秋江鱼隐图》《竹石图》即是其传世名作。田汝成所著《西湖游览志》第四卷记载了姚绶的这首诗："龙井泉头与客过，计程远度石嵯峨。菜畦麦陇连山麓，僧寺人家各涧河。决决流霜叶乱，斑斑飞雉夕阳多。

品尝顾渚风斯下，零落《茶经》奈尔何。"

⑤《郡志》：指余杭郡郡志。

⑥两浙：浙为浙江，古人所谓浙浙，实指一水。两浙，浙东和浙西。参阅王国维《浙江考》。

【译文】

陆羽说："在茶的原产处烹茶，茶味没有不好的，那是因为水土相和。"这诚然是妙论。更何况刚刚摘下茶就立刻烹煮，茶和水都极其新鲜。所以《茶谱》也曾记载："蒙顶山上的中顶茶，若能采摘一两，用本地的水加以煎服，能祛除宿疾。"这个记载说的也是水土相合的道理。现在武林的诸多泉水，只有龙泓的泉水水品上好。茶，也是龙泓山的茶最好。这是因为龙泓山深厚高大，佳丽秀越，是两山之主，所以这里的泉水清寒甘香，非常适合煮茶。虞伯生诗："但见飘中清，翠影落群岫。烹煎黄金芽，不取谷雨后。"姚公绶诗："品尝顾渚风斯下，零落《茶经》奈尔何。"此中风味可想而知，更何况这里还是葛洪葛仙翁炼丹之地啊！龙泓泉上是老龙泓，泉水更加清寒碧绿。这里所产的茶，被称为南北山之绝品。陆羽将钱塘天竺、灵隐两寺所产茶称为下品，应该是还不知道老龙泓的茶。而当地的《郡志》也只夸赞宝云、香林、白云等茶，但是这些茶都没有龙泓之茶清馥甘美，回味悠长。我曾一一尝试过，想找到茶与泉水最佳的搭配，但是两浙之地很少有能匹配的。

【原文】

龙泓今称龙井①，因其深也。《郡志》称有龙居之，非也。盖武林之山②，皆发源天目，以龙飞凤舞之谶③，故西湖之山，多以龙名，非真有龙居之也。有龙则泉不可食。泓上之阁，亟宜去之。浣花诸池，尤所当浚。

【注释】

①井：深。

②武林：杭州别称。

③谶（chèn）：将来能应验的预言、预兆。

【译文】

龙泓现在被称为龙井，是因为龙泓非常深。《郡志》说有龙居住在这里，事实则不是这样。因为杭州的山脉，都是发源于天目山，因为山脉有龙飞凤舞之兆，所以西湖

四川蒙顶山茶园

边的山，很多都以龙命名，并不是真的有龙居住。有龙居住的泉水是不可食用的。龙泓上盖造的阁楼，应当去除。而那些浣花池，也应当清理疏通。

【原文】

鸿渐品茶又云："杭州下，而临安、於潜生于天目山，与舒州同，固次品也。"叶清臣则云①："茂钱唐者，以径山稀。"今天目远胜径山，而泉亦天渊也。洞霄次径山。

【注释】

①叶清臣（1000—1049 年）：字道卿，宋代苏州长洲人，官至翰林学士，权三司使。著《述煮茶泉品》，罗列出二十种泉水。

【译文】

陆羽品茶中说："杭州以下，临安、於潜两地也是源于天目山，和舒州是一样的，这里的茶是次品。"叶清臣则说："钱塘的诸多茶树中，以径山的茶最好。"现

豆青乾隆御制茶诗盘

在天目山的茶远好过径山茶，两地的泉水相比，也有天渊之别。洞霄的茶比径山的茶还要差一些。

【原文】

严子濑①，一名七里滩，盖砂石上，曰濑、曰滩也②。总谓之浙江。但潮汐不及而且深澄，故入陆品耳。余尝清秋泊钓台下，取囊中武夷、金华二茶试之，固一水也，武夷则黄而燥洌，金华则碧而清香，乃知择水当择茶也。鸿渐以婺州为次③，而清臣以白乳为武夷之右④，今优劣顿反矣。意者所谓离其处，水功其半者耶？

【注释】

①严子濑（lài）：严陵濑，东汉严光隐居垂钓处。

②濑：沙石上流过的急水。

③婺州：指的是婺州茶，汤色如碧乳。因产茶之地有玲珑巨石，巨岩重叠犹如仙人举岩，又称为婺州举岩茶。源于晋，兴于唐宋、盛于明清，至今已享誉千年。唐朝至五代时期为十大茗品之一。

④武夷：福建的武夷山从唐代就产茶，其中在宋代作为贡茶与北苑贡茶齐名，有"石乳""龙团"等名目。白乳：茶名，宋代建州北苑贡茶之一，为蒸青团茶。

【译文】

严子濑又名七里滩，这是因为砂石上水流较急，所以也叫作滩。总称为浙江。由于潮汐不到达这里，这里的水深而且水色澄清，因此被陆羽列入上品的水。我曾经在清秋泊钓台下，以武夷、金华二地的茶来试水。虽然是用同一种水烹茶，但是武夷的茶就显得色黄且性燥洌，金华的茶就显得碧绿清香。由此可知，选择水的同时也需要选择茶。陆羽认为婺州茶不好，而叶清臣则以白乳茶为武夷诸茶中的上品，二者的评价是截然相反的。难道是说离开了产地，水的功效就大打折扣了吗？

【原文】

茶自浙以北者皆较胜。惟闽、广以南，不惟水不可轻饮，而茶亦当慎之。昔鸿渐未详岭南诸茶，仍云"往往得之，其味极佳"。余见其地多瘴气①，染着草木，北人食之，多致成疾，故谓人当慎之，要须采摘得宜，待其日出，山霁露收岚净可也。

【注释】

①瘴（dān）：热症，湿热症。疠（lì）：瘟疫。

十竹斋·严光像

【译文】

在浙水以北的茶都比较好。而在闽、广的南面，不仅不能轻易地饮用那里的水，就是茶也要谨慎选择。以前陆羽也没有详细地点评岭南的茶，只是简单地说"经常得到一些岭南的，味道很好"。我觉得岭南多有湿热瘴气，瘴气沾染在草木上，北方来人服食这里的草木，常会造成疾病，因此要慎重。采摘这里的茶叶要采取适当的方法，要等待太阳出来，天气放晴，露水都消散之后才可以采摘。

【原文】

茶之团者片者，皆出于碾硙之末，既损真味，复加油垢，即非佳品，总不若今之芽茶也。盖天然者自胜耳。曾茶山《日铸茶》诗①："宝铐自不乏，山芽安可无?"苏子瞻《壑源试焙新茶》诗："要知玉雪心肠好，不是膏油首面新"，是也。且末茶瀹之有屑，滞而不爽，知味者当自辨之。

【注释】

①曾茶山：曾几，南宋诗人。字吉甫，号茶山居士。此处所引诗文源自《游龙井》，原诗为："宝銙自不乏，山芽安可无？子能来日注，我得具风炉。夏木嘥黄鸟，僧窗行白驹。谈多唤坐睡，此味征时须。"

【译文】

茶，无论是团茶还是片茶，都是经过碾制成末，不仅仅损害了茶的原味，而且还加入了油垢，这样制成的茶就不能算是好茶了，不如用新鲜嫩芽制成的芽茶。因为芽茶不损茶之天然，因此比团茶和片茶要好。曾茶山《日铸茶》诗："宝銙自不乏，山芽安可无？"苏子瞻《壑源试焙新茶》诗："要知玉雪心肠好，不是膏油首面新"，说的就是这个道理。而且碾制的茶在冲泡的时候会有茶屑，品茶的时候能感觉到茶汤滞涩不顺畅，精于茶味品评的人应当亲身鉴别。

【原文】

芽茶以火作者为次，生晒者为上，亦更近自然，且断烟火气耳。况作人手器不洁，火候失宜，皆能损其香色也。生晒茶，瀹之瓯中，则旗枪舒畅①，清翠鲜明，尤为可爱。唐人煎茶，多用姜盐。故鸿渐云："初沸水，合量，调之以盐味。"薛能诗②："盐损添常戒，姜宜著更夸。"苏子瞻以为茶之中等，用姜煎信佳，盐则不可。余则以为二物皆水厄也。若山居饮水，少下二物，以减岚气或可耳。而有茶，则此固无须也。

【注释】

①旗枪：幼嫩的茶叶。宋熊蕃《宣和北苑贡茶录》："次曰拣芽，乃一芽带一叶者，号一枪一旗。"

②薛能：晚唐诗人。宋代洪迈评其格调不高，且妄自尊大。但与其同时代的僧人无可却赞其"诗古赋纵横，令人畏后生"。此处所引诗文源自《蜀州郑使君寄鸟嘴茶因以赠答八韵》，原诗为："鸟嘴撷浑牙，精灵胜镆铘。烹尝方带酒，滋味更无茶。拒碾干声细，撑封利颖斜。衔芦齐劲实，啄木聚菁华。盐损添常戒，姜宜著更夸。得来抛道药，携去就僧家。旋觉前瓯浅，还愁后信赊。千惭故人意，此惠敌丹砂。"

【译文】

芽茶，以生晒的方法制茶比用火烘焙制作要好，因为生晒法更贴近自然，而且去

杜堇《梅下横琴图》

除了烟火之气。更何况在烘焙的时候，人手要翻动茶叶，如果人手和烘焙的器具不洁净，火候又不适宜，都会损害茶叶的色泽和香气。生晒好的茶叶，冲泡在瓶中，幼嫩的茶叶在茶汤中舒展，色泽青翠鲜明，非常可爱。唐代人煎茶，经常用姜、盐。所以陆羽才说："根据第一遍滚水的水量，加点盐调味。"薛能诗里也写："盐损添常戒，姜宜著更夸。"而苏东坡认为那些中等的茶叶，加点姜煎茶是很好的，盐则是不可以加的。而我认为姜和盐都会对水味造成损害。如果是居住在山里，在水中稍微加点姜和盐，去掉一些山上的湿气是可以的。但是有了茶，这些就不必了。

【原文】

今人荐茶①，类下茶果，此尤近俗。纵是佳者，能损真味，亦宜去之。且下果则必用匙，若金银，大非山居之器，而铜又生腥，皆不可也。若旧称北人和以酥酪，蜀人入以白盐，此皆蛮饮，固不足责耳。

【注释】

①荐茶：这里的荐茶，如同《茶谱》的点茶，见《茶谱》点茶条。

【译文】

现在人点茶，多半都在茶中加些果品，这样的做法是很俗气的。即使是很好的果品，也会损害茶叶的味道，不要采用这种方法。而且加果品必然要用茶匙，如果是金银制作的茶匙，和山居生活根本就不协调，而铜茶匙又会有腥气，这两种都不可取。过去，北边的人烹茶时加入酥酪，蜀地的人加白盐，这些都是粗鲁无理的饮茶之法，也不值得责备。

【原文】

人有以梅花、菊花、茉莉花荐茶者，虽风韵可赏，亦损茶味。如有佳茶，亦无事此。

【译文】

有人用梅花、菊花、茉莉花点茶，虽然能观赏花与茶的风韵，但是依然会损害茶味。如果有好茶的话，这些都不必做。

【原文】

有水有茶，不可无火。非无火也，有所宜也。李约云①："茶须缓火炙，活火煎。"活火，谓炭火之有焰者，苏轼诗"活火仍须活水烹"是也。余则以为山中不常得炭，且死火耳，不若枯松枝为妙。若寒月多拾松实，畜为煮茶之具更雅。

【注释】

①李约：唐朝宗室，郑王元懿玄孙、汧公李勉之子，其诗仅传世十首。

【译文】

有水有茶，不可无火。不是说没有火，而是说火要适宜。李约云："茶须要用缓火来烤，用活火煎茶。"活火，就是带有火焰的炭火。苏轼诗"活水仍须活火烹"，说的就是这个道理。我觉得在山里不能常得到炭，而且炭终究是死火，还是点燃枯松枝生火最好。在天冷之时，多捡些松果，储藏起来用来煮茶则更加清雅。

【原文】

人但知汤候，而不知火候，火然则水干，是试火先于试水也。《吕氏春秋》①：伊尹说汤五味，九沸九变，火为之纪。

【注释】

①《吕氏春秋》：由秦国丞相吕不韦组织属下门客们集体编撰，因内容涉及儒、法、道等先秦诸家学说，故被认为是杂家。又名《吕览》。此书共分为十二纪、八览、六论，共十二卷，一百六十篇。此处原文为："五味三材，九沸九变，火为之纪。时疾时徐，灭腥去臊除膻，必以其胜，无失其理。"五味指酸、甜、苦、辣、咸；三材，指水、木、火，就是说很多的味道和材料，烧的时间越长，变化越多，火是来节制变化的，以火的大小来控制。有时烧的要快，有时要慢，去除腥气和臊膻之气，这样用火，才不会失去材料的天然素质。

【译文】

一般人都知道汤候，却不知道火候，火大则水干，所以要在试水之前先调好火的大小。《吕氏春秋》记载：伊尹说诸多味道，烧的时间越长，变化也越多，火是来控制变化的。

【原文】

汤嫩则茶味不出，过沸则水老而茶乏。惟有花而无衣，乃得点瀹之候耳①。

【注释】

①瀹（yuè）：煮。

【译文】

汤水温度太低，那么茶就冲泡不出味道。但是温度太高，茶就会冲泡过头而失味。

看到水沸腾有水花，但是水面还没有形成薄膜状，这样的水，才是点茶的恰当时候。

【原文】

唐人以对花啜茶为杀风景，故王介甫诗："金谷看花莫谩煎。"①其意在花，非在茶也。余则以为金谷花前，信不宜矣，若把一瓯，对山花啜之，当更助风景，又何必羔儿酒也。

【注释】

①"故王介甫"二句：王安石（1021—1086 年），字介甫，号半山，唐宋八大家之一。"金谷看花莫谩煎"，此句出自《寄茶与平甫》，原诗为："碧月团团堕九天，封题寄与洛中仙。石楼试水宜频啜，金谷看花莫谩煎！"

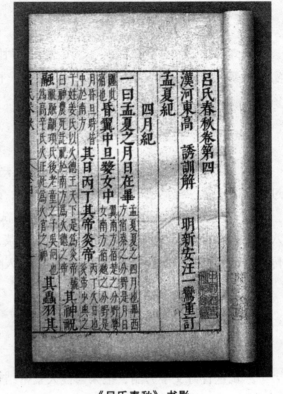

《吕氏春秋》书影

【译文】

唐代人以对着花饮茶为煞风景。所以王介甫诗说："金谷看花莫谩煎。"诗里的意境在花而不是在茶。我则认为在金谷花前饮茶，并非不合适，倘若拿一瓶茶，对着山花啜饮，更助风景雅兴，根本不需要什么羔儿酒助兴。

【原文】

煮茶得宜，而饮非其人，犹汲乳泉以灌蒿莸①，罪莫大焉。饮之者一吸而尽，不暇辨味，俗莫甚焉。

【注释】

①莸（yòu）：古书上指一种有臭味的草。

【译文】

茶煮得好，倘若饮茶的人不对，好比用甘美的泉水去灌溉有臭味的蒿草和莸草，实在是暴殄天物。如果饮茶的人一口而尽，根本来不及辨别鉴赏茶味，那就实在太俗了。

【点评】

本节论茶与水的关系，看起来是侧重茶，其实仍旧是以水对茶的作用为主题。不过艺蘅的手笔洋洋洒洒，不觉间涉及了茶韵、烹茶、制茶、品饮的方方面面。

其一是茶韵，虽没有正面点出，却与苏轼做了一番较量。苏轼嗜茶，有茶诗留世八十余首，且斗茶技艺高超，曾以竹沥水烹茶，以低品级的茶赢过了蔡襄高品级的茶，传为佳话。苏轼的个性浪漫豪放，诗中以佳人喻茶，所谓：

仙山灵雨湿行云，洗遍香肌粉未匀。

明月来投玉川子，清风吹破武林春。

要知玉雪心肠好，不是膏油首面新。

戏作小诗君勿笑，从来佳茗似佳人。

苏轼这首诗文字秀丽，把茶与佳人紧密结合。高山上的仙子抹了细细研磨的脂粉，夜奔于诗人（玉川子原为卢仝自号，此处借喻诗人自己），而诗人则特别指出仙子的美丽，并非仅仅在于外表，更在于她的冰雪心肠，也就是茶的破闷脱俗的品性。只是，这样一来，意蕴终究是有些暧昧，磨茶的过程竟成了研磨脂粉的过程。这茶仙子居然还倒过来爱慕诗人，"清风吹破武林春"，想必是委身于诗人也不一定。所以，苏轼这首诗，虽然文字功夫了得，那赞茶的成分，却多是表面功夫，内底里，还是文人骚客的一段风流自爱。

这事原无人点破。只是那艺蘅纵横风月多年，经验原极丰富，到了中年改悔，浪子回头。不免对茶的清韵格外爱戴守护，老苏这一番矫情逃不过他的慧眼。因此他痛斥道：

若欲称之山林，当如毛女、麻姑，自然仙风道骨，不浇烟霞可也。必若桃脸柳腰，宜亟屏之销金帐中，无俗我泉石。

这话很重了，是说老苏既不懂茶的清韵，也不懂女性的美。毛女、麻姑，都是历史上著名的女仙，寿命悠长，号称几番见沧海桑田，她们的仙风道骨、超凡脱俗，正合茶高贵的清韵，岂是一句"佳人"能够比拟。而苏轼所说的涂脂抹粉、夜奔玉川子的佳人，艺蘅直言不过是"桃脸柳腰"的庸脂俗粉罢了，只适合老苏这样的情致，抱到"销金帐"里去卿卿我我，千万不要来搅和茶事，"俗我泉石"。

平心而论，艺蘅之说善妙！

其二是论茶与水的关系，以及龙井水的特点。

以当地水烹当地茶，这是自陆羽、朱权以来的公论。大概是因为一个地方的水土，即水中含有物质元素比例对植物的生长起到很大的影响，因此，用当地的水来烹当地的茶，便不会发生意料之外的化学反应，导致茶味的损失。艺蘅又指出，之所以这样

玉川先生煎茶图

烹茶味道比较好，还和水与茶的新鲜度有很大关系。水是刚取的泉水，茶是新茶，水土相合，自然是茶水交融，甘香可口。这就好像是刚出炉的面包，其香气口感都是冷面包无法比拟的。

今天很多游客在茶产区品茶，觉得滋味厚美，就解囊购买。等到了家里，怎么冲泡也不是那个味道，遂大呼受骗上当。其实也未必尽然。旅游地的茶，尤其是绿茶，为了保证在试饮时口味醇正，一般都是低温保存，有些根本就是新茶，再加上用当地山泉烹制，喝起来自然就上了两个档次。买回家中之后，一来大部分人是用自来水冲泡，余氯生成的物质会与茶发生反应，二来绿茶经历了高温，品质下降，两个因素叠加起来，那味道便跌入凡尘。因此，不管是发酵茶还是绿茶，都应该低温保存，分为小包，密封妥当后放到冰箱的冷藏室，喝的时候拆开取用，这样就不会变质。而水的方面，最公道的是纯净水，把纯净水烧开了泡茶，能喝到茶的本味。

艺蘅在文中也指出，不同的茶对水的适应性也不同，这就给比较茶、水的品质增

添了难度。"固一水也，武夷则黄而燥冽，金华则碧而清香，乃知择水当择茶也"，其实，如果都用武夷的水来烹制，只怕就是武夷更胜一筹了。以当时的条件，也做不到同时取两地的水来烹两地的茶，这事便成了古人心中的悬疑。今天看来，不妨采取纯净水的方式试茶，悬疑当可迎刃而解。纯净水中不含有机、无机物质，不会对茶起到推波助澜或者降低品级的作用，用纯净水泡茶，就能很好地鉴定茶的品质。当然，这种方法并不能发挥出茶水交融的最高境界，只是作为一个参照罢了。

作为杭州人，艺蘅对龙井水情有独钟。"今武林诸泉，惟龙泓入品，而茶亦惟龙泓山为最。盖兹山深厚高大，佳丽秀越，为两山之主，故其泉清寒甘香，雅宜煮茶。"山体高大，对水的孕育作用就好，这是大山出良泉的一个重要因素。艺蘅所言不谬。

袁耀《山水图》

文中又说老龙泓的水比龙泓更好，"寒碧倍之"，但没有点出原因。其实，龙泓泉池之中，水有两个来源，一为普通潜水，二为深层地下水，且密度不同，自然分为上下两层。因此，龙泓之水，并非单纯的深层地下水。而老龙泓则可能是纯粹的深层地下水，所以"寒碧倍之"。

以龙井水烹龙井茶，汤色碧绿，口感清丽无比，确实非同一般。然而，今天的龙井茶，要想喝到正宗的太难，不少标着龙井的，却是杭州周边茶园所产，甚至是四川所产。这些茶，即便用龙井水来冲泡，也难现龙井之美了。

其三是制茶与品饮。艺蘅的看法，较朱权又进一步，他全面否定有损天然、混杂世俗的团茶，以为"茶之团者片者，皆出于碾硙之末，既损真味，复加油垢，即非佳品，总不若今之芽茶也"。摆明了力挺芽茶，也就是今天我们喝的绿茶。

不但全面否定团茶的品质，顺带连碾茶为末，点茶品饮的古俗也一并否定了，"末茶瀹之有屑，滞而不爽，知味者当自辨之"，这是说，碾茶，不管碾得再细，也只是一种悬浊液，终究是一种表面上的茶水交融，喝到嘴里，如果细细辨识的话，还是会有滞涩不爽、不够流畅的感觉，必定会影响品茶的情致。而高档的绿茶，冲泡得宜的话，入口舌面有绵绵不绝、细腻润滑的质感，整体感受则通透流畅，确实是人间一大美事。日本茶道在磨茶时，追求极致的细腻，除了起汤花之外，大概也是为了规避滞涩的感觉。然而时过境迁，今天即便在日本本土，大部分所谓抹茶也是机磨，远远达不到手工磨制的品质。艺蘅如果品尝了日本抹茶，不知会有什么评价。

绿茶需要杀青，可以炒青，也可以晒青，艺蘅力主晒青。"芽茶以火作者为次，生晒者为上，亦更近自然，且断烟火气耳。况作人手器不洁，火候失宜，皆能损其香色也。"他以为烘青既然动用锅灶炭火，难免会沾染烟火气，而且，制茶之人手上的气息，也融入茶中，难免让他怀疑损害了茶的真味。同时，如果是晒青的茶，在杯中冲泡时，叶面会自然舒展，还原到自然的模样，也很有审美的价值。

然而，艺蘅没有提到，晒青固然理想，却受制于天气变化与日光强度，在天气多变的江浙一带，操作起来，是要担些风险的。今天的龙井茶，一般采摘之后，在室内摊放一段时间后开始炒青，手法相当复杂，这在很大程度上决定着龙井的品质。看来，艺蘅的想法并没有被后人接受。

至于唐宋期间人们喜欢在水中放盐和姜的做法，艺蘅认为"皆水厄也"，这两种东西，对茶味的破坏，简直是灾难性的。这其实是芽茶口味清丽的缘故。如果是唐宋的那种老茶饼，想来放些姜、盐也未必就多么得不合适。芽茶兴起之后，茶家普遍不再添加姜、盐，与茶的品种大有关系，不应该以发展之名而一概否定。今天也有少数茶客恢复唐宋品饮方式，照样会在茶中放入各种调味料，据说也是滋味十足。

候汤方面也有些创见，例如汤候与火候之说，艺蘅以为水烧得好不好，不全在水沸腾的表面现象，还在于火用的是否合适。艺蘅主张急火攻水，减少加热的时间，或许这样可以减少水里物质的变异。烹调中常常要讲究火的阶段缓急，也可以爱作旁证。不过，古人反对用枯枝烧水，是担心水里窜入了烟火气，艺蘅用松枝松球烧火，如何避免这一点，却没有详做说明。

灵水

【原文】

灵，神也①。天一生水②，而精明不淆。故上天自降之泽，实灵水也，古称"上池之水"者非也③。要之皆仙饮也。

【注释】

①灵：神灵之意。

②天一生水：见于《河图》："天一生水，地六成之。"

③上池之水：段逸山主编的《医古文·扁鹊传》一文中"上池之水"的注释为"未沾到地面的水"。《本草纲目·半天河》中："上池水，陶弘景曰：'此竹篱头水及空树穴中水也。'"

【译文】

灵，其义为神灵。天一生水，精明而不浑浊。自天而降的水，就是含有灵气的水，古人所说的"上池之水"不也是这样吗？得到的话都是仙饮。

【原文】

露者，阳气胜而所散也①。色浓为甘露，凝如脂，美如饴，一名膏露，一名天酒。《十洲记》②："黄帝宝露。"《洞冥记》③："五色露。"皆灵露也。《庄子》曰："姑射山神人，不食五谷，吸风饮露。"④《山海经》⑤："仙丘绛露，仙人常饮之。"《博物志》⑥："沃渚之野，民饮甘露。"《拾遗记》⑦："含明之国，承露而饮。"《神异经》⑧："西北海外人长二千里，日饮天酒五斗。"《楚辞》⑨："朝饮木兰之坠露。"是露可饮也。

【注释】

①露：《大戴礼》："阳气胜，则散为雨露。"《五经通义》："和气津凝为露。"

②《十洲记》：又名《海内十洲记》。此书的缘起为"汉武帝既闻王母说八方巨海之中，有祖洲、瀛洲、玄洲、炎洲、长洲、元洲、流洲、生洲、凤麟洲、聚窟洲，有此十洲，乃人迹所稀绝处。又始知东方朔非世常人，是以延之曲室，而亲问十洲所在，所有之物名，故书记之。"但《汉书·东方朔》中并未提及该书。故通常认为此书为六

朝之人假借东方朔之名所著。

③《洞冥记》：又作《汉武帝别国洞冥记》，后汉郭宪撰。郭宪，字子横，东汉初人。洞冥的意思是洞了神仙之密，郭宪自序言："况汉武帝，明俊特异之主，东方朔因滑稽浮诞，以匡谏洞心于道教，使冥迹之奥，昭然显著。"

④庄子（约前369—前286年）：庄周，宋国蒙（今安徽蒙城）人，是道家学说的主要创始人，与道家始祖老子并称为"老庄"。庄子被唐明皇封为南华真人，《庄子》受封为《南华经》。"姑射山神人，不食五谷，吸风饮露"，出自《庄子·逍遥游》一篇。

刘贯道《庄周梦蝶图》

⑤《山海经》：上古神话汇编，分为《山经》五卷和《海经》十三卷。记载了夸父逐日、女娲补天、精卫填海、鲧禹治水等上古神话。《山海经》的书名虽最早见之于《史记》，而直到汉武帝时，刘向、刘歆父子奉命校勘整理经传诸子诗赋，《山海经》方公之于众。

⑥《博物志》：西晋张华（232—300年）编撰，记载神仙异境、方术奇物、山川地理。

⑦《拾遗记》：作者东晋王嘉，书中多载神仙传闻，梁朝萧清称其为"博采神仙之事，妙万物而为言，盖绝世而弘博矣"。

⑧《神异经》：中国古代志怪小说集，一卷，旧本题汉东方朔撰。

⑨《楚辞》：汉代刘向把屈原的作品及宋玉等人的作品编辑成集，名为《楚辞》。

【译文】

露水，在阳气胜起的时候就会失散。颜色浓郁的是甘露，凝结如脂，甜美如饴，也被叫作膏露，或者被称为天酒。《十洲记》记载："黄帝宝露。"《洞冥记》记载："五色露。"这些都是蕴含灵气的露。《庄子》说："姑射山神人，不食五谷，吸风饮露。"《山海经》说："仙丘绛露，仙人常饮之。"《博物志》记载："沃渚之野，民饮甘露。"《拾遗记》记载："含明之国，承露而饮。"《神异经》记载："西北海外人长二千里，日饮天酒五斗。"《楚辞》记载："朝饮木兰之坠露。"这些都是可以饮用的露。

【原文】

雪者，天地之积寒也。《氾胜书》①："雪为五谷之精。"《拾遗记》："穆王东至大骑之谷，西王母来进嵊州甜雪。"是灵雪也。陶谷取雪烹团茶②。而丁谓煎茶诗③："痛惜藏书箧，坚留待雪天。"李虚己《建茶呈学士》④："试将梁苑雪，煎动建溪春。"是雪尤宜茶饮也。处士列诸末品，何邪？意者以其味之燥乎？若言太冷，则不然矣。

不求大士瓶中露，为乞嫦娥槛外梅。

【注释】

①《氾胜书》：《氾胜之书》原名《氾胜书》，西汉农学家氾胜之著。是我国最早由个人独立撰写的农书，也是世界上最早的农学专著。《隋书》始称《氾胜之书》。原书约在北宋初期亡佚。

②陶谷：五代至北宋人，字秀实，邠州新平（今陕西邠县）人。有诗名，自号鹿门先生。著有《清异录》，其中关于茶的部分为《荈茗录》，是《清异录》的一部分。

③丁谓：此处所引诗文源自《煎茶》，原诗为："开缄试雨前，须汲远山泉。自绕

风炉立，谁听石碾眠。细微缘入麝，猛沸恰如蝉。罗细烹还好，铛新味更全。花随僧箸破，云逐客瓯圆。痛惜藏书箧，坚留待雪天。睡醒思满啜，吟困忆重煎。只此消尘虑，何须作酒仙。"

④李虚己：字公受，宋代建安（今福建建瓯）人，其婿为宋代著名词人晏殊，著有《雅正集》二十卷。此处所引诗文源自《建茶呈使君学士》，原诗为："石乳标奇品，琼英碾细文。试将梁苑雪，煎动建溪春。清味通宵在，余香隔坐闻。遥思摘山月，龙焙未春分。"

【译文】

雪者，天地间寒气的累积。《汜胜书》："雪为五谷之精。"《拾遗记》记载："穆王东至大骑之谷，西王母来进嵘州甜雪。"这些是蕴含灵气的雪。陶毂用雪水来烹煮团茶。而丁谓的煎茶诗也写道："痛惜藏书箧，坚留待雪天。"李虚己的《建茶呈学士》："试将梁苑雪，煎动建溪春。"这些都说明雪水是适宜用来饮茶的。但是雪水却被陆羽列为诸水之中的末品，这是为什么呢？是说雪的性味略带有燥性？如果说雪太冷的话，倒也不尽然。

【原文】

雨者，阴阳之和，天地之施，水从云下，辅时生养者也。和风顺雨，明云甘雨。《拾遗记》："香云遍润，则成香雨。"皆灵雨也，固可食。若夫龙所行者，暴而霪者①，旱而冻者，腥而墨者，及檐溜者，皆不可食。

【注释】

①霪（yín）：连绵不停的雨。

【译文】

雨是天地间阴阳相和，天地所布施之物，水从云而下，和天时相应则能生息万物。风和雨顺，则云气明朗雨水甘甜。《拾遗记》："香云遍润，则成香雨。"这些都是蕴含灵气的雨，是可以饮用的。但如果雨水磅礴，有若龙行其间；或者大雨顷刻而来，又连绵不止；或天时干旱且冷；或者腥气浓重，色泽发黑；或者从屋檐上滴落下来的水，这些雨水都是不能喝的。

【原文】

《文子》曰①："水之道，上天为雨露，下地为江河。"均一水也，故特表灵品。

【注释】

①《文子》：文子，姓文，尊称子，其名字及籍贯已不可确考。《文子》为文子所著。最早为刘向的《七略》所收录。《汉书·艺文志》依此收录《文子》九篇，班固在收录《文子》九篇时自注："老子弟子，与孔子并时，而称周平王问，似依托者也。"

【译文】

《文子》说："水之道，上天为雨露，下地为江河。"雨露江河都是水，所以特别表述水中的灵品。

【点评】

露水、雪水、雨水，统称为无根水。这些都是大气中的水蒸气转化而来，在古代没有制作纯净水、蒸馏水技术的时候，常常用作药引。大抵是因为其中的杂质少，用来烹药，不会改变药性。泉水虽然味道好，但含有的矿物质多，倒不一定适合入药。《西游记》第 69 回，孙悟空给朱紫国国王治病，要用那无根水来做药引，称："井中河内之水，俱是有根的。我这无根水，非此之论，乃是天上落下者，不沾地就吃，才叫作无根水。"结果是那国王吃了马尿和制的药丸，又喝了龙王打喷嚏的口水，病竟然就痊愈了。古人的玩笑，开得也相当离谱。

说到雪水，又不免要提到《红楼梦》，那妙玉收集梅花上的雪水烹茶，几乎成了现代各路茶书的老生常谈。然而文学作品，到底是有些夸张的，妙玉的梅花雪水，在地底埋了 5 年，果然便像酒一样愈陈愈香吗？只怕也是未必。

雪水适合烹茶，本是茶家的公论。艺蘅对陆羽把雪水品作水中最差很是不解。然而把雪水评作最下品，并非陆羽所论，艺蘅受了张又新《煎茶水记》的误导。张又新《煎茶水记》又称《水品》，自称是记录了陆羽评水之说，其中所说，多与陆羽的意思相悖，因此早在宋代，欧阳修就把它判为"妄说"，今人也多以为《水品》故弄玄虚，假借陆羽的部分说法，掺入了张又新自己的看法。况且陆羽一生游历，多为巴蜀一带，评水也是单谈水性（泉水、井水、河水），而不说具体的水脉，何以要把各路水体拿来与雪水单独比较呢？另外，艺蘅猜测雪水"味之燥"，也实无依据，依中医理论，雪水之性大寒，何来燥热之说？

自来雪水烹茶，味道甘醇，情境清幽，为文人所推崇。所谓"闲来松间坐，看煮松上雪"（唐陆龟蒙）、"雪夜清甘涨井泉，自携茶灶就烹煎"（宋陆游），意蕴清雅，天人合一，实在是与茶道体悟天心的追求极为契合。就连那极其挑剔水重的乾隆皇帝，

妙玉献茶

对雪水的评价也胜过泉水一筹。

艺蘅对《煎茶水记》的说法心存疑惑，却未受其扰，仍旧给雪水很高的地位。不过，不管是用露水还是用雪水烹茶，其实是需要些处理的。其一，最好直接用器具收集，避免用屋檐的滴水，这样可以规避二次污染；其二，收集之后，应该让这些水充分沉淀，雪水可以密封深埋，雨水则应该放在露天阴凉处，开口承接露水。承接露水的方法，也可以用来处理普通的井水、河水。无根之水虽然是由水蒸气凝结而来，但本身却会掺杂灰尘，尤其是刚刚下雨或者下雪的时候，等于给空气作洗浴，那时的水，是不可取用的。

明代朱国桢因泉水难得，就把日常用水煮开后倒入大瓷缸，到了夜里"开缸受露"，这样三天之后，绝大多数杂质沉淀（据说缸底积垢达到两三寸），可以得到媲美泉水的饮用水。朱国桢用的水，大概是河水。因为就算是硬度较高的井水，煮沸后钙镁离子结合成为水垢沉淀，也不至于到了"积垢二寸、三寸"的地步。只有河水，其中本来就含有泥沙，才有这般惊人的积垢。今天的自来水含有余氯，也可以参照这种方法来处理，把自来水用大桶接出，放在通风的地方静置一夜，就可以排除大部分的余氯，泡茶的口味提升一大截，对人体也更为有利。至于说是否应该煮沸再去承露，就不得而知了。

由朱国桢的做法我们可知，露水的收集不易，古人多是作为点化其他水的引子。就是那挑剔到极点的妙玉，也只能收集梅花上的残雪。但人间之事五花八门，总有异数，清乾隆就很喜欢用荷叶上的露水来烹茶品饮。他贵为天子，发动些人力去收集也不是难事。不过即便如此，露水也非每日可得，总要看看老天的脸色。

灵水一节，令人顿生重返自然之叹。然而，在大机器生产盛行、污染无所不在的今天，就算是瑞士的雪，大概也不能放心地拿来泡茶了。

异泉

【原文】

异，奇也①，水出地中，与常不同，皆异泉也，亦仙饮也。

【注释】

①异：奇异。

【译文】

异，其义为奇异。水冒出地面，又与一般的水不同的话，都是异泉，也是仙饮。

【原文】

醴泉①，醴，一宿酒也，泉味甜如酒也。圣王在上，德普天地，刑赏得宜，则醴泉出。食之，令人寿考。

【注释】

①醴（lǐ）泉：甜美的泉水。醴，甜酒。《礼记·礼运》："故天降膏露，地出醴泉。"

【译文】

醴泉，醴是陈酒，泉水的味道甘甜得和酒一样。圣明的君主在位，他的德行普泽天下，赏罚分明，那么醴泉就会出现于世间。喝了醴泉，能够使人延年益寿。

【原文】

玉泉，玉石之精液也。《山海经》①："密山出丹水，中多玉膏。其源沸汤，黄帝是食。"《十洲记》②："瀛洲玉石高千丈，出泉如酒，味甘，名玉醴泉，食之长生。"又："方丈洲有玉石泉"，"昆仑山有玉水"。《尹子》曰③："凡水方折者有玉。"④

【注释】

①《山海经》：上古神话汇编，分为《山经》五卷和《海经》十三卷。记载了夸父逐日、女娲补天、精卫填海、鲧禹治水等上古神话。《山海经》的书名虽最早见之于《史记》，而直到汉武帝时，刘向、刘歆父子奉命校勘整理经传诸子诗赋，《山海经》方公之于众。

②《十洲记》：又名《海内十洲记》。通常认为此书为六朝之人假借东方朔之名所著。此书保留了不少神话及仙话材料，对绝域异物也有生动的描写。

③尹子：关尹子，关是指老子出函关的关，守关的人叫作关令尹，名字叫作喜，所以称为关令尹喜，后人尊称为关尹子。相传老子西出函关，函关守令尹喜请老子指教。老子为其留《道德经》五千言，骑牛西去，后有《关尹子》一书。

④方折：指水流作直角转折。古代传说方折之水，其下有玉。《艺文类聚》卷八引《尸子》："凡水，其方折者有玉，其圆折者有珠。"

欧阳询《九成宫醴泉铭》

【译文】

玉泉，玉石的精液。《山海经》说："密山有蕴含丹药的泉水，泉水中有玉膏。它的源头是沸腾的热水，黄帝以此为食。"《十洲记》说："瀛州的玉石有上千丈高，出的泉水与酒一样，味道很甜，叫作玉醴泉，喝了之后能够使人延长寿命。"另外又记载"方丈洲有玉石泉"，"昆仑山有玉水"。《尹子》中也说："但凡水流呈直角转折的样子，这样的水是能产出玉石的。"

【原文】

乳泉，石钟乳①，山骨之膏髓也。其泉色白而体重，极甘而香，若甘露也。

老子骑牛图

【注释】

①石钟乳：指碳酸盐岩地区洞穴内在漫长地质历史中和特定的地质条件下形成的石钟乳、石笋、石柱等不同形态碳酸钙沉淀物的总称。它的形成往往需要上万年或几十万年时间。

【译文】

乳泉，石钟乳的精髓。泉水色泽白，水质重，味道特别甘甜清香，就像甘露。

【原文】

朱砂泉，下产朱砂①，其色红，其性温，食之延年却疾。

【注释】

①朱砂：矿物名。又称"丹砂""殊砂""辰砂"。为古代方士炼丹的主要原料，可制作颜料、药剂。

【译文】

朱砂泉，下面有朱砂，泉水的颜色是红的，水性温和，喝了之后能够使人延年益寿，祛除疾病。

【原文】

云母泉，下产云母①，明而泽，可炼为膏，泉滑而甘。

【注释】

①云母：一种造岩矿物，通常呈假六方或菱形的板状、片状、柱状晶形。颜色随化学成分的变化而异，主要随铁含量的增多而变深。

【译文】

云母泉，泉水下有云母石，泉水明亮光泽，可以炼制成膏，泉水滑而且甘甜。

【原文】

茯苓泉，山有古松者多产茯苓①，《神仙传》②："松脂瀹入地中③，千岁为茯苓也。"其泉或赤或白，而甘香倍常。又术泉亦如之。非若杞菊之产于泉上者也。

【注释】

①茯苓：寄生在松树根上的菌类植物，形状像甘薯，外皮黑褐色，里面白色或粉红色。中医用于入药，有利尿、镇静等作用。《淮南子·说山训》："千年之松，下有茯苓。"

②《神仙传》：晋葛洪所著。葛洪自序说此书集古之仙者。全书共十卷。

③瀹（yuè）：浸渍。

【译文】

茯苓泉，有古松的山多出产茯苓，《神仙传》中说："松脂渗到地下，过了千年之后就成了茯苓。"这里的泉水色泽赤红或白色，它的甘香要远高于一般的水。另外术泉也和它一样。而伴生有枸杞和菊花的泉水则不是这样。

【原文】

金石之精，草木之英，不可殚述①。与琼浆并美，非凡泉比也。故为异品。

【注释】

①殚（dǎn）述：详尽叙述。多用于否定。

【译文】

异泉都是金石的精华所聚和草木的英气所凝，不能详尽的叙述。它们和琼浆一样美味，不是一般的泉水可以比的。所以是泉水中奇异之品。

【点评】

"异泉"一节，总共品评了六种泉水，即醴泉、玉泉、乳泉、朱砂泉、云母泉、茯苓泉。这些泉水因为味道独特，又有特殊的医用价值，艺蘅大加好评。

醴，即中国古代的啤酒和甜酒。根据今天的考证，在汉代之前，中国人是会用谷芽酿制啤酒的。到了汉代之后，则改用酒曲酿制甜酒，流传下来，就是今天的黄酒。因此，如果这样说来，汉以前命名的醴泉应该口味接近啤酒，而汉以后命名的醴泉则以甘甜为主要口味。道家养生学说中，又把人的唾液命名为醴，指出唾液的分泌和吞服对人体健康有很大的正面作用。

古来以醴泉命名的泉水不少，如果把啤酒泉也计入醴泉，数量还会大大增加。锡林浩特尔阿尔善宝力格苏木境内，有一处泉水，水温很低，口味类似啤酒，四季不涸。常饮此泉，对胃病、皮肤病和风湿性关节炎都有很好的疗效。夏季人们云集采水饮用。青海省大通回族自治州，也有一处啤酒泉，泉眼达十几个之多，水中夹杂气泡。各种牲口饮水之后竟然上瘾，放着其他水源不喝，宁可跑上好几公里来喝啤酒泉。常饮此水的牲口，毛色也比其他水源地的牲口要鲜亮不少。现在，泉水所在的上滩村，已经被大家称为药水村了。

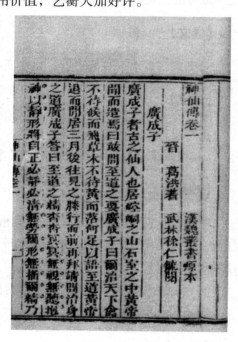

《神仙传》书影

玉泉在古代又名玉液，可以用来谕指多种事物。例如道家就把真气蒸腾上行后，在口中降下的唾液叫作琼浆玉液，认为常常吞服这种唾液，可以还精补脑，长生久视。

医家也很重视玉泉，《神农本草经》认为玉泉味甘，性平，可以治疗"五脏百病，柔筋强骨，安魂魄，长肌肉，益气"。甚至于临死喝五斤的话，可以保证遗体三年不坏，实在是有些神化了。

今天以玉泉命名的泉水不少，北京、杭州、邢台、哈尔滨，都有各自久负盛名的玉泉。只是大部分泉水和玉无关，只有哈尔滨玉泉的产地同时也是我国重要的石材产地。因此，这玉泉与玉，倒真是扯不上太大的关系。

乳泉，是钟乳石上滴下的水。艺蘅搞错了乳泉与钟乳石的母子关系，以为是钟乳石产生了乳泉，其实恰恰相反，是乳泉产生了钟乳石。山体之中，有些水脉含有丰富的碳酸钙，当它从溶洞顶往下滴时，水分不断蒸发，二氧化碳也不断逸出，碳酸钙渐渐积淀，就成为钟乳石。由此可见，所谓"石钟乳，山骨之膏髓也。其泉色白而体重，极甘而香，若甘露也"，其实是因为水中富含碳酸钙和二氧化碳的缘故。

趵突泉

云母泉，也是矿泉的一种，宋朝《方舆胜览》的《岳州志》中，有《井泉》专栏，其中只记载一种泉水，即华容大云寺的云母泉，而同等级的专栏《楼阁》中则记载了岳阳楼和燕公楼，云母泉的地位和岳阳楼有一比。这云母泉在湖南省岳州市华容县境内，从宋代以来就名气极盛，它的灌溉面积很大，据说古来附近居民也很少生各种皮肤病。今天人们对华容县墨山老街的井水进行过分析，认为泉水是由花岗岩岩层中渗出，微量元素组群合理，确实很有养生价值。

茯苓泉，是泉眼边伴生了茯苓的山泉，大概茯苓与水质之间有某种良性的生态关系，茯苓泉格外甘美。我国最著名的茯苓泉在江苏省灌云县大伊山最高峰的东麓，为宋代所凿，泉边有大松树，树根处长有大量的茯苓。这眼千年古泉，好像有灵性一般，在抗日战争期间，游击队和民众来取水，水清澈见底，日本兵来取水，水就变浑浊，至今当地还流传民谣道："茯苓、茯灵，忠奸分明，好人取水，清澈晶莹，坏人取水，浑浊不清。"这故事不管是真是假，总是体现了老百姓美好的愿望。

到这一节为止，各种泉水已经数尽。不能不说，艺蘅游历四方，所知甚广。而对于各种泉水的品评，虽然在科学道理上或许有误，但结论上还是大多中肯。

江水

【原文】

江①，公也，众水共入其中也。水共则味杂，故鸿渐曰"江水中"，其曰"取去人远者"，盖去人远，则澄清而无荡漾之漓耳②。

【注释】

①江：共也。小江流入其中，所公共也。
②漓（lí）：浅薄。

【译文】

江，其义是很多水汇聚在一起。不同的水在一起，味道自然杂乱，所以陆羽说："江水水品一般"，又说："江水要取用远离人生活的地方"，因为离人远，水质澄清，也没什么漂浮物。

【原文】

泉自谷而溪而江而海，力以渐而弱，气以渐而薄，味以渐而咸，故曰"水曰润下"①。润下作咸，旨哉。又《十洲记》②："扶桑碧海，水既不碱苦，正作碧色，甘香味美。"此固神仙之所食也。

【注释】

①水曰润下：语见《尚书·洪范》。五行分为金、木、水、火、土，水性具有滋润寒凉、性质柔顺、流动趋下的特性，故称为水曰润下。

②《十洲记》：见前注。

【译文】

　　泉水从山谷流入溪涧再入江海，水势蕴含之力渐渐变弱，气渐渐变得薄淡，味道也渐渐变咸，所以说"水曰润下"。流动趋下，味道就会咸，确实是道破其中真谛。另外《十洲记》中说："扶桑的碧海，水既不苦，是纯正的碧绿色，味道甘香美妙。"这简直就是神仙所饮用的水。

【原文】

　　潮汐近地必无佳泉，盖斥卤诱之也。天下潮汐惟武林最盛，故无佳泉。西湖山中则有之。扬子，固江也。其南泠则夹石淳渊①，特入首品。余尝试之，诚与山泉无异。若吴淞江，则水之最下者也，亦复入首品，甚不可解。

【注释】

　　①南泠：镇江天下第一泉，又名中泠泉、南泠泉。在这里泠是水势曲折的意思。以前此泉在扬子江中，江水由西向东奔流，受到前面石山的阻挡，到这里就形成三泠，即南泠、中泠、北泠，而泉水就在中泠以下，故名"中泠泉"。因它的位置在金山的西南面，故又称"南泠泉"。淳渊：聚水深潭。

镇江天下第一泉

【译文】

离潮汐近的地方必定没有好的泉水，可能是由于有卤的缘故。天下间，武林的潮汐最盛，因此那里就没有上好的泉水。西湖的山中则有好的泉水。扬子，就是长江。南泠泉那一段水经过石崖聚留成渊，水品被认为是最好的那一类。我曾经尝试过，确与山泉没有什么差别。而吴淞江，那水就是最下等的了，但也将它列入了好水的品种，这就让人无法理解。

【点评】

本节对江水的品评，基本是承接了陆羽的看法，即所谓"山水上，江水中，井水下"。不过，陆羽也指出，如果是远离人群的地方的江水，自然澄清，也是可以一用的。

关于江水较咸的问题，艺蘅的解释有误。"水曰润下"，和变咸没有直接关系。水体在流动中溶解了越来越多的盐类物质，才是味道变咸的原因。大海之所以咸，是长期溶解和容受各种盐类物质的缘故。《十洲记》说的扶桑碧海的水甘美，是根本不可能的。

关于杭州泉水大多水质差的问题，艺蘅的解释倒是有几分道理。他以为是海潮常常回溯，污染了附近的水体。吴淞江水不好，而《水品》说它好，说明张又新没有真的品尝过。艺蘅的迷惑，则和前面一样，是被张又新的把戏糊弄了。

井水

【原文】

井①，清也，泉之清洁者也；通也，物所通用者也②；法也，节也，法制居人，令节饮食，无穷竭也。其清出于阴，其通入于淆，其法节由于不得已。脉暗而味滞，故鸿渐曰"井水下"。其曰"井取汲多者"，盖汲多则气通而流活耳。终非佳品，勿食可也。

【注释】

①井：井字有多重意思，本义是水井。此处用了多重意思。《释名》："井，清也，取清水之意。"《风俗通》："井，法也，节也，言法制居人，令节其饮食，无穷竭也。"这里用的是法理，法度的意思。

②通：本义没有堵塞，可以通过。此外，《前汉·刑法志》："方里为井，井十为通。"《师古曰》："市，交易之处；井，共汲之所，因井成市，故名。"前"通"字为本义，后"通"字为本义和附加义的叠合。

卢和《食物本草·井水》

【译文】

井，其意为清水，相当于清洁的泉水；通，万物以相互通达为用；井，也有法理、法度、节制的意思，是让人使用有节制，井水就不会穷尽。井水从地下出来，因此井水的清澈源于阴。因为井于地下相通，因此水质是混杂的。之所以要有节制地用井水，这是因为井水有限，不得不如此。如果井水的水脉不明显、弱暗的话，味道就显得苦涩，所以陆羽说："井水为下。"另外还说"井水要取用那些汲取多的，出水多的"，这是因为经常汲取的井，水所蕴含的活气流通畅，这样的井水活性高。但井水终究不是最好的品种，不喝也可以。

【原文】

市廛居民之井①，烟爨稠密②，污秽渗漏，特潢潦耳③。在郊原者庶几。

【注释】

①廛（chán）：古代城市平民一户人家所居的房地。

②烟爨（cuàn）：炊烟之意。爨，炉灶。

③潢潦（huáng lǎo）：地上流淌的雨水。

【译文】

民居里的井，被炊烟缭绕，污秽渗透到井里，尤其是地上的雨水也流到井里。郊外偏僻之地的井则很少会这样。

【原文】

深井多有毒气。葛洪方①：五月五日，以鸡毛试投井中，毛直下无毒，若回四边，不可食。淘法以竹筛下水，方可下浚。

【注释】

①葛洪方：晋葛洪著《肘后备急方》《肘后救卒方》《玉函方》，称为葛洪方，多指《肘后备急方》。

【译文】

深井之中大多数有毒气。葛洪方中记载：五月五日，将鸡毛试着投进井里，鸡毛如果一直下去那就没有毒，如果在四周回旋，则井水有毒气不能喝。只有用竹筛下水淘过，才可以喝。

【原文】

若山居无泉，凿井得水者，亦可食。

【译文】

如果山里面没有泉水，凿井得到的水，也可以喝。

元代冯道真墓壁画《备茶图》

【原文】

井味碱色绿者，其源通海。旧云东风时凿井则通海脉，理或然也。

【译文】

如果井水的味道涩并且颜色发绿，这说明它的源头通海。以前有一种说法，刮东风的时候凿井就能通海脉，这个说法或许有道理。

【原文】

井有异常者，若火井、粉井、云井、风井、盐井、胶井，不可枚举。而冰井则又纯阴之寒冱也^①，皆宜知之。

【注释】

①寒冱（hù）：寒气凝结。冱，冻结。

【译文】

井也有异常的，例如：火井、粉井、云井、风井、盐井、胶井，没有办法全部列举出来。而冰井又是纯阴寒气凝结，这些都是应该了解的。

【点评】

这一节谈论井水的来源以及使用井水的法度。

古代的井水，大多属于地下水之中的潜水。潜水是地面以下第一个隔水层以上的底层所蕴含的重力水，它的水面随着气候变化会发生一定的变化，气候多雨，潜水的水面会高一些，井水的水面也就跟着高一些；气候干旱，潜水的水面会低一些，井水的水面也会随之降低，甚至干涸。当然，也有个别深井，能够连通到深层地下水的水脉，即便在大旱之年也不会干涸，这个时候，古人就会猜测这些井通海眼，里面还有井龙王之类。

古人的猜测也不全是无稽之谈。根据今天的测绘，全球各大陆的底层深处都蕴含着丰富的地下水，且储藏量极其惊人，即便是澳洲沙漠的下方，也有巨大的地下水脉。也就是说，在地下深层，存在着一个淡水水系，其储存量可能超过地面淡水湖泊的总和，这个淡水水系实际上是地球几亿年通过各种手段进行储备的结果。如果未来地面淡水全部被污染破坏，这个淡水水系将成为人类最后的救星。

人类必须反思工业化、全球竞争的发展模式。以二氧化碳温室效应为例，地球通过几亿年的时间，以植物捕捉二氧化碳，释放出氧气，并把其中的碳固化为植物的物质组成。这些植物经历沧海桑田，又转化为煤和石油。而今天，两百年的工业化生产与全球竞争，就把几亿年的积累消耗殆尽，相当于把地球几亿年捕捉的碳重新释放到空气中！这种无知者无畏的发展模式，很可能把全人类推向毁灭的边缘。

因此，如果人类社会不能改变一切为了占有资源、一切为了眼前利益的资源利用模式，地下水系的破坏也是指日可待的事情，要拯救自己，人类必须改变自己的生存方式。

艺蘅说："法也节也，令节其饮食，无穷竭也。"发展必须有所节制，古人已经意识到的事情，现代社会却视若无睹。

艺蘅在这一节提出利用井水的几个要点也值得今人参考。

其一，从水质方面考虑，要选择那些出水多，常常为人取用的井水。所谓流水不腐，这样的井水里不会堆积过多的有机质。

其二，应该避免喝那些雨水汇集于其中的井水。实际上，民间用井，很多都是沏上井栏，上面再盖上个小亭子，这也是为了避免雨水带着地表污秽流入其中。

其三，深井必须淘过才能饮用。深井因为地下水位低，很可能累积了过多的矿物质和有机质，因此应该定期把其中的淤泥淘出，保证水质清洁。至于鸡毛沉井之说，古来有之，但试验之人却少。一般来讲，鸭毛、鹅毛都能浮于水面，而鸡毛不能，因此，如果鸡毛浮在水面上，水的浮力很大，则说明水中含有的各种物质成分很多，不可轻易取用了。

【原文】

凡临佳泉，不可容易漱濯。犯者每为山灵所憎。

【译文】

来到水品好的泉水时，不要轻易地用泉水漱洗。这样做的人会被山灵所憎恶。

【原文】

泉坎须越月淘之，革故鼎新，妙运当然也。

【译文】

泉坎隔一个月应该淘一下，革故鼎新，泉水自然会流溢顺畅。

【原文】

山水固欲其秀而荫，若丛恶则伤泉。今虽未能使瑶草琼花披拂其上，而修竹幽兰自不可少也。

【译文】

山里的水要保持清秀则要有树荫遮蔽，但如果草木过于杂乱，且草木的品质不好，则容易妨害泉水的品性。现在虽然不能让瑶草琼花生长于泉边，拂盖这水面，但是栽种修长的竹子和幽静的兰花却是必不可少的。

【原文】

作屋覆泉，不惟杀尽风景，亦且阳气不入，能致阴损，戒之戒之。若其小者，作竹罩以笼之，防其不洁之侵，胜屋多矣。

【译文】

在泉水上面建造遮盖泉水的小屋，不只是煞风景，还把阳气遮挡在外，阴阳不相合，就会造成泉水有所阴损，这样做是万万不可的。用竹笼罩在泉眼上，防止不干净的东西掉入，比屋子要好得多。

【原文】

泉中有虾蟹子虫，极能腥味，亟宜淘净之。僧家以罗滤水而饮，虽恐伤生，亦取其洁也。包幼嗣《净律院》诗"滤水浇新长"①，马戴《禅院》诗"滤泉侵月起"②，僧简长诗"花壶滤水添"是也③。于鹄《过张老园林》诗"滤水夜浇花"④，则不惟僧家戒律为然，而修道者亦所当尔。

【注释】

①包幼嗣：包何，字幼嗣，唐代润州延陵人，师事孟浩然。此处所引诗文源自《同李郎中净律院杭子树》，原诗为："本梡稀难识，沙门种则生。叶殊经写字，子为佛称名。滤水浇新长，燃灯暖更荣。亭亭无别意，只是劝修行。"

②马戴（799—869 年）：字虞臣，唐定州曲阳（今江苏东海）人。晚唐时期著名诗人，与前文所提到的薛能多有诗歌唱和。《沧浪诗话》评其人"在晚唐诸人之上"。此处所引诗文源自《题僧禅院》，原诗为："虚室焚香久，禅心悟几生。滤泉侵月起，扫径避虫行。树隔前朝在，苔滋废渚平。我来风雨夜，像设一灯明。"

③僧简长：简长生卒年不详，仅知其系沃州（今属浙江）人，为《九僧诗集》作者之一。此处"花壶滤水添"出自《赠浩律师》，原文为："浩也毗尼学，精于玉帐严。蚁醋停扫砌，燕乳记钩簾。茶鼎敲冰煮，花壶滤水添。梦回池草绿，忍践绿纤纤。"

④于鹄：唐大历年间诗人，多有禅诗。此处"滤水夜浇花"取自《过张老园林》，原文为："身老无修饰，头巾用白纱。开门朝扫径，辇水夜浇花。药气闻深巷，桐阴到数家。不愁还酒债，腰下有丹砂。"

【译文】

泉水中如果有虾、螃蟹、蚊卵、虫子，就有很重的腥味，则要把水质淘净。和尚用竹罗将水过滤后再饮用，虽然是怕伤害生灵，但也是为了让水更清洁。包幼嗣《净律院》诗中说："滤水浇新长"，马戴《禅院》诗："滤泉侵月起"，僧简长诗"花壶滤水添"说的就是将水过滤。于鹄在《过张老园林》诗中说："滤水夜浇花"，说明并不是只有守戒的僧人这么做，修道的人也是这样做的。

【原文】

泉稍远而欲其自入于山厨，可接竹引之，承之以奇石，贮之以净缸，其声尤玲珑可爱①。骆宾王诗"刳木取泉遥"②，亦接竹之意。

【注释】

①琤瑽（chēng cōng）：拟声词。形容玉器相击声或水流声。

②骆宾王（约627—约684年）：字观光，汉族，婺州义乌（今浙江义乌）人。初唐诗人，与王勃、杨炯、卢照邻合称"初唐四杰"。此处所引用诗文涉及一个典故。武则天光宅元年（684年），徐敬业起兵讨伐武则天，骆宾王起草了著名的《讨武氏檄》。兵败后，骆宾王的下落有多种说法，一种是说其身死，另一种是说其在灵隐为僧。晁公武的《郡斋读书记》、尤袤的《唐诗纪事》、辛文房的《唐才子传》，都采取出家为僧的说法。此处的诗文和后一种说法相关。诗人宋之问夜游灵隐

赵怀玉"伐薪汲泉亦是名士"

寺。作诗："鹫岭郁岧峣，龙宫锁寂寥。"开篇之后却不知如何继续，此时，一位僧人说，何不用"楼观沧海日，门对浙江潮"这两句呢？接着僧人把诗一直续完。全诗为："鹫岭郁岧峣，龙宫锁寂寥。楼观沧海日，门对浙江潮。桂子月中落，天香云外飘。扪萝登塔远，刳木取泉遥。霜薄花更发，冰轻叶互凋。夙龄尚遐异，搜对涤烦嚣。待人天台路，看余度石桥。"

【译文】

如果泉水稍微有点远但是又想把它引到厨房里面，可以将竹子接起来引水，竹道架置在奇石间，储存在干净的水缸中，水流的淙淙声尤为可爱动人。骆宾王诗"刳木取泉遥"，说的就是将竹子连起来接水的意思。

【原文】

去泉再远者，不能自汲，须遣诚实山童取之，以免石头城下之伪①。苏子瞻爱玉女河水②，付僧调水符取之，亦惜其不得枕流焉耳。故曾茶山《谢送惠山泉》诗③："旧时水递费经营。"

【注释】

①石头城下之伪：见前注赞皇公条。

②苏子瞻（1037—1101年）：苏轼，字子瞻，又字和仲，号"东坡居士"，唐宋八大家之一。

③曾茶山：曾几，南宋诗人。字吉甫，号茶山居士。此处的《谢送惠山泉》诗即为《吴傅朋送惠山泉两瓶并所书石刻》，原诗为："锡谷寒泉双玉瓶，故人捐惠意非轻。疾风骤雨汤声作，淡月疏星著事成。新岁纲头须击拂，旧时水递费经营。银钩虿尾增奇丽，并得晴窗两眼明。"

【译文】

如果泉水离得很远，自己不能亲自去汲取，那就要派很诚实的山童去取，以免发生石头城下换水那样的事情。苏子瞻喜欢玉女河里面的水，把调水符交给和尚去汲取，但仍然为不能居住在泉边感到惋惜。所以曾茶山在《谢送惠山泉》诗中说："旧时水递费经营。"

【原文】

移水而以石洗之，亦可以去其摇荡之浊滓。若其味，则愈扬愈减矣。

【译文】

取来的水用石头滤洗，也可以去掉里面摇荡的浊气和渣滓。如果水有异味的话，反复摇动就会让气味越来越淡。

【原文】

移水取石子置瓶中，虽养其味，亦可澄水，令之不淆。黄鲁直《惠山泉》诗"锡谷寒泉撷石俱"是也①。择水中洁净白石，带泉煮之，尤妙尤妙。

【注释】

①黄鲁直：黄庭坚（1045—1105年），字鲁直，洪州分宁人，号山谷道人。北宋江西诗派创始人，黄庭坚与张耒、晁补之、秦观俱游苏轼门，天下称为苏门四学士。此

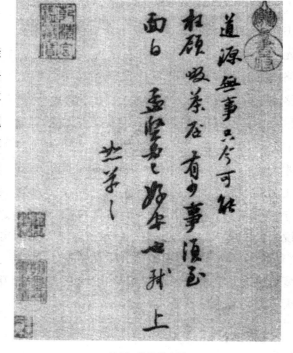

苏轼《啜茶帖》

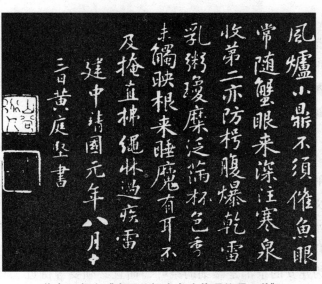

黄庭坚书法《奉同公择尚书咏茶碾煎啜三首》

处所引诗文源自《谢黄从善司业寄惠山泉》，原诗为："锡谷寒泉撱石俱，并得新诗蚕尾书。急呼烹鼎供茗事，晴江急雨看跳珠。是功与世涤膻腴，令我屡空常晏如。安得左辋清颍尾，风炉煮茗卧西湖。"撱（tuǒ）：同"椭"，《康熙字典》撱，器之圆而长者亦曰撱。这里的撱石大意是小且圆长的鹅卵石。

【译文】

往盛水的瓶子里放进石子，既可以保养水的味道，又可以让水变得澄清，使它不至于浑浊。黄鲁直在《惠山泉》诗中写的"锡谷寒泉撱石俱"说的就是这种方法。选取泉水里面洁净的白色石子，与泉水一起煮，那就更好了。

【原文】

汲泉道远，必失原味。唐子西云①："茶不问团鋍②，要之贵新。水不问江井，要之贵活。"又云："提瓶走龙塘，无数千步，此水宜茶，不减清远峡。而海道趋建安，不数日可至。故新茶不过三月至矣。"今据所称，已非嘉赏。盖建安皆碾碨茶，且必三月而始得。不若今之芽茶，于清明谷雨之前，陟采而降煮也。数千步取塘水，较之石泉新汲，左杓右铛，又何如哉。余尝谓二难具享，诚山居之福者也。

【注释】

①唐子西：唐庚（1070—1120 年），字子西。北宋诗人。因与苏轼同乡，且同样被

贬惠州，古人称"小东坡"。眉州丹棱（今属四川眉山市丹棱县）唐河乡人。宋代刘克庄在《后村诗话》中评价其"诗文皆高，不独诗也。其出稍晚，使及坡门，当不在秦（观）、晁（补之）之下"。

②团銙：团茶和銙茶。团茶是宋代用圆模制成的茶饼。銙本义为腰带上装饰品，銙茶，是形似带銙的一种茶。

【译文】

如果从太远的地方汲取泉水，必定会失去它原来的味道。唐子西说："茶叶无论团茶还是銙茶，要义在于茶新。水无论是江水还是井水，要义在于水活。"又说："提着瓶子走到龙塘取水，不过几千步的距离，这样的水用来煮茶不比清远峡的水差多少。走海路到建安，几天就能到了，所以超不过三月新茶就到了。"但是在今天，这已经不值得赞赏了。因为建安的茶都是碾细的茶叶，而且必须要等待近三月才能做好。不像今天的芽茶，在清明谷雨之前，就已经采摘蒸煮了。左手茶勺，右手茶铛，几千步取来的池塘水，和新汲的石泉水相比，有什么相差？我曾认为这两个都是很难得到的，如今我都得到了，这实在是住在山里的福气啊！

【原文】

山居之人，固当惜水，况佳泉更不易得，尤当惜之，亦作福事也。章孝标《松泉》诗①："注瓶云母滑，漱齿茯苓香。野客偷煎茗，山僧惜净床。"夫言偷则诚贵矣，言惜则不贱用矣。安得斯客斯僧也，而与之为邻邪。

【注释】

①章孝标（791—873 年）：唐代诗人，字道正，章八元之子，诗人章碣之父。此处所引诗文源自《方山寺松下泉》，原诗为："石脉绽寒光，松根喷晓霜。注瓶云母滑，漱齿茯苓香。野客偷煎茗，山僧惜净床。三禅不要问，孤月在中央。"

【译文】

住于山中，自然应该珍惜水，何况好的泉水不容易找到，那就更应当珍惜了，这也是积福之事。章孝标的《松泉》诗中说："注瓶云母滑，漱齿茯苓香。野客偷煎茗，山僧惜净床。"之所以用"偷"那就意味着水的珍贵，用"惜"就表示不会随便乱用。哪里才有这样的"野客"和"山僧"啊，很想和他们这样的人做邻居。

【原文】

山居有泉数处，若冷泉，午月泉，一勺泉，皆可入品。其视虎丘石水，殆主仆矣，惜未为名流所赏也。泉亦有幸有不幸邪。要之隐于小山僻野，故不彰耳。竟陵子可作，便当煮一杯水，相与荫青松，坐白石，而仰视浮云之飞也。

【译文】

我居住的地方有很多处泉水，像冷泉、午月泉、一勺泉，都可以称得上是很好的泉水。把它们与虎丘的石水相比，就像主与仆的关系，可惜的是没有得到名流雅士的欣赏。由此看来泉水也有幸运和不幸运的。主要是因为隐藏在小山僻野里面，所以不被人们所知道。竟陵子如果能来的话，那就可以煮一杯茶水，相伴青松的绿荫，坐在白石上，仰望浮云飞动。

第三泉

【点评】

"绪谈"一节，是大致谈谈关于取用泉水的一些得宜禁忌之法，相当于正文写完了，还有些头绪未了，再多聊几句。

艺蘅先说对泉水的尊重，"凡临佳泉，不可容易漱濯。犯者每为山灵所憎"，反映了中国古人对山川河流、自然万物的敬畏之情。例如《太平广记》中有记，有农民在房山黑龙潭浣洗私处，下山就被雷电追打，后幸遇山僧指点，祈祷忏悔才得以保命。这个农民也着实恶俗，依今天的道德，只怕也要受到大众的谴责。

古代储存和运输工具不够先进，取水不能太远。几千步已是不近，还需防范挑水的仆人偷懒换水。茶道素来有些冷笑话，其中一个笑话说，差人去泉池挑水回来，取用的时候，要优先用前面桶里的水，因为童子走路时，灰尘会向后扬起，且童子会放屁，可能污染了后桶的水质。这些笑话，如果看穿了，其实是嘲笑古来编造的那些品水故事，诸如陆羽能品出掺和在一起的江心水和岸边水之类，都是后人编的奇谈罢了。

艺蘅知道住在山里，山泉难得，应该懂得珍惜。今天却少有人知道，住在地球上，淡水难得。倒是大家都知道，好茶难得，没有经过农药和化肥的好茶更难得。人们总是爱惜眼前事物，总想要多占据一些，却没有想到，这其中的贪婪扩大和融合到一起，就构成了人类争抢着向大自然张开饕餮之口的可怕画卷。

"煮一杯水，相与荫青松，坐白石，而仰视浮云之飞"，这番情境，即便是生活状态优游的古人，也视做梦中事。今天的茶客们，坐着碳足迹巨大的飞机、越野车，奔入深山老林里寻寻觅觅，挑三拣四，又岂是真的回归自然，天人合一的境界！艺蘅描述的，是一种随时随地忘情山水之间的情境，读者诸君解否？

跋

【原文】

子艺作泉品，品天下之泉也。予问之曰："尽乎？"子艺曰："未也。夫泉之名，有甘、有醴、有冷、有温、有廉、有让、有君子焉，皆荣也。在广有贪①，在柳有愚②，在狂国有狂③，在安丰军有咄④，在日南有淫⑤，虽孔子亦不饮者有盗⑥，皆辱也。"予闻之曰："有是哉，亦存乎其人尔。天下之泉一也，惟和士饮之则为甘，祥士饮之则为醴，清士饮之则为冷，厚士饮之则为温，饮之于伯夷则为廉⑦，饮之于虞舜则为让，饮之于孔门诸贤则为君子。使泉虽恶，亦不得而污之也。恶乎辱？泉遇伯封可名为贪⑧，遇宋人可名为愚⑨，遇谢奕可名为狂⑩，遇楚项羽可名为咄，遇郑卫之俗可名为淫⑪，其遇跖也⑫，又不得不名为盗。使泉虽美，亦不得而自濯也，恶乎荣？"子艺曰："噫，予品泉矣，子将兼品其人乎？"予山中泉数种，请附其语于集，且以贻同志者，毋混饮以辱吾泉。余杭蒋灼题。

【注释】

①广有贪：依据《晋书·吴隐之传》记载，广州城外二十里外，有水曰贪泉，人饮其水起贪心，即廉士亦贪。因此，过去那些赶路人，即使口干舌燥，望泉而过，也

不敢妄自饮用。

②柳有愚：在湖南永州西南。本名冉溪。唐柳宗元谪居于此，改其名为愚溪，并名其东北小泉为愚泉，意谓己之愚及于溪泉。见柳宗元《愚溪诗序》《愚溪对》。

③在狂国有狂：据《宋书》，"昔有一国，国中一水，号曰'狂泉'。国人饮此水，无不狂；唯国君穿井而汲，独得无恙。国人既并狂，反谓国主之不狂为狂。于是聚谋，共执国主，疗其狂疾，火艾针药，莫不毕具。国主不人任其苦，于是到泉所，酌水饮之，饮毕便狂。君臣大小，其狂若一，众乃欢然。"

④安丰军有咄：安丰军即为寿州，今寿县。宋代于寿县置安丰军，军治在安丰县。珍珠泉即在寿州，位于八公山南麓古邓林山（今名凤凰山）南坡，距城两公里。珍珠泉又名"咄泉""响泉""喊泉"。明嘉靖《寿州志》载此泉："每闻人声，则泉水涌，小叫小涌，若咄之，泉弥甚，因名咄泉。"

⑤日南有淫：传说中的泉名。晋王嘉《拾遗记·前汉上》："日南之南，有淫渊之浦。言其水浸淫从地而出以成渊，故曰'淫泉'。或言此水甘软，男女饮之则淫。其水小处可滥觞褰涉，大处可方舟沿泝，随流屈直。其水激石之声，似人之歌笑，闻者令人淫动，故俗谓之'淫泉'。"

⑥盗：古泉名，故址在今山东泗水县东北。《尸子》卷下："（孔子）过于盗泉，渴矣而不饮，恶其名也。"

李唐《采薇图》

⑦伯夷：见《史记·伯夷列传》。伯夷是商末孤竹君之长子，姓墨胎氏。相传其父遗命要立次子叔齐为继承人。孤竹君死后，叔齐让位给伯夷，伯夷不受，叔齐也不愿登位，先后都逃到周国。周武王伐纣，二人叩马谏阻。武王灭商后，他们耻食周粟，

采薇而食，饿死于首阳山。见《吕氏春秋·诚廉》《史记·伯夷列传》。

⑧伯封：舜为帝时，处置了一个贪官，名叫伯封。《左传·昭公二十八年》里这样描述伯封："实有豕心，贪婪无餍，忿类无期，谓之封豕，有穷后羿灭之。"

⑨遇宋人可名为愚：在《孟子》《庄子》《列子》中多有记载宋人愚笨的事，故称为宋人之愚。

⑩谢奕：字无奕，陈郡阳夏人。东晋太保谢安兄。官至安西将军、豫州刺史。《晋书·谢奕传》记载了谢奕饮酒后的狂放之举，被称为狂司马。

⑪郑卫：春秋战国时郑国与卫国的并称。《楚辞·招魂》："郑卫妖玩，来杂陈些。"也指郑卫二国的音乐。古称郑卫之俗轻靡淫逸，因以借指风俗浮华淫靡的地方。

⑫跖（zhí）：原名展雄，又名柳下跖、柳展雄，相传是当时贤臣柳下惠的弟弟，为鲁孝公的儿子公子展的后裔，因以展为姓。系战国、春秋之际奴隶起义领袖。"跖"一作"蹠"。在先秦古籍中被称为"盗跖"和"桀跖"。

【译文】

子艺作泉品，品评天下的泉水。我问他："天下的泉水，你都品尽了吗？"子艺说："没有。泉水的名号很多，有以甘为名、有以醴为名、有以冷为名、有以温为名、有以廉为名、有以让为名、有以君子为名，这些都是好的泉水名号，这样的泉水是荣泉。在广州有贪泉，柳宗元曾住在愚泉边，狂国有狂泉，安丰军有咄泉，日南有淫泉，还有孔子不喝的盗泉，这些都是不好的泉水，这样的泉水是辱泉。"我听了之后说："你说的这些的确是的，但是泉水也和饮泉的人相关。天下的泉水是一样的，温和之人饮用则是甘泉，祥和之人饮用则是醴泉，清雅之人饮用则是冷泉，厚朴之人饮用则是温泉，伯夷饮用则是廉泉，虞舜饮用则是让泉，孔子门生饮用则是君子泉。即使泉水不好，也不能玷污这些人，如此说来，辱泉又有什么不好呢？泉水遇到了伯封可以叫作贪泉，遇到了宋人可以叫作愚泉，遇到谢奕可以叫作狂泉，遇到项羽可以叫作咄泉，遇到郑卫这样俗气的人可以叫作淫泉，如果遇到跖，那就不得不叫作盗泉了。泉水虽然很美，也不能自净，如此说来，荣泉是不是也有不好之处呢？"子艺说："哎！我是在品评泉水，而你是要品评人吗？"我们这里的山上有好几种好泉水，子艺请我在书的后面加上几句话，以便留给有相同志趣的人，不要混饮而辱没了泉水。余杭蒋灼题。